PÉDIATRIE

DES

LUMIÈRES

L'HISTOIRE DES SCIENCES
TEXTES ET ÉTUDES

PÉDIATRIE DES LUMIÈRES
MALADIES ET SOINS
DES ENFANTS

dans

L'ENCYCLOPÉDIE

et le

DICTIONNAIRE DE TRÉVOUX

par

Daniel TEYSSEIRE

PARIS
LIBRAIRIE PHILOSOPHIQUE J. VRIN
6, PLACE DE LA SORBONNE, Vᵒ
—
1982

© *Librairie Philosophique J. VRIN*, 1982
ISBN 2-7116-0792-5

A mes Parents,
en souvenir de Colette.

Avec mes remerciements à :

Henri GOUHIER pour son constant appui,
Daniel ROCHE pour ses minutieuses corrections,
Jacqueline DOMINGUEZ pour son efficace célérité.

INTRODUCTION

Cette étude se propose d'expliquer et, si possible, de comprendre le contenu de l'ensemble - du corpus, comme il convient de dire, des articles traitant des affections des enfants et de leur thérapeutique, dans le grand oeuvre collectif des Lumières : l'Encyclopédie. Que, pour une compréhension plus globale, l'on comparera avec le dictionnaire de la configuration idéologique opposée à celle des "philosophes" : le Dictionnaire de Trévoux.

Mais avant de présenter ces deux ouvrages il est nécessaire de situer cette pédiatrie qui n'en a pas encore le nom (1) dans le double contexte plus général de l'histoire de l'enfance et de l'histoire de la médecine.

1 : Le sentiment de l'enfance et la médecine à la mi-XVIIIe siècle

Naguère encore, l'histoire de l'enfance possédait la simplicité des découvertes fraîchement mises en ordre. L'enfance avait toujours existé, car il est difficile de mettre en doute une réalité biologique ; mais le sentiment de l'enfance, l'idée que ce moment de la vie de l'homme doit être considéré spécifiquement, différemment, en bref, la non-indifférence à l'égard de l'enfance était récente : elle datait de l'époque moderne. La divergence qui existait entre les deux auteurs ayant constitué la version française de cette histoire du sentiment de l'enfance ne portait que sur le choix du moment de l'apparition de celui-ci dans les temps modernes. Pour Philippe Ariès (2), le temps de l'indifférence à l'égard de l'enfance était d'avant l'époque classique qui était donc celui de l'émergence de l'intérêt pour l'enfant. Pour Georges Snyders (3), c'était l'époque des Lumières qui voyait apparaître un certain intérêt pour l'enfance qui ne pouvait donc pas se manifester aux temps classiques. Sans nous dissimuler l'importance de ces deux auteurs, nous pensons cependant qu'ils ont un point commun qui nous paraît fondamental : celui de s'enfermer en quelque sorte dans l'enfance, de faire au niveau historique ce que certains psycho-pédagogues appellent du "pedocentrisme". L'enfant est pris en lui-même, l'enfance pour elle-même. Cette attitude - qui, notons-le au passage, ne nous semble être que l'envers de "l'adultocentrisme" des temps d'avant ceux de l'intérêt pour l'enfance -, cette attitude donc ne prend pas

----

(1) Dont la première attestation est, d'après le Robert, de 1872.
(2) Bibliographie n° 78, pp. III-IV.
(3) Bibliographie n° 154, pp. 338-339.

en compte le fait que l'enfant n'est pas tout parce qu'il n'est pas tout seul.
De même que l'espèce humaine est divisée irréductiblement en femmes et en
hommes, de même les générations ne se succèdent que par la séquence enfant-
adulte-vieillard. Ce qui veut dire que la relation enfant-adulte est une relation de couple dont un terme ne peut être compris que par compréhension de
l'autre. Donc : si l'on veut connaître la situation, la condition des enfants à
une époque, autrement dit le sentiment de l'enfance de cette époque, il faut
le relier aux difficultés ou aux facilités rencontrées par l'humanité adulte
à la même époque. Dans une telle perspective, l'intérêt et l'indifférence à
l'égard de l'enfant ne sont plus des réalités spécifiques de telle ou telle
période historique mais bien des données transhistoriques (4) toujours présen-
tes sur lesquelles jouent l'historicité, accentuant l'une ou l'autre en fonction de conditions qui restent à analyser mais dont on peut dire qu'elles relèvent de réalités culturelles (5) ou sociales très difficiles à saisir comme,
par exemple, la confiance ou, au contraire, la méfiance qu'une société a pour
elle-même. Dans ces conditions, la divergence sur la datation d'une modification du rapport intérêt/indifférence pour l'enfance aux temps modernes (6) ne
constitue plus un problème de fond, tant il est vrai qu'"il n'y a sans doute
que modification de forme, de valeur, mutation de liaisons rationnelles et
affectives, changement de place dans la structure de l'existence" (7).

  La pédiatrie de l'Encyclopédie prend donc place dans un moment de
l'histoire de l'enfance qui est celui d'une modification du rapport entre les
sentiments d'intérêt et d'indifférence au profit du premier terme, mais sans
que l'on puisse affirmer que le second disparaisse. Et c'est d'ailleurs cette
ambivalence qui caractérise le sentiment de l'enfance propre à l'Encyclopédie (8).

----

(4) En quelque sorte, les "invariants" chers à VEYNE (Paul).- L'Inventaire des
différences... (Bibliogr. n° 159). Paul Veyne n'est d'ailleurs pas jaloux de
cette notion, puisque, pp. 22-23, il montre qu'elle est à l'oeuvre dans Marx.
Nous ajoutons que nous la voyons aussi chez Lucien Febvre, chez Montesquieu,et...
chez Thucydide. Ce qui tendrait à prouver qu'elle est nécessaire à l'histoire.

(5) Dans ces quelques lignes nous ne faisons que systématiser une idée énoncée
par Philippe Aries lui-même quand il parle d'enfance "bémolisée" à certaines
époques, par exemple dans les temps de régression de la culture écrite au profit de la culture orale. cf. ARIES (Philippe).- Art. cité (Bibliogr. n° 77),p.87.

(6) Car il s'agit bien seulement d'une modification, comme le montre un article
de RICHE (Pierre).- L'enfant au Moyen-Age (Bibliogr. n° 152), qui remet en
question "l'indifférence médiévale à l'enfance" (p. 50).

(7) FLANDRIN (Jean-Louis).- Enfance et société... (Bibliogr. n° 110), p. 329.

(8) Ici nous résumons très rapidement la conclusion de notre thèse de 3e cycle
sur l'Enfance et l'enfant dans l'Encyclopédie et le Dictionnaire de Trévoux.-
Paris, Université de ParisV,1980.- pp. 451-454, dont cet ouvrage reprend à peu
près la troisième partie. cf. également : ULMANN (J.)(Bibliogr.n° 161),pp.57-59.

Quant à l'histoire de la médecine à l'intérieur de laquelle se situe aussi notre étude, elle nous livre un panorama des conceptions médicales
en vigueur à la mi-XVIIIe siècle. Pour en donner les éléments essentiels nous
ne nous tournerons pas vers les historiens actuels de la médecine, mais vers
un auteur qui écrit vingt ans environ après les années 1750, et dont le recul
permet de brosser les grands traits du tableau de la médecine qu'il a trouvée.
Il s'agit de Pierre Roussel (1742-1802), docteur en médecine de la faculté de
Montpellier, qui, dans la préface de son Système physique et moral de la femme,
explique que le système de Stahl a heureusement remplacé le système de Boerhaave. "Ils [les professeurs de la faculté de médecine de Montpellier et certains
de celle de Paris (9)] concourent tous, avec autant de succès que de savoir, à
établir un plan de médecine plus simple, plus lumineux, plus spiritualisé ;
car la sensibilité qui en doit faire la base, en exclut à jamais l'appareil
compliqué des moyens physiques sue lesquels les médecins mécaniciens et les
disciples de Boerhaave l'avaient échafaudée ; ils paraissent y substituer une
logique attentive à considérer ce que le moral et le physique peuvent l'un sur
l'autre, et à ne pas chercher toujours dans des causes éloignées et matérielles,
la raison de certaines affections qui tirent leur source des seules erreurs de
la nature, ou des mouvements irréguliers de la vie" (10). Ainsi le vitalisme
issu de Stahl (1660-1734) s'oppose victorieusement au mécanisme plus ou moins
nuancé de Boerhaave (1668-1738) d'abord triomphant et donc nécessairement présent dans la médecine de l'Encyclopédie et en particulier, comme nous le verrons, dans la pédiatrie du docteur D'Aumont.

Il reste cependant qu'il faut là aussi bien tenir les deux termes de
l'opposition car l'Encyclopédie n'a pas été rédigée en une seule fois et par
un seul homme. D'autant plus que le mécanisme, comme le vitalisme, peuvent avoir
la même conséquence au plan de la thérapeutique. En effet, dire que les affections viennent du disfonctionnement des mécanismes du corps ou dire qu'elles
viennent des irrégularités des mouvements de la vie, pour parler comme Roussel,
peut conduire et, dans le deuxième cas, a nécessairement conduit à considérer
les soins comme des moyens de rétablissement de l'ordre naturel et non comme
des instruments d'attaque du mal hétérogène à la nature. La récupération de la
santé est remise de la nature dans son cours et non éradication de la maladie-
agresseur. Dans une telle perspective, la thérapeutique est fondamentalement
conçue comme devant aider la nature à se rétablir elle-même. C'est la médecine
d'accompagnement dont nous verrons qu'elle est à l'oeuvre dans l'Encyclopédie.
----

(9) Et en particulier Bordeu qui a été dans l'une et l'autre.

(10) cf. Bibliographie n° 68, pp. XXIV-XXV. Ce qui est souligné, l'est par
Roussel lui-même.

2 : L'Encyclopédie et le Dictionnaire de Trévoux.

Le choix comme sujet d'étude de la pédiatrie de l'Encyclopédie s'appuie sur ce que nous savons de celle-ci en général, à la suite des études de Jacques Proust et John Lough. A savoir qu'elle est un "bilan" (11), nous avons envie de dire : une somme, et même : La Somme de la Philosophie, mieux de la rationalité -celle des Lumières, évidemment-, comme l'oeuvre de Thomas d'Aquin est la Somme de la théologie (Summa theologiæ) -scholastique, bien sûr-. De même que "la théologie est l'intelligence de la foi" (12), la Philosophie est l'intelligence de la raison ; ce qui veut dire que, comme la Somme théologique reprend un savoir ancien -d'Aristote aux conciles- ad majorem dei gloriam, l'Encyclopédie reprend les idées et les activités des hommes ad majorem rationis gloriam (13). Autrement dit, le Dictionnaire raisonné des Sciences, des Arts et des Métiers (14) est le type de l'oeuvre-tableau et, par conséquent, la mieux à même de nous donner l'image de ce que le troisième quart du dix-huitième siècle dit de la pédiatrie. Mais à ce moment-là, l'Encyclopédie n'est pas en situation de monopole ni de domination. Il nous a donc paru bon de confronter, disons simplement de comparer celle-ci à l'autre dictionnaire de l'époque : celui qui occupe le terrain et le siècle bien avant l'Encyclopédie : le Dictionnaire universel français et latin, vulgairement

---

(11) PROUST (Jacques).- Diderot et l'Encyclopédie (Bibliogr. n° 151), p. 163n1.

(12) CHENU (M.D.).- Thomas d'Aquin (1224 ou 1225-1274) In : Encyclopaedia Universalis T. 16, p. 69, col. 1.

(13) Le parallelisme qui peut être fait entre la Somme théologique et l'Encyclopédie ne porte pas seulement sur le sens de l'oeuvre, mais aussi sur son traitement. En effet, que sont ces sommes de l'époque gothique dont la Somme théologique est l'archétype : des recueils de citations avec gloses, les deux entremêlées au point qu'il est bien difficile de savoir qui parle, du glosateur ou de l'autorité (LEGOFF (Jacques).- La Civilisation du Moyen-Age (Bibliogr. n° 366), p. 398.) Or, comment procèdent les encyclopédistes ? Comme De Jau-court : en moulant des articles, pour reprendre l'expression de Diderot à Sophie Volland citée par Jacques Proust (Bibliogr. n° 151), p. 133. C'est-à-dire en recopiant, en le disant ou sans le dire, des phrases ou des paragra-phes d'auteurs en y entremêlant notations ou réflexions propres.

(14) Qui est, faut-il le rappeler ?, l'autre titre de l'Encyclopédie. L'autre titre et non le sous-titre, comme le marque bien l'insistance de d'Alembert au début du Discours préliminaire : "L'ouvrage dont nous donnons aujourd'hui le premier volume a deux objets : comme Encyclopédie, il doit exposer autant qu'il est possible l'ordre et l'enchaînement des connaissances humaines ; comme Dictionnaire raisonné des Sciences, des Arts et des Métiers, il doit contenir sur chaque science et sur chaque art, soit libéral, soit mécanique, les principes généraux qui en sont la base, et les détails les plus essentiels qui en sont le corps et la substance. Ces deux points de vue, d'Encyclopédie et de Dictionnaire raisonné, formeront donc le plan et la division de notre Discours préliminaire" (Encyclopédie, Tome I, p. I).

appelé Dictionnaire de Trévoux (15). Que nous appellerons désormais le
Dictionnaire de Trévoux ou tout simplement le Trévoux. Pourquoi celui-ci et
pas un autre : celui de l'Académie Française ou celui de Furetière ? D'abord,
pour la raison qui vient d'être dite, à savoir qu'il connaît plusieurs éditions au cours de la première moitié du XVIIIe siècle. Mais l'argument vaut
pour les deux autres dictionnaires cités. C'est pourquoi les deux raisons
principales du choix du Trévoux pour être comparé à l'Encyclopédie sont celles-
ci. La première est que, plus que les autres dictionnaires, le Trévoux se
veut, tout comme l'Encyclopédie, dictionnaire des sciences, des arts et des
métiers, ainsi que le prouve encore la suite de la page de titre du Dictionnaire de Trévoux contenant la signification et la définition des mots de
l'une et l'autre langue, avec leurs différents usages ; les termes propres de
chaque état et de chaque profession ; la description de toutes les choses naturelles et artificielles ; leurs figures, leurs espèces, leurs propriétés ;
l'explication de tout ce que renferment les sciences et les arts, soit libéraux, soit mécaniques, etc. Et cette volonté du Trévoux est bien antérieure à
la concurrence de l'Encyclopédie, puisque ce complément du titre se trouve
déjà à la page de titre de l'édition de 1740. Le Trévoux est donc le dictionnaire le plus proche de l'Encyclopédie pour ce qui est de la finalité à la
fois pratique et encyclopédique. Mais -et c'est la deuxième raison principale
de notre choix- il en est l'opposé, à tout le moins le dissemblable, pour ce
qui est du système des valeurs qui le gouverne. Du moins, s'il faut en croire
le révérend-père jésuite Alexandre Brou auteur de la notice "Trévoux (Dictionnaire de)" du Dictionnaire des Lettres Françaises publié sous la direction du
cardinal Georges Grente (16), qui écrit que, "dans la fermentation des idées
qui caractérise son époque, elle [l'oeuvre collective qu'est le Trévoux] fait
entendre, discrètement, mais obstinément, la note chrétienne" (17). Au vrai,
cette image est globale et traditionnelle, car "à cette grosse entreprise
d'érudition vulgarisée, à laquelle on travailla pendant près de soixante-dix
ans, nous ne voyons pas qu'aucune étude spéciale ait été consacrée" (18). Et
en effet, nous ignorons beaucoup de choses sur le Dictionnaire de Trévoux.

----

(15) Ce sont les termes mêmes des cinq lignes de tête de la page de titre de
l'édition de 1771, qui entérinent et le titre premier de 1704 -Dictionnaire
Universel français - latin- et le titre d'usage -Dictionnaire de Trévoux-.

(16) Bibliogr. n° 101, pp. 594-595.

(17) Ibid. Retenons bien l'expression finale ; elle nous servira souvent de
qualificatif pour le Trévoux.

(18) Ibid.

Par exemple le nombre exact d'éditions. L'"approbation", en date du 24 juillet 1771 et signée du censeur Capperonnier, qui se trouve après la page XVIII, indique qu'il y a eu cinq autres éditions après la première et avant celle de 1771 ; ce qui en fait sept. Or Barbier, dans son Dictionnaire des ouvrages anonymes (19) en donne six : en 1704 en 3 volumes, en 1721 et 1732 en 5 volumes, en 1743 en 6 volumes, en 1752 en 7 volumes avec un supplément d'un volume, en 1771 en 8 volumes. Or la Bibliothèque de l'Arsenal possède sous la cote Fol. B.L. 294 une édition de 1740 en 6 volumes dédiée non pas au Prince Souverain des Dombes, -le Duc du Maine jusqu'en 1736-, comme les précédentes et les deux suivantes, mais au Roi de Pologne, Duc de Lorraine et de Bar. Le Père Brou la mentionne bien dans la notice déjà citée, mais, comme il ne cite pas celle de 1743, il se retrouve avec un total de six éditions. Il entre ainsi en contradiction avec le Manuel du Libraire de Brunet qui, dès sa seconde édition de 1814, fait de l'édition de 1771 du Trévoux la septième (20). Et ce n'est pas le Dictionnaire des ouvrages anonymes et pseudonymes publiés par des religieux de la Compagnie de Jésus depuis sa fondation jusqu'à nos jours (21) qui peut nous aider, puisque la notice de Sommervogel consacrée au Trévoux n'inventorie même pas les éditions. Mais heureusement, l'article d'Albert Ronsin (22) semble bien apporter un commencement de solution à ce problème du nombre exact d'éditions du Trévoux. A sa lumière en effet, celui-ci aurait eu huit éditions : 1 à Trévoux (1704, 3 vol.), 1 à Trévoux et Paris (1721, 5 vol.), 4 à Paris (1732, 5 vol.; 1743, 6 vol.; 1752, 7 vol. + 1 vol. de supplément ; 1771, 8 vol) ; et 2 à Nancy (1734-1736 et 1740 en 5 vol., reprenant celle de Paris de 1732). Un autre exemple de notre méconnaissance du Trévoux, et qui est d'importance, concerne le problème de son appartenance idéologique, de sa situation dans les affrontements d'idées de l'époque des Lumières. Certes, notre dictionnaire est du côté du catholicisme, mais du côté de quel catholicisme ? du catholicisme de la permanence ferme, à la Bossuet, ou d'un catholicisme disons un peu plus souple ne serait-ce que parce qu'il est influencé, contaminé par les Lumières ? Or pour préciser cela, il faudrait avoir des repères, en particulier celui du lien du Dictionnaire de Trévoux avec les Mémoires de Trévoux et ses pères, les jésuites du combat

---

(19) Bibliogr. n° 214 T. 1, col. 986-988.

(20) BRUNET (Jacques-Charles).- Manuel... (Bibliogr. n° 87) T. 1, p. 417.

(21) SOMMERVOGEL (Carlos).- Dictionnaire... (Bibliogr. n° 155), col. 213.

(22) RONSIN (Albert).- Les Editions nancéennes... (Bibliogr. n° 153).

anti-philosophique (23). Là encore, nous n'avons que l'affirmation répétée par les journalistes des Mémoires, en mars 1705, juillet 1724, décembre de la même année et novembre 1753 (24), qu'ils n'ont aucune part au Dictionnaire. Certes, nous ne sommes pas obligés de les croire, d'autant qu'une addition aux Mémoires de février 1704 (25) mentionne le Père Bouhours comme auteur de certains articles de langues. De plus, Sommervogel affirme que le Père Etienne Souciet eut une grande part à l'édition de 1721 et même à l'édition de 1752, par l'intermédiaire de l'abbé Berthelin qui se servit des matériaux laissés par lui (26). Quant à l'abbé Brillant qui serait, d'après Barbier, le principal auteur, le principal compilateur de l'édition de 1771, nous ignorons jusqu'aux dates de sa vie ! (27) Et les quelques sondages que nous avons fait dans les sources de Barbier -les catalogues de bibliothèques (28)- n'ont rien fait jaillir. Conclusion sur ce point, qui n'est guère nouvelle : les journalistes des Mémoires de Trévoux disent n'avoir aucun rapport avec les auteurs du Dictionnaire de Trévoux, et leur dénégation répétée finirait par troubler si l'on n'apercevait pas des hommes -les trois frères Souciet par exemple- qui ont travaillé aux deux oeuvres. Ajoutons que notre analyse des articles du Trévoux intéressant notre sujet pourra peut-être aider à ce travail de précision de son appartenance idéologique. Et c'est la dernière raison de notre choix de ce dictionnaire.

Reste pour nous à choisir les éditions de nos deux ouvrages. Pour l'Encyclopédie, pas de problème. Entre les six éditions parues en Europe entre 1751 et 1789 (29), nous avons pris celle qu'ont mis en oeuvre eux-mêmes

----

(23) Avec les nuances qu'impose une étude précise des Mémoires. cf. DURANTON (Henri).- Les Mémoires de Trévoux... in : Etudes sur la presse... (Bibliogr. n° 109), pp. 5-38.

(24) Mémoires pour l'histoire des Sciences... [Mémoires de Trévoux] (Bibliogr. n° 52), janv.-mars 1705, p. 555 ; juil.-sept. 1724, p. 1288 et p. 1342 ; oct.-déc. 1724, p. 2183 ; nov. 1753, p. 2675.

(25) Id. Add. à fév. 1704, pp. 6-7.

(26) SOMMERVOGEL (Carlos).- Ouvr. cité. Ibid.

(27) Un père Brillan (sans t) se trouve mentionné par DUPONT-FERRIER (Bibliogr. n° 107, T. III, p. 298) comme auteur d'une des pièces d'un recueil du Collège Louis-le-Grand composé à l'occasion du sacre de Louis XV (Octobre 1722). Mais SOMMERVOGEL (Bibliogr. n° 155, col. 251) le nomme Brillon. Mais alors, si l'on passe de Brillant à Brillan et de Brillan à Brillon, pourquoi pas de Brillon à Brion, théologien mystique du début du XVIIIe, dont on sait très peu de choses (Bibliogr. n° 100, T. 1, col. 1960) ?

(28) cf. Bibliographie n° 16, 17 et 18 : Catalogue...

(29) LOUGH (John).- Essays on the Encyclopédie... (Bibliogr. n° 135), pp.1-51: The Differend editions.

Diderot, D'Alembert et de Jaucourt (30) : l'édition in-folio de Paris-
"Neuchâtel" (31) parue entre 1751 et 1780, table incluse (32) ; pour le principal -les dix-sept volumes de texte sans supplément-, entre 1751 et 1765.
Très exactement, entre 1751 et 1757 pour les sept premiers volumes (tomes I à
VII) (33), et en 1765 pour les tomes VII à XVII. Cette interruption en 1758
vient évidemment de la crise de 1757-1759 qui suit l'attentat de Damiens
(5 janv. 1757) et la parution (1758) de De l'Esprit d'Helvetius, et voit
l'interdiction de l'Encyclopédie prononcée par le Parlement le 6 février 1759,
et l'arrêt du Conseil révoquant le privilège royal le 8 mars de la même année.
Pour être exact, ce que prononce le Parlement sur réquisition de l'avocat-
général Omer Joly de Fleury, ce n'est pas une condamnation définitive mais ce
que l'on appellerait aujourd'hui une expertise pour information (34), le résultat étant le même pour la diffusion de l'ouvrage, puisque la Cour "fait
défenses à Durand, Briasson, David, Le Breton et à tous autres imprimeurs ou
libraires et à toutes personnes de vendre et débiter aucun exemplaire desdits
sept volumes, sous telles peines qu'il appartiendra, jusqu'à ce qu'autrement
par la Cour en ait été ordonné" (35). Ajoutons pour être complet sur cette
édition de l'Encyclopédie que, à la suite de cette suspension de parution,

----

(30) Après bien d'autres, Jacques Proust en particulier et Diderot lui-même,
nous pensons que de Jaucourt a eu un rôle considérable dans non seulement
l'achèvement mais encore la construction de l'Encyclopédie. Notre travail en
est une nouvelle confirmation. Si D'Alembert n'avait pas son nom dans la page
de titre et s'il n'était pas l'auteur du Discours préliminaire, son attitude
face aux difficultés et son abandon devraient faire dire : l'Encyclopédie de
Diderot et de Jaucourt !

(31) A la suite de l'arrêt du conseil du 8 mars 1759 révoquant le privilège
accordé le 21 janvier 1746, l'Encyclopédie tombe sous le régime de la permission tacite. Si elle veut donc continuer à paraître, elle doit donc être
-théoriquement- imprimée à l'étranger d'où elle pourra rentrer en France avec
la permission tacite de la Librairie. D'où la fiction de Neuchâtel et les guillemets. Voir la lettre de Du Peyrou à Rousseau en date du 28 octobre 1765 :
" [l'Encyclopédie] va être complet d'ici à la fin de l'année. Les dix volumes
restant sont actuellement imprimés à Paris et passeront sous le nom de Fauche
qui sera censé les avoir imprimés ou fait imprimer en Hollande et à ses frais.
Il prête son nom et paraîtra, tandis que les autres resteront derrière le
rideau". Citée in : LOUGH (John).- Id., p. 8.

(32) Les 17 volumes de texte, de 1751 à 1765. Les 11 volumes de planche, de
1762 à 1772. Les 4 volumes de supplément, en 1776 et 1777. Le volume de planche supplémentaire, en 1777. Les deux volumes de table, en 1780.

(33) A raison d'un tome par an. LOUGH (John).- Essays on the Encyclopédie...
(Bibliogr. n° 135), p. 463.

(34) Auprès de trois docteurs en théologie, trois anciens avocats au Parlement,
deux professeurs de philosophie -un au Collège du Plessis et un au Collège de
Beauvais- et un membre de l'Académie des Inscriptions, "que la Cour a choisi".
PARLEMENT DE PARIS (FRANCE).- Arrêts de la Cour du Parlement... (Bibliogr.
n° 58,), p. 30.

(35) Id., pp. 30-31.

l'éditeur Le Breton qui avait la charge de l'impression des dix tomes (VIII
à XVII) restant à paraître s'érigea en censeur des articles dont Diderot
avait donné le bon à tirer (36). Le mal fut et est irréparable (37), car il
est rare que l'on puisse restituer le texte mutilé, comme l'ont fait H. Gordon
et N.L. Torrey pour certains articles politiques (38). Pour notre étude, le
mal n'est pas total, puisque les articles ENFANCE et ENFANTS nous intéressant
se trouvent au tome V qui est dans le groupe des volumes parus avant 1758-1759
et donc, n'a pas subi l'action "des barbares Ostrogoths et des stupides Van-
dales" (39). Pour ce qui est du Dictionnaire de Trévoux, le problème du choix
de l'édition est plus complexe, puisqu'il y en a huit dont la parution s'étale
de 1704 à 1771. Comme nous voulons comparer à l'Encyclopédie, il faut prendre
l'édition qui a le plus l'ampleur encyclopédique ; ce critère fait éliminer
celle de 1704 en trois volumes qui présente par ailleurs l'inconvénient -au
dire de Barbier (40) que notre travail confirme- d'être calqué sur le Dictionnaire de Furetière dans son édition de 1701. Ce démarcage existe toujours dans
les éditions suivantes du Trévoux mais il tend évidemment à être moins visible
à mesure que le noyau de 1704 est entouré de davantage de matière au fil de
l'accroissement du nombre des volumes. Ce qui nous pousse à ne pas choisir les

----

(36) Diderot découvre le coup de l'"Ostrogoth" et de son "petit comité gothique"
(DIDEROT (Denis).- Correspondance... (Bibliogr. n° 25) T. IV, p. 304 et 305,
à propos du prote de, et de Le Breton lui-même) à l'automne 1764, soit quelques mois avant la parution des dix volumes. Cette découverte nous vaut la
lettre de Diderot à Le Breton du 12 novembre 1764 (cf. référence ci-dessous)
qui est un monument du mépris intellectuel -hélas ! impuissant- à l'égard de
la pusillanimité marchande -hélas ! efficace-. cf. également : la Correspondance littéraire... de janvier 1771 (Bibliogr. N° 21), pp. 203-217. On y lit
(p. 206) cette remarque de Grimm que notre étude confirme souvent : "Le plan
général de l'ouvrage devait d'ailleurs infiniment souffrir de cette clandesti-
nité forcée, et il en est arrivé qu'on lit la plupart du temps le blanc et le
noir sur la même matière dans la même page, par deux plumes différentes, sans
compter la confusion générale, les omissions devenues irréparables, les fautes
et les méprises inévitables". Surtout vu ce que faisaient Le Breton et son
prote réduisant "le plus grand nombre des meilleurs articles à l'état de frag-
ments mutilés et dépouillés de tout ce qu'ils avaient de précieux, sans
s'embarrasser de la liaison des morceaux de ces squelettte déchiquetés, ou
bien en les réunissant par les coutures les plus impertinentes" (p. 208).

(37) DIDEROT.- Id., p. 303 : "Et puis, il n'y a plus de remède". Correspondance
littéraire, p. 208 : "On ne peut savoir au juste jusqu'à quel point cette in-
fâme et incroyable opération a été meurtrière, car les auteurs du forfait bru-
lèrent le manuscrit à mesure que l'impression avançait, et rendirent le mal
irrémédiable".

(38) GORDON (Douglas H.)/RORREY (Norman L.).- The censoring of Diderot's
Encyclopédie... (Bibliogr. n° 116).

(39) DIDEROT.- Correspondance... (Bibliogr. n° 25) T. IV, p. 302.

(40) BARBIER.- Dictionnaire des [..] anonymes... (Bibliogr. n° 80), T.1, p. 297.

éditions intermédiaires de 1721, 1732 (41), 1743 et 1752, puisque l'on peut toujours objecter au choix fait qu'il y en a une autre qui est plus complète étant donné qu'elle a un volume de plus. Mais nous pourrions nous arrêter à celle de 1752 pour plusieurs raisons. La première est que, au dire de Sommervogel, elle est "la meilleure" (42) ; la seconde, qu'elle est la dernière avant l'interdiction des jésuites en France (1762-1764) ; la troisième, qu' elle paraît en même temps que les deux premiers tomes de l'Encyclopédie et qu'elle ne peut donc raisonnablement avoir été influencée par elle. Ces trois raisons ne se retrouvent pas pour militer en faveur de l'édition de 1771 qui parait et après l'interdiction de la Compagnie et alors que la totalité du principal de l'Encyclopédie est parue depuis six ans. Cependant, nous choisissons celle-ci comme étant la dernière, c'est-à-dire celle de l'oeuvre achevée, suffisamment en continuité avec les précédentes pour que l'évènement de 1762-1764 n'ait pas entraîné une rupture dans la philosophie de l'oeuvre. Quant au phénomène de l'influence ou de la contamination du Trévoux, par l'Encyclopédie, il ne constitue pas -s'il existe- une objection au choix de l'édition de 1771, car il peut très bien être cerné par des comparaisons entre les articles de celle-ci, ceux des précédentes et ceux de l'Encyclopédie. Nous ne manquerons pas d'en faire.

3 : De la manière d'analyser l'Encyclopédie.

Ayant donc choisi nos éditions de l'Encyclopédie, et de son point de comparaison -le Trévoux- globalement d'idéologie dissemblable, nous pouvons nous attacher au tableau des maladies et des soins des enfants présenté par celle-là. Mais alors se pose immédiatement la question de l'encadrement du tableau, de sa circonscription, bref de ce qui la définit par rapport à d'autres tableaux présentant d'autres champs de connaissances. En un mot, il nous faut délimiter une configuration de savoir qui sera notre terrain d'investigation.

Le titre de notre étude est clair et explicite : ce que nous voulons saisir, c'est la pédiatrie non pas dans mais bien de l'Encyclopédie. Pédiatrie est déjà impropre, puisque, comme nous l'avons dit dès le départ, le mot est du XIXe siècle ; au XVIIIe et avant, on parle de médecine des enfants. Ce que nous voulons donc cerner, c'est le donné d'époque : ce qu'est pour l'Encyclopédie et par conséquent pour ses lecteurs, l'état de santé et surtout de

----

(41) Reprises par les éditions de Nancy de 1734— 1736 et 1740.

(42) SOMMERVOGEL (Carlos).- Dictionnaire des ouvrages anonymes... (Bibliogr. n° 155), col. 213.

maladie et de soins de l'enfant. Autrement dit, c'est la vision de l'Encyclopédie elle-même sur ce sujet qu'il faut saisir et non une quelconque vision
reconstruite par nous, plus ou moins en fonction de ce que nous pensons être
les problèmes pédiatriques de l'époque. Encore une fois, l'Encyclopédie dit
un certain état de la médecine des enfants ; c'est cet état que nous voulons
connaître. Bien sûr, en le réinsérant dans le savoir médical du temps -ce que
manifeste la recherche des sources qui peut sembler trop minutieuse ou, pire,
trop fastidieuse. Mais alors se pose la question de savoir comment fixer cette
vision, saisir cet état. La réponse se trouve dans l'Encyclopédie elle-même.
Il s'agit du système de renvois sur lequel on n'insistera jamais assez pour
l'étude du Dictionnaire raisonné des Sciences, des Arts et des Métiers (43).
Il a été énoncé par Diderot dans l'article ENCYCLOPEDIE, et dénoncé par Omer
Joly de Fleury dans son réquisitoire du 23 janvier 1759 qui ne donne qu'un
seul morceau consistant, qu'une seule citation importante, de l'Encyclopédie :
le passage concernant le système des renvois. On y lit que "les renvois des
choses (selon leurs principes) éclaircissent l'objet, indiquent ses liaisons
prochaines avec ceux qui le touchent immédiatement, et ses liaisons éloignées
avec d'autres qu'on en croirait isolées, rappellent les notions communes et
les principes analogues, fortifient les conséquences, entrelacent la branche
au tronc et donnent au tout cette unité si favorable à l'établissement de la
vérité et à la persuasion [...] [au point que, si cela était bien fait],
l'ouvrage entier en recevrait une force interne et une utilité secrète, dont
les effets sourds seraient nécessairement sensibles avec le temps. [...]
L'ouvrage qui produira ce grand effet général aura des défauts d'exécution,
j'y consens, mais le plan et le fond en seront excellents" (44). Le système
des renvois se trouve donc ainsi reconnu par partisans et adversaires de

----

(43) Nous nous retrouvons ainsi, sans nous être concertés, avec BONNET (Jean-
Claude).- Le réseau culinaire dans l'Encyclopédie... (Bibliogr. n° 84), p.
892, qui écrit : "Notre première approche de l'Encyclopédie a donc été dictée
par le Dictionnaire lui-même. Nous avons suivi l'itinéraire fléché par les
renvois sans projet d'exhaustivité ; et avec AUROUX (Sylvain).- La Sémiotique
des encyclopédistes... (Bibliogr. n° 79), qui commence ainsi : "L'Encyclopédie
de Diderot et d'Alembert est un ouvrage merveilleux. Celui qui accepte de suivre la loi des renvois entre les articles voit cet univers de signes prendre
peu à peu la consistance d'un monde. Ce qu'il découvre et son désir de savoir
même dépendent moins de lui et de l'impulsion initiale qui lui a fait ouvrir
ces grands volumes aux reliures caractéristiques, que des nécessités internes
à leur rédaction".

(44) Encyclopédie, V. 642 Verso G. 642 Verso D. Et JOLY DE FLEURY (Omer).-
(Bibliogr. n° 98), pp. 17-18, avec, entre parenthèse, le commentaire de l'
l'avocat-général qui s'arrête à "excellents", alors que Diderot poursuit pour
bien mettre les points sur les i : "L'ouvrage qui n'opèrera rien de pareil
sera mauvais, quelque bien qu'on en puisse dire d'ailleurs ; l'éloge passera
et l'ouvrage tombera dans l'oubli".

l'Encyclopédie comme le système d'organisation de celle-ci. Nous ne pouvons donc que le suivre. Notre démarche, se conformant à son objet, consistera alors à analyser le corpus des articles se rapportant à la médecine des enfants,soit, si l'on suit la logique des renvois : les articles ENFANCE (Médecine) et ENFANTS (MALADIES DES) (45) qui constituent le pôle de départ, et ensuite la totalité des articles auxquels ils renvoient immédiatement. Comme le Dictionnaire de Trévoux ne nous sert que de point de comparaison, nous irons voir dans celui-ci les mêmes articles que ceux que nous aurons vus dans l'Encyclopédie. Et nous pouvons d'autant moins procéder autrement que le Trévoux n'a pas ou quasiment pas de renvois, tout en reconnaissant que c'est appliquer au dictionnaire de "la note chrétienne" la logique encyclopédique. Mais ce n'est pas parce que nous étudierons dans les deux dictionnaires les mêmes articles -les articles ayant le même nom, la même étiquette en quelque sorte- qu'ils auront le même contenu.

Terminons ces considérations de méthode pour répondre à l'objection tirée de la nature même de l'Encyclopédie, voire... de tout dictionnaire. Certes, nous dira-t-on, en suivant le système de renvois vous saisissez un certain état cohérent de médecine des enfants, mais êtes-vous sûr de ne pas laisser de côté certains aspects de celle-ci en n'allant pas chercher sciemment des articles traitant de ces aspects mais n'entrant pas dans le système des renvois directs ? Assurément ! Nous savons aussi bien que quiconque que, par exemple, le long article INOCULATION de Tronchin (VIII, 755 G 58-771 D 44) n'entre pas dans notre corpus d'analyse. Mais c'est parce qu'il ne figure pas dans les renvois immédiats de notre pôle de départ (45 bis). Et il y aurait d'autres exemples. Cette objection est recevable quand la visée est autre que la mienne. En effet, s'il s'agit de construire un objet de recherche qui

---

(45) "ENFANS" suivant l'orthographe du XVIIIe. Disons tout de suite à propos de celle-ci que nous ne l'avons pas respectée. Tant que les dix-huitiémistes n'auront pas établi une convention sur les règles à suivre pour les citations de textes de l'époque, nous ne voyons pas ce qui peut pousser à respecter l'orthographe et même la ponctuation -sauf, bien sûr, pour ce qui est de la différence ponctuation faible - ponctuation forte- du XVIIIe, car alors il faut respecter aussi la graphie, par exemple le s quasi semblable au f ou le o à la place du a dans les terminaisons de conjugaisons. Tout cela pour dire que la graphie des textes de nos citations est d'aujourd'hui tandis que leur ponctuation est un compromis bâtard entre celle l'époque et celle d'aujourd'hui.

(45 bis) cf. p. 179 INOCULATION est un renvoi second, mediat du pôle de départ, puisqu'il est un renvoi du renvoi d'ENFANTS (MALADIES DES) qu'est VEROLE, PETITE (= VIAROLE). Certes, nous aurions pu l'intégrer à notre corpus ; mais si l'on prend les renvois de renvois, il n'y a plus de raison de s'arrêter. Dans le cadre de cette étude, nous nous en somme donc tenus aux renvois premiers ou directs. Pour le lecteur intéressé, disons que Tronchin s'est inspiré en grande partie du Mémoire sur l'inoculation de La Condamine que nous analysons quelque peu p. 174-175 et 220.

serait tous les aspects de la médecine des enfants à l'intérieur du Dictionnaire raisonné des sciences, des arts et des métiers, bref s'il s'agit de
connaître la pédiatrie dans l'Encyclopédie, il faut effectivement aller voir
dans beaucoup d'articles hors de ceux inclus dans le système des renvois
directs -et, certainement, dans quelques-uns auxquels on ne pensera pas parce
qu'ils n'ont aucun rapport à l'enfance (46). Mais si l'on veut, comme c'est
mon cas, tenir ce que l'Encyclopédie inclut et exclut immédiatement des maladies et des soins des enfants, bref ce qu'elle comprend dans le champ premier
de la médecine des enfants, il faut s'en tenir à sa logique, c'est-à-dire au
panorama qu'elle fait par le système des renvois directs. Les aspects qui ne
sont pas immédiatement dans ce panorama, les articles exclus sont en quelque
sorte des hapax qui obéissent à une autre logique qui ne peut être que construite par le lecteur. Ré-inclure dans le panorama ce qui a été exclu
-délibérément ou non, peu importe- serait forcer l'Encyclopédie et rompre sa
logique. Or c'est elles que nous voulons saisir. En nous référant à la distinction que fait D'Alembert dans la première partie du Discours préliminaire
entre ordre généalogique philosophique (selon la théorie empiriste de la
connaissance), ordre généalogique historique (du fait des progrès de l'esprit
humain, surtout depuis la Renaissance) et ordre encyclopédique (selon un système des connaissances), nous stipulerons que nous choisissons ce dernier,
avec sa présentation alphabétique. Pour reprendre la métaphore géographique
du même D'Alembert, disons que nous dressons la carte du pays "médecine des
enfants" à partir des "cartes particulières [que sont] les différents articles" (46) relevant explicitement et directement de celle-ci. Ce qui donne le
tableau détaillé ci-dessous.

4 : Présentation du Corpus.

- ENFANCE (Médecine) ⟶ AGE

 HYGIENE

- ENFANTS (MALADIES DES) ⟶ ACIDE + ACIDITE (= 2 rubriques)

 APHTES

 ATROPHIE ⟶ CONSOMPTION = 1 seule
 (qui ne fait que   rubrique
 renvoyer à)

 CARDIALGIE

 CHARTRE

 DENTITION

----

(46) cf. Bibliogr. n° 3, p. 60

- ENFANTS (MALADIES DES)⟶ EPILEPSIE
         (suite)   MECONIUM + COECUM (= 2 rubriques)

                                          NOURRICE

                                          RACHITIS (= RACHITISME)

                                          ROUGEOLE

                                          TEIGNE

                                          VEROLE

                                          VERS

      Situons cet ensemble dans l'Encyclopédie. Nous avons vu que le second titre de celle-ci (47) manifeste sa volonté d'être pratique -utile au genre humain, pour parler le langage des Lumières-. Et cela apparaît très clairement pour l'ensemble que nous venons de déployer, quand nous le comparons à un ensemble plus vaste : celui des articles et rubriques ENFANCE, ENFANT et ENFANTS, et leurs renvois. Ce corpus païdologique (s'il est permis d'employer ce terme) comprend quarante rubriques. Or, même en ne faisant qu'une seule rubrique des articles ATROPHIE et CONSOMPTION, notre ensemble de pédiatrie compte vingt-et-une rubriques, c'est-à-dire la moitié plus une de toutes celles que compte le super-ensemble de l'enfant et de l'enfance. Cela signifie que la moitié du discours que le Dictionnaire raisonné des sciences, des arts et des métiers consacre systématiquement à l'enfant concerne la médecine de celui-ci. Autrement dit "l'art", c'est-à-dire le savoir appliqué de "la vie, de la santé, des maladies, de la mort de l'homme, des causes qui les produisent et des moyens qui les dirigent" (48), appliqué à l'enfant. Cela en nombre de rubriques qui, objectera-t-on, ne prouve rien sur la quantité même du texte de notre ensemble par rapport à l'ensemble "enfance". D'autant qu'une rubrique peut n'avoir que quelques lignes tandis qu'une autre peut compter plusieurs pages. Assurément. Il reste cependant que si l'on veut s'en tenir à une quantité de texte précise, par exemple, celle de l'ensemble des rubriques ENFANCE, ENFANT et ENFANTS, on retrouve la même proportion consacrée à la médecine des enfants par rapport au tout consacré à l'enfant. Et cela aussi bien en nombre de pages qu'en nombre de colonnes (49). En effet, l'ensemble des rubriques ayant pour titre ENFANCE ou ENFANT(S) compte un peu plus de onze pages, soit 22 colonnes et demie sur lesquelles 12 sont occupées par le texte des deux rubriques "ENFANCE (Médecine)" et "ENFANS (MALADIES DES)".

----

(47) cf. ci-dessus, note 14

(48) Article MEDECINE. X. 260 D. 1-3

(49) Chaque page de l'Encyclopédie compte deux colonnes comptant chacune quasi-uniformément entre 72 et 74 lignes.

Le dictionnaire raisonné des sciences, des arts et des métiers entend donc
bien donner une place importante à la pathologie et à la "curation" des maladies infantiles, explicitant ainsi à ses lecteurs cette branche de l'art
médical qu'est la médecine des enfants. Plus même : la première rubrique de
l'article ENFANCE qui se trouve être le premier de tous les articles ENFANCE
et ENFANT(S) est la rubrique ENFANCE (Médecine (V. 651 D. 68). Comme si le
discours sur l'enfance ne pouvait commencer que par la médecine de l'enfance.

S'il fallait une dernière raison à l'étude de l'ensemble pédiatrique (50) de l'Encyclopédie, on la trouverait dans l'unicité d'auteur des
deux pôles de départ que sont ENFANCE (Médecine) et surtout ENFANTS (MALADIES
DES) (50). En effet, toutes deux sont signées du "d" minuscule qui, rappelle
l'"Avertissement des éditeurs" du tome V, est la marque du docteur D'Aumont,
"Premier professeur en médecine dans l'Université de Valence" (51).

----

(50) A bien distinguer de l'ensemble obstétrical, comme le montre "ENFANTE-
MENT (Méd. et Chirurg.)" qui est un article (2 colonnes et demie) de bibliographie où sont énumérés les principaux traités d'obstétrique parus en latin,
français, anglais, allemand et italien depuis le XVIe jusqu'aux environs de
1740. Il renvoie à ACCOUCHEMENT et est signé de de Jaucourt. Egalement du
Chevalier, l'article "ENFANTEMENT, douleurs de l' (Médec.)" analyse sur deux
colonnes les signes cliniques que sont les douleurs vraies et les douleurs
fausses, en insistant sur la nécessité de recourir à un bon accoucheur comme
seul capable de distinguer les premières des secondes comme signes du commencement du travail.

(51) V. I.

CHAPITRE I

La rubrique ENFANCE (Médecine) et ses renvois

Ce sous-ensemble de l'ensemble ayant trait à la pédiatrie est
constitué de trois rubriques : ENFANCE (Médecine) qui renvoie à AGE et à
HYGIENE. Nous n'avons pas retenu la troisième rubrique à laquelle renvoie la
première que nous venons de citer, parce qu'il s'agit d'ENFANT(S) sans autre
précision et dont nous verrons une partie avec ENFANTS (MALADIES DES). Il
reste cependant que ce renvoi d'ENFANCE (Médecine) -premier article de
l'ensemble des articles ENFANCE, ENFANT et ENFANTS- à ENFANT montre que le
système des renvois de l'Encyclopédie peut se fermer sur lui-même très rapidement, c'est-à-dire après un tout petit nombre de renvois. ENFANCE renvoie
à ENFANT : la boucle est vite bouclée serait-on tenté de dire, si l'on voulait
raccourcir l'étude du système des renvois de l'Encyclopédie qui, pourtant,
mériterait mieux : une analyse précise et développée qui reste à réaliser,
pour moi, comme un vieux rêve.

Quoi qu'il en soit, les trois rubriques de ce premier sous-ensemble
consacré à la médecine des enfants sont, chacune, d'un auteur différent ; ce
qui confirme la variété -abondante- des collaborateurs médicaux de l'Encyclopédie (52). En effet, ENFANCE (Médecine) est de D'Aumont, tandis que l'article
AGE est de plusieurs auteurs, selon le contenu des différentes rubriques qui
le composent : de Toussaint quand age est pris dans son sens mythologique ou
juridique ; de de Vandenesse quand il "se prend en médecine". L'article

----

(52) cf. Les trois articles de LAIGNEL-LAVASTINE parus dans la Presse Médicale
du 1er juin 1932 et du 29 décembre 1951 et dans la Revue d'Histoire des
Sciences, de juillet-décembre 1951.(Bibliogr. n° 129, 130 et 131). La source
deLAIGNEL-LAVASTINE est la thèse de médecine de ZEILER (Henri).- Les collaborateurs médicaux de l'Encyclopédie de Diderot et d'Alembert (Bibliogr. n° 160).
On peut se demander si l'on peut se fier entièrement à ce travail quand on
constate que, dans la "liste complète de tous les articles médicaux parus dans
l'Encyclopédie" ni dans la "liste des articles par auteur" données par ZEILER,
ne figure ENFANTS (Maladies des) de D'Aumont. Si celui-ci ne comptait que quelques lignes, l'oubli pourrait s'expliquer ; mais il fait plus de cinq pages.
A moins que Zeiler ait considéré que cet article n'était pas un article de
médecine ! Avec le titre et le contenu qu'il a, ce serait inadmissible. Il
reste donc le fait : le travail de Zeiler est incomplet.

HYGIENE, lui, n'est pas signé ; mais, suivant la règle énoncée dès le tome
I (53), il doit être du même auteur que l'article qui le suit (HYGROCIRSO-
CELE (Chirurgie)), c'est-à-dire de Louis.

I.1 La Rubrique ENFANCE (Médecine)

Comme nous venons de le dire, c'est le premier des grands articles de base de notre corpus. C'est normal, pourrait-on dire, puisque l'ordre
alphabétique impose qu'ENFANCE vienne avant ENFANT et ENFANTS, et même ENFANS
pour suivre l'orthographe qui est celle du XVIIIe siècle. Assurément ; mais
cette objection n'enlève rien à ma remarque qui veut insister sur le fait que
la première rubrique consacrée à la condition enfantine a un contenu qui n'est
ni ecclésiastique -comme celui de la deuxième rubrique d'ENFANCE- ni juridique
ou jurisprudentiel -comme bon nombre de rubriques d'ENFANT- mais bel et bien
médical. Et plus précisément : thérapeutique, et même hygiénique, puisque ces
soixante douze lignes (= 1 colonne) sont consacrées : pour huit lignes, à une
définition de l'enfance ; pour trente-sept lignes à des considérations générales sur la nécessité de veiller à la santé corporelle des enfants ; pour
vingt-sept lignes à des conseils très pratiques pour conforter cette santé.
La rubrique se termine par un conseil au lecteur : celui d'aller voir
"l'ouvrage de Locke sur l'éducation des enfants, traduit de l'anglais par M.
Coste" (V. 652 G. 65-66) (54). En donnant cette référence, D'Aumont donne la
source de soixante-quatre des soixante douze lignes de sa rubrique, puisque,
mise à part la définition initiale de l'enfance, les considérations générales
et les conseils pratiques sur la santé corporelle des enfants viennent tout
droit de l'ouvrage de Locke qui est pour de nombreux articles l'inspirateur
des auteurs de l'Encyclopédie (55). Ainsi, et bien que la science dont relève
cette rubrique soit la médecine, on ne peut pas dire que l'on ait affaire à
un article qui soit véritablement de science médicale. Mais si l'on est plus
plus en face de conseils aux parents pour élever sainement leurs enfants que

----

(53) "Lorsque plusieurs articles appartenant à la même matière et par conséquent faits ou revus par la même personne sont immédiatement consécutifs, on
s'est contenté quelquefois de mettre la lettre distinctive à la fin du dernier
de ces articles." N.B. de l'avertissement, p. XLVI du tome I.

(54) Les citations sont référencées ainsi : tomaison, page et colonne (droite
ou gauche), lignes.

(55) Rappelons que la première édition de Some Thoughts concerning education
parut en 1693 et sa traduction française, due à Pierre Coste, en 1695. Pour
l'édition que nous avons utilisée, cf. Bibliographie n° 48.

de données scientifiques, cela vient, sans doute, de ce que l'article de médecine scientifique se trouve à cinq pages d'ENFANCE, à ENFANTS (Maladies des),
et qu'il a été rédigé également par D'Aumont qui ne pouvait pas se permettre
de dire à l'un ce qu'il dirait, un peu plus loin, à l'autre, bref de répéter
deux fois la même chose. Et puis, donner des préceptes d'hygiène est conforme
à la conception utilitariste du savoir qui est celle de l'Encyclopédie. La
division du travail est division du savoir : ENFANCE énonce les préceptes
d'hygiène ; ENFANTS (Maladie des) démonte le mécanisme de la maladie dans
l'organisme du petit de l'homme.

        C'est cette visée d'éducation sanitaire d'ENFANCE qui explique
que la définition initiale de cette notion ne soit guère scientifique : ni
biologique ni physiologique ; elle est congruente au contenu non rigoureusement médical (= fait d'une suite de données établies par la science qu'est
la médecine)(56) de toute la rubrique. En effet, comment le futur professeur
des deux chaires de médecine de l'Université de Valence (57) définit-il
l'enfance ? D'une manière générale, comme étant "la première partie de la vie
humaine, selon la division que l'on en fait en différents âges" (V. 651 D 69-
70). Cette définition est relative à la division taxinomique de la vie en
âges qui est un donné de la connaissance spontanée, sans caractère très précis
ni, surtout, très rigoureux. C'est pourquoi, D'Aumont essaye de faire preuve
de précision et de rigueur en ajoutant que l'enfance est "l'espace de temps
qui s'écoule depuis la naissance" jusqu'à l'âge de raison, "c'est-à-dire à
l'âge de sept à huit ans" (V. 651 D 73 et 652 G 1). Le chiffre qui marque la
fin de l'enfance est précis : c'est sept-huit ans. L'enfance va donc de 0 à
7-8 ans. Mais pourquoi cet âge ? Parce que c'est celui auquel l'homme parvient

----

(56) Il va de soi que l'expression "science médicale" ou "science de la
médecine" ne constitue en rien une prise de position sur la scientificité ou
la non-scientificité de "l'art" médical du XVIIIe par rapport à la médecine
d'aujourd'hui ; ce n'est qu'une manière de dire ce que les médecins de
l'époque disent, à savoir que la médecine est une science. Que la scientificité de celle-ci ne soit pas la nôtre, c'est tout autre chose.

(57) Né à Grenoble le 27 novembre 1720 -1721 d'après Poidebard- Arnulphe
D'Aumont est reçu médecin à Montpellier en 1744. En 1745, il est choisi comme
professeur royal de la faculté de médecine de Valence. C'est en 1757 soit deux
ans après la parution du tome V de l'Encyclopédie où se trouve ENFANCE, qu'il
deviendra titulaire de la seconde chaire. C'est sans doute à sa Relation des
fêtes publiques données par l'Université de Montpellier à l'occasion du rétablissement de la santé du Roi procuré par trois médecins de cette école (1744)
qu'il doit sa nomination, sans concours, à la première chaire. D'Aumont est
mort en Août 1800. Bibliogr. n° 150.

"à avoir l'usage de la raison" (ibid). Par là, on voit que la précision du
chiffre du terminus ad quem de l'enfance n'empêche pas la définition de
celle-ci de n'être pas fondée sur un critère biologique -le temps de la crois-
sance- ou physiologique -le temps qui va jusqu'à la puberté- (58), mais bien
sur un critère psycho-moral. Ce qui est intéressant, c'est que le médecin
D'Aumont n'en trouve pas d'autre pour définir le premier âge de la vie. Ce
qui veut dire qu'en cette moitié du XVIIIe siècle, le médical ne s'est pas
encore arraché à cette représentation psycho-morale du développement de l'in-
dividu. Etre adulte, c'est avoir l'usage de la raison ; être enfant, c'est ne
pas être adulte et donc n'avoir pas l'usage de la raison. Ainsi, l'article
consacré normalement à l'enfance et qui s'attache à donner des préceptes
d'éducation sanitaire spécifique aux enfants commence-t-il par donner de
celle-ci une définition empreinte d'"adultocentrisme". Ce qui confirme que
l'Encyclopédie ne consomme pas la rupture avec celui-ci, du moins quand il
s'agit de la définition générale de ce premier âge de la vie.

  Mais quand il s'agit d'être pratique, D'Aumont et donc l'Encyclopédie tiennent un discours plus centré sur l'enfant. C'est la suite de l'article ENFANCE avec les considérations et les préceptes tirés de Locke. Ainsi
trouve-t-on la concomitance suitante : une définition générale de l'enfance
très traditionnellement référencée à la raison adulte, et de l'autre côté un
ensemble d'indications pratiques recognitives de la spécificité du corps
enfantin. Car enfin, si l'enfant est l'être qui n'a pas encore de raison, un
non-encore adulte, c'est-à-dire un non-encore homme, à quoi bon s'occuper de
lui avant sept-huit ans ? Il n'y a qu'à laisser faire la nature ; l'humanité,
c'est-à-dire les adultes n'ont pas à s'occuper de la non-humanité, des non-
adultes. Tout au plus, doit-on veiller sur eux comme on veille sur des brutes,
pour qu'elles ne fassent pas de mal. C'est toute la conception de l'enfant
- petit animal démoniaque (59) et de l'éducation-correction. Or quel discours
tiennent Locke et D'Aumont qui le suit ? Celui du respect du corps de l'enfant
qu'il s'agit d'aider à se développer. C'est la conception de l'enfance comme
humanité tendre et de l'éducation-protection. Dans une telle perspective, le
corps du jeune enfant doit être l'objet de soins attentifs, l'argumentation de
D'Aumont se développant de la manière suivante. Au départ, comme chez Locke,

----

(58) Qui sont les deux critères en usage de nos jours. cf. GESELL et ILG.-
Le jeune enfant dans la civilisation moderne... (Bibliogr. n° 115, p. 9 et p.
57) Pour prendre un traité de psychologie de l'enfant assez répandu.
(59) "L'enfance est la vie d'une bête", écrit Bossuet. Oeuvres. Fragment sur
la brieveté de la vie et le néant de l'homme. Bibliogr. n° 14, Tome 12, p.704.

la formule de Juvenal : Mens sana in corpore sano. "Le bonheur dont on peut
jouir dans ce monde se réduisant, écrit D'Aumont recopiant Locke, à avoir
l'esprit bien réglé et le corps en bonne disposition" (V. 652 G. 3-5) (60),
il faut "rechercher les moyens propres à en procurer la conservation" (V. 652
G. 10). Il faut donc avoir soin du corps et de l'esprit. Deuxième temps de
l'argumentation : les soins de l'esprit passent par les soins du corps, "quoique l'esprit soit la plus considérable partie de l'homme et qu'on doive
s'attacher principalement à le bien régler [..] à cause de l'étroite liaison
qu'il y a entr'eux". (V. 652 G. 18-21) (61). D'Aumont en rajoute même par rapport à Locke en écrivant ces deux lignes quelque peu empreintes de déterminisme physiologique : "La disposition des organes a le plus de part à rendre
l'homme vertueux ou vicieux, spirituel ou idiot" (V. 652 G. 21-23). Donc,
troisième temps de l'argumentation : la médecine des enfants est nécessaire à
leur développement ; c'est le texte qui suit.

TEXTE 1 : MEDECINE DES ENFANTS ET EDUCATION SANITAIRE DES PARENTS

"Il est donc du ressort de la médecine de prescrire
la conduite que doivent tenir les personnes chargées d'élever
les enfants, et de veiller à tout ce qui peut contribuer
à la conservation et à la perfection de leur santé ; à
leur faire une constitution qui soit le moins qu'il est
possible sujette aux maladies. C'est dans ce temps de
la vie où le tissu des fibres est plus délicat, où les
organes sont les plus tendres, que l'économie animale
est le plus susceptible des changements avantageux ou
nuisibles conséquemment au bon ou au mauvais effet des
choses nécessaires, dont l'usage ou les impressions sont
inévitables ; ainsi il est très important de mettre de bonne
heure à profit cette disposition, pour perfectionner ou
fortifier le tempérament des enfants, selon qu'ils sont
naturellement robustes ou faibles".

(V. 642 G. 24-39)

Ces quinze lignes constituent un paragraphe entier qui sépare les
considérations générales sur la nécessité de s'occuper de la santé du corps
des êtres humains et, particulièrement, de celui des enfants, des conseils
médicaux et préceptes d'hygiène que doivent suivre les éducateurs. Elles sont
en partie empruntées à Locke, mais en partie seulement. Car, si le philosophe
anglais qui a étudié la médecine (62) écrit qu'il va donner des conseils

----

(60) LOCKE (J.).- De l'éducation des enfants.- Bibliogr. n° 48, p. 1

(61) Id., p. 3.

(62) Id., p. 3 : "Je vais commencer par examiner ce qui regarde la Santé du
corps, [..] parce que c'est un point dont vous pourriez attendre de moi la discussion plutôt que d'aucune matière, vu l'étude à laquelle on présume que je
me suis attaché avec une particulière application".

médicaux "pour conserver et augmenter la santé des enfants, ou du moins pour
leur faire une constitution qui ne soit point sujette à des maladies" (63),
il souligne bien que ces conseils sont à l'usage des parents pour leur dire
ce qu'ils "doivent faire sans le secours de la médecine" (64). Or notre texte
texte 1 est plus catégorique : la médecine doit "prescrire la conduite que
doivent tenir les personnes chargées d'élever les enfants". Locke veut que la
médecine aide les parents ; D'Aumont qu'elle les dirige. La nuance mérite
d'être notée dans la mesure où elle marque un progrès de ce que les auteurs
d'Entrer dans la vie appellent "la médicalisation de l'enfance" (65), c'est-
à-dire la prise en charge et même le contrôle par les médecins de l'avenir de
l'homme qu'est l'enfant. Au vrai, si l'on se réfère à l'ouvrage de Françoise
Loux (66), le terme même de médicalisation est impropre dans la mesure où il
suggère que l'on est passé de la non-existence à l'existence même d'un contrôle
médical de l'enfance. Or il n'en est rien : on est passé d'un certain type de
médecine de l'enfance -traditionnelle, de type empirico-symbolique- à un certain autre type -savante, de type empirico-scientifique- (67). Donc ce que
marque notre texte 1 et la fermeté plus grande de D'Aumont par rapport à Locke
sur le devoir qu'a la médecine de diriger les éducateurs, ce n'est pas la médicalisation de l'enfance, mais bien la réalisation de la prise de contrôle
total de l'enfance par la médecine savante. D'où la suite du texte 1 avec
ses termes de la science anatomique de l'époque qui donnent à l'ensemble son
caractère scientifique -caractère qui fonde "objectivement" le pouvoir du
médecin sur les familles. On pourrait dire que le médecin de famille du XIXe
siècle surgit en quelque sorte de ces lignes de l'Encyclopédie. Il est celui
à qui les parents font confiance parce qu'il a mis au monde leurs enfants et
les a aidés à bien "pousser" grâce à ses conseils d'éducation sanitaire. La
confiance vient donc de la réussite de ces conseils. Et celle-ci vient de ce
qu'ils sont fondés "objectivement", sur le savoir "scientifique" de ce "temps
de la vie, où le tissu des fibres est plus délicat,[... et ou] l'économie
animale est la plus susceptible des changements avantageux ou nuisibles".
Ainsi, la conception de l'enfance comme tendresse ou délicatesse de l'humanité

----

(63) Id., p. 4

(64) Ibid.

(65) Bibliogr. n° 108, p. 209.

(66) LOUX (Françoise).- Le jeune enfant et son corps dans la médecine traditionnelle... Bibliogr. n° 136.

(67) cf. en particulier la conclusion de Françoise LOUX.- Ouvr. cité, pp. 262-
266.

est une réalité physiologique, un acquis de la science physiologique. Cette dernière unit la notion de fibre à celle d'économie animale, comme le confirme l'article FIBRE de l'Encyclopédie signé par D'Aumont (68). En effet, de quelle science releve-t-il ? De la "médecine", bien sûr ; mais aussi de l'"économie animale" comme l'indique clairement la parenthèse de mise en situation de FIBRE dans le savoir encyclopédique (69). Et dans la définition de celle-ci le professeur de Valence en parle comme d'une réalité de "la physique du corps animal". On ne peut être plus clair : la fibre est une donnée de l'organisation animale établie par la physiologie. En conséquence de quoi ce serait ne pas tenir compte de cette science que de ne pas suivre les préceptes de celui qui a la connaissance de celle-ci : le médecin. Telle est donc la fonction de notre texte 1 : celle de fonder "en physiologie" -comme on dit "en raison"- les préceptes d'hygiène qui sont donnés tout au long du dernier paragraphe de cette rubrique d'ENFANCE. Ce qui veut dire que ce qui sépare D'Aumont et Locke de Bossuet, la considération de la tendre humanité du mépris de la bête enfantine, ce n'est pas la découverte de l'enfance mais bien ce que je n'hésiterais pas à appeler le changement de priorité pour le sens de l'existence humaine. Car, quand le futur évêque de Meaux, méditant sur la brieveté de la vie, écrit que "l'enfance est la vie d'une bête", c'est pour la comptabiliser avec "le sommeil, les maladies [et] les inquiétudes" (70) comme temps morts dans le temps qui passe. Or "ce n'est pas assez dire, ils sont passés, je n'y songerai plus : ils sont passés, oui pour moi, mais à Dieu, non ; il m'en demandera compte" (71). "Ce que j'y aurai mis, je le trouverai : ce que je fais dans le temps, passe par le temps à l'éternité" (72). Autrement dit : "l'enfance est la vie d'une bête", parce qu'elle n'est pas employée à Penser, c'est-à-dire à penser à l'éternité, à Dieu. Si donc le sens de l'existence humaine réside dans le salut éternel, tout temps inemployé à celui-ci est inutile. Or, tout enfant -sauf, bien sûr, le divin enfant- se soucie peu de cela. L'enfance est donc bien ignorance de ce sens fondamental

----

(68) VI.662.D-675 G. Soit plus de douze (12) pages et demie.

(69) VI.662.D-48-52. : "FIBRE, (Economie anim. Médecine). On entend en général par fibres, dans la physique du corps animal, et par conséquent du corps humain, les filaments les plus simples qui entrent dans la composition, la structure des parties solides dont il est formé".

(70) BOSSUET.- Ouvr. cité, p. 704.

(71) Id., p. 705.

(72) Ibid.

de l'existence ; absence de pensée de l'éternité et donc de Dieu : abrutis-
sement. Ce qui fait que, pour Bérulle, le fils de Dieu "se faisant enfant et
non seulement homme", "ajoute humiliation sur humiliation" (73), tant
l'enfance est "état le plus vil et abject de la nature humaine après celui de
la mort" (74). Le mépris de l'enfance de la pensée classique est le revers
de l'amour ou, plus exactement, du désir de Dieu qui pousse sa créature à
dévaloriser tout - oeuvres et temps - ce qui ne lui est pas consacré. Ce qui
veut dire que c'est la religion ou, du moins, une certaine religiosité -celle
centrée sur l'Au-delà- qui fait mépriser l'enfance au XVIIe siècle. Mais si,
au contraire, le sens de l'existence humaine, c'est ce "bonheur dont on peut
jouir dans ce monde [et qui] se réduit à avoir l'esprit bien réglé et le corps
en bonne disposition" (75), il importe grandement de s'occuper de l'être
humain "délicat" ou "tendre" qu'est l'enfant.Ce qui veut dire que le XVIIIe siècle
n'a pas découvert l'enfant pour lui-même mais pour ce qu'il est le passé de
l'adulte. De même que le mépris classique de l'enfance est un effet de religion, de même la découverte de l'enfance est un effet de la prise de pouvoir
de la science sur l'homme, plus précisément, sur l'homme adulte.

      Dans ces conditions, ce qui est important dans les préceptes
d'hygiène qui vont être énoncés dans le paragraphe suivant celui qui constitue
notre texte 1, ce n'est pas leur contenu même mais bien le fait qu'ils sont
fondés sur la science physiologique. Voilà pourquoi nous avons choisi de
citer celui-ci plutôt que ceux-là dont D'Aumont reconnaît lui-même qu'ils
n'ont rien de compliqué. Ces treize "règles très faciles à pratiquer"
(V. 652 G. 42) sont les têtes de chapître de la première partie du livre de
Locke sur l'éducation des enfants intitulée : "De la santé : précautions nécessaires pour la conserver aux enfants" (76). Oh ! bien sûr, d'Aumont ne les a

----

(73) BERULLE (Pierre).- Oeuvres complètes. Tome II.(Bibliogr. n° 9), p. 838.
(74) Id., p. 839. Et p. 845 "car [l'enfance] c'est plus grande privation et
destitution de vie".
(75) cf. ci-dessus, n. 60.
(76) LOCKE (J.).- Ouvr. cité, pp. 3-47.

pas mises dans le même ordre, mais ce sont bien les mêmes. Elles peuvent être
regroupées en cinq catégories. Quatre concernent l'alimentation et l'
tion des enfants ; quatre l'exercice ; deux le sommeil ; deux le vêtement ;
une le travail intellectuel. En vingt sept lignes, D'Aumont ne peut
évidemment être que très bref, se contentant d'énumérer ces règles sans les
expliciter, comme le fait Locke. Donc, il convient que la nourriture des
enfants soit composée des "viandes les plus communes" (V. 652 G. 43-44),
c'est-à-dire des mets les plus communs comme "le lait simple ou en soupe" (77),
"la bouillie faite de farine d'orge, [le] potage avec du gruau d'avoine et
des raisins secs" (78). A ces exemples, on voit que ce régime concerne surtout la toute petite enfance. Toujours dans le domaine de l'alimentation, il
faut "leur défendre l'usage du vin et de toutes les liqueurs fortes (V. 652.
G. 44-45) et leur "donner peu ou point de médecine" (V. 652. 45-46). A ces
règles d'alimentation s'ajoute celle qui consiste à "leur faire contracter
l'habitude d'aller à la selle régulièrement" (V. 652. G. 55). On trouve déjà
dans cette phrase le principe directeur de l'éducation sanitaire des enfants :
habitude et régularité. Pour ce qui est de l'exercice physique, les quatre
règles peuvent se résumer en ce précepte : il faut laisser les enfants "s'exposer aux injures du temps" (652. G. 48) : grand air, soleil, froid, humidité.
Ce qui fait que, pour le vêtement, il ne faut pas couvrir la tête des enfants,
ni leurs pieds ni, surtout, "faire des habits trop chauds et trop étroits"
(V. 652 G. 54). Parce que, dit Locke, il faut laisser "à la nature le soin
de façonner le corps comme elle le trouve à propos" (79). C'est le même souci
d'exercice naturel qui fait que Locke veut que l'on apprenne à nager aux
enfants -ce que n'évoque pas D'Aumont qui néglige aussi le conseil que donne
le philosophe anglais de faire manger des fruits aux enfants (80). Pour ce

----
(77) Id., p. 21
(78) Ibid.
(79) Id., p. 17

(80) Id., pp. 30-32. Locke concluant sa longue explication de la manière de
servir les fruits aux enfants en écrivant : "Les fruits secs sans sucre sont
aussi fort sains, si je ne me trompe. Mais on doit s'abstenir de toute sorte
de confitures, dont il n'est pas aisé de dire si elles incommodent plus celui
qui les fait que celui qui les mange. Laissons donc aux dames tous ces mets
sucrés, l'une des plus folles dépenses dont la vanité se soit encore avisée".
Ainsi, Chez Locke, hostilité aux sucreries, mentalité anti-somptueuse et
sexisme font bon ménage. Peut-être que d'Aumont n'a pas pu reprendre ce passage, parce qu'il a été censuré par ce gourmand de Diderot qui, à l'article
ABRICOT, a rajouté plus d'une colonne de recettes de compote, confiture et
autres marmelades d'abricot !

qui est du sommeil, les deux règles sont simples : il faut "laisser [les enfants] bien dormir, surtout dans les premières années de leur vie, [et les] faire cependant lever de bon matin" (V. 652 G. 51-53). Car "si vous voulez que vos enfants se lèvent de bon matin, il faut que vous leur fassiez prendre la coutume de s'aller coucher de bonne heure" (81). De cette manière "vous les accoutumerez à éviter ces débauches du soir si dangereuses et si nuisibles à la santé" (82). Autrement dit : coucher les enfants de bonne heure n'est pas bon en soi, parce que, par exemple, le sommeil d'avant minuit serait de meilleure qualité, Non ! mais parce que cela donne l'habitude aux enfants de ne pas s'attarder fort avant dans la nuit, temps par excellence de la débauche. Donc : l'intérêt du coucher tôt n'est pas physiologique mais moral."Vous n'aurez pas gagné peu de chose, écrit Locke, si votre enfant, ayant contracté une espèce d'aversion pour les longues veilles par l'habitude que vous lui aurez fait prendre de se coucher de bonne heure, cela l'oblige à éviter souvent ces parties de plaisir et à ne les proposer que rarement" (83). Ce qui prouve que l'éducation corporelle est aussi et en même temps éducation morale. Le soin des corps n'est que le soin des âmes par d'autres moyens. Cela aussi fait partie de la prise de pouvoir de la science sur l'homme. Pour ce qui est de la dernière règle d'hygiène corporelle, justement, elle ne concerne plus le corps mais bien l'esprit, puisqu'elle stipule qu'il faut "empêcher les enfants] de se livrer à une trop forte contention d'esprit, de ne l'exercer d'abord que très modérément et d'en augmenter l'application par degrés" (V. 652. G. 56-58). Sous peine de dégout, indique Locke (84). C'est le principe de la progressivité de tout apprentissage. Telles sont les treize règles

----

(81). Id., p. 33. Sur la nécessité du sommeil pour les enfants, Locke écrit que "de tout ce qui paraît mou et efféminé, il n'y a rien que l'on doive permettre aux enfants avec plus d'indulgence que le sommeil". Après les sucreries, c'est maintenant le sommeil qui est érigé en attribut de la feminité dont on ne peut pas dire que notre philosophe anglais ait une vision positive.

(82) Ibid.

(83) Id., p. 34

(84) Id., p. 263). Ce n'est plus au chapitre I sur "la Santé" mais au chapitre XVIII intitulé : "Il ne faut pas contraindre les enfants à s'occuper aux choses qu'on veut leur faire apprendre". Ouvr. cité, pp. 261-269.

de l'éducation du corps et même de l'esprit. "En $\lceil$s'y$\rceil$ conformant jusqu'à l'habitude, il n'y a presque rien que le corps ne puisse endurer, presque point de genre de vie auquel il ne puisse s'accoutumer" (V. 652 G. 59-61). On retrouve bien les deux principes déjà énoncés plus haut : habitude et régula-rité, qui ne sont pas seulement ceux de l'éducation des corps mais bien de l'éducation dans son entier. Il en est d'ailleurs de même des finalités de ces principes : endurer et s'accoutumer, qui sont autant celles de l'éducation des corps que celles de l'éducation en général. Ici, on est en face de la conception empiriste de l'enfant "papier blanc ou $\lceil...\rceil$ cire sur quoi l'on peut imprimer ce qu'on veut" (85), et de celle de l'éducation qui en résulte : inculcation répétitive d'habitudes dont la régularité conduit à l'accoutumance et à l'endurance.

I.2 Les renvois de ENFANCE (Médecine) : les articles AGE et HYGIENE

Avec AGE et surtout HYGIENE nous entrons véritablement dans des considérations médicales précises. Celles-ci ne viennent pas d'un philosophe qui a d'abord étudié la médecine comme Locke, mais de médecins savants qui peuvent être Hippocrate, Galien ou Celse, mais qui sont d'abord les grands noms de l'histoire de la médecine de la fin du XVIIe et du début du XVIIIe siècles. C'est ainsi que les deux articles auxquels renvoie ENFANCE (Médecine) ont pour inspirateur Friedrich Hoffmann le jeune, le grand Hoffmann (1660-1742). Et pourtant AGE et HYGIENE ne sont pas du même auteur.

AGE

Cet article a même plusieurs auteurs, puisqu'il est subdivisé en douze rubriques dont deux seulement concernent notre sujet. Il s'agit d'"AGE $[...]$ en médecine" (I. 170 G. 62) et de la rubrique de dix lignes qui la suit : AGE en anatomie (I. 171 G. 15). La rubrique (43 1) qu'a écrite Diderot sur l'acception d'Age dans la mythologie (âge d'or, âge d'argent, âge d'airain, âge de fer) et les chronologies traditionnelles (bibliques ou romaine) ne concerne pas notre sujet, comme d'ailleurs celle (88 1) à propos d'"AGE en terme de manège" (I. 171 G. 29) qui n'est pas signée (Diderot ?). Il en est

----

(85) Id., p. 442.

de même des sept autres rubriques qui, comme "AGE du bois, en style d'eaux
et forêts" (I. 170 G. 59) ou comme "AGE de la lune (en astronomie)" (I. 171
G. 25) de d'Alembert ne font que quelques lignes, respectivement deux et
quatre. Ces neuf rubriques étant éliminées, nous ferons un sort rapide à
"AGE en terme de jurisprudence" (I. 170 G. 1) de Toussaint, parce que nous
y retrouvons le problème du rapport adulte/non-adulte au plan institutionnel.

"Age, en terme de jurisprudence, écrit l'avocat au Parlement de
Paris devenu Encyclopédiste (°6), se dit de certaines périodes de la vie auxquelles un citoyen devient habile [..] à posséder telles ou telles dignitées"
(I. 170 G 1 et 3). D'où les trois parties de cette rubrique consacrées à l'age
requis pour les dignités judiciaires (27 ans pour les conseillers au parlement
et équivalents ; 30 ans pour les avocats ou procureurs généraux ; 37 ans pour
les maîtres de requête et enfin 40 ans pour les présidents de cours souveraines),
pour les dignités ecclésiastiques (27 ans pour être évêque ; 25 ans pour être
abbé ou prieur ayant charge d'ames, 22 ans pour être prieur sans charge d'ames),
pour les bénéfices simples enfin. Or, de ceux-ci les enfants peuvent être titu-
laires, bien que "le droit commun [soit] qu'on ne puisse être pourvu d'ancien
bénéfice même simple, avant quatorze ans" (I. 170 G. 50-52). En effet, les
chappellenies ou les prieurés ruraux sans rectorerie aussi bien que les
canonicats en régales peuvent être possédés à sept ans. "Mais accomplis" ajoute
Toussaint faisant ainsi preuve d'une ironie involontaire à l'égard de cette
pratique qui érige les enfants en instruments de mainmise sur les biens d'église.
En reconnaissant cette pratique, l'Encyclopédie ne fait que reconnaître que la
classe dirigeante et dominante se conduit de la même manière que les dominés
qui utilisent leur(s) enfant(s) comme petit(s) travailleur(s) infatigable(s)
(87) : comme instrument économique. On est loin de l'enfance-innocence : temps
de l'ignorance des dures réalités sociales et économiques de la vie d'adulte.

----

(86) TOUSSAINT (François-Vincent) est né à Paris en 1715 (?) et est mort à
Berlin en 1772. Sa collaboration avec Diderot a commencé avec la traduction en
français du Medicinal Dictionary de James paru en 1746-1748 cf. Bibliogr. n°40.
(87) cf. les planches hors-texte 16 et 17 d'Entrer dans la vie. Bibliogr. n°108.

Dans cette manière commune de faire de l'enfant un moyen d'accroître leurs immenses ou leurs maigres revenus, les dominants se distinguent des dominés par leur respect -obligé- d'un certain seuil : celui de 7 ans que nous avons vu, à ENFANCE (Médecine), être l'âge de raison. Et qui est également celui que De Vandenesse donne comme terminus de l'enfance dans la rubrique AGE en médecine.

Qu'écrit en effet ce collaborateur de l'Encyclopédie dont nous ne savons rien (88) ? Que la vie humaine "se partage en plusieurs âges" (I.170 G. 65) : l'enfance, la puberté, l'adolescence, l'âge viril et la vieillesse. Ce sont évidemment les trois premières qui nous intéressent au premier chef. Or seule l'adolescence est définie en termes physiologiques, du moins dans son terminus ad quem, puisqu'elle "succède depuis la quatorzième année jusqu'à vingt ou vingt-cinq ans ou, pour mieux dire, tant que la personne prend de l'accroissement" (I. 170 G. 70-73). La puberté qui la précède, elle, est définie comme l'âge "qui se termine à quatorze ans dans les hommes et dans les filles à douze" (I. 170 G. 69-70). Cette définition n'est médicalement précise que si l'on admet que le lecteur sait à quoi correspondent physiologiquement ces deux chiffres de 12 et 14 ans. Ce qui doit être le cas, puisque la rubrique précédent AGE en médecine est AGE nubile de Toussaint - défini comme l'âge auquel une fille devient capable de mariage, lequel est fixé ⌈juridiquement⌉ à douze ans" (I. 170 G. 62-63). Bien que cette définition soit celle de la jurisprudence, elle suggère bien, pour la définition de la puberté, que celle-ci est l'âge de la mise en place de la sexualité. Reste donc la définition de l'enfance stricto sensu. C'est celle de D'Aumont à ENFANCE (Médecine) : la définition psycho-morale qui fait de cet âge celui qui "dure depuis le moment de la

----

(88) Sinon que, "Docteur régent de la faculté de médecine de Paris", il est "très versé dans la théorie et la pratique de son art". Encyclopédie, Discours préliminaire, T. I, p. XIII. Delaunay (Bibliogr. n°96 et 97) ne le mentionne pas. D'après le répertoire des thèses de médecin (Bibliogr. n° 63, p. 93), et s'il s'agit bien d'Urbain de Vandenesse, il aurait soutenu sa thèse en novembre 1741 sur la question de savoir "si la cause de toutes les secrétions est le frottement ou la lymphe". A moins que l'on traduise "An ut omnium secretionum causa tritus, sic materies lympha" par : "si la cause de toutes les secrétions est le frottement ainsi que la lymphe" ?

naissance jusqu'au temps où l'on commence à être susceptible de raison "
(I. 170 G. 66-68). Qu'est-ce que cette raison dont la présomption fait dire
que l'on achève l'enfance ? Ces médecins ne nous le disent pas dans ces rubriques consacrées à l'enfance. Visiblement, la psychologie de l'enfant de la
mi-XVIIIe siècle ne dépasse pas la raison de l'adulte. On est bien toujours et
encore dans "l'adultocentrisme". Et pourtant la médecine de l'enfant, elle,
existe, même si elle ne s'appelle pas encore pédiatrie, comme le montre la
suite de cette rubrique AGE, médecine. En effet, après le paragraphe de définition des âges de la vie humaine vient l'examen des "maladies particulières"
(I. 170 D. 3) à chacun de ceux-ci, donc des maladies de l'enfance, de la puberté
et de l'adolescence. De cette présentation différentielle, il ressort que ce
sont les premières qui sont les plus nombreuses, tout en étant relativement
bénignes par rapport à celles de la puberté et de l'adolescence, et surtout de
la maturité. C'est ainsi que de Vandenesse cite d'abord le vomissement et la
toux (I. 170 D. 8) comme des maladies propres aux enfants. Bien sûr, viennent
ensuite des troubles un peu plus graves comme les hernies, "les aphtes, les
fluxions, les diarrhées, les convulsions" (I. 170 D. 9-10) liées à l'apparition des dents, les inflammations des amygdales, et surtout le rachitisme,
"la rougeole et la petite vérole"(I. 170 D. 14-16), c'est-à-dire la variole,
les tumeurs des parotides (= oreillons) et l'épilepsie. Comme maladies de la
puberté, notre docteur régent ne cite que les fièvres aiguës, "les hémorragies
par le nez et dans les filles les pâles couleurs" (I. 170 D. 18-19). Pour
l'adolescence, il cite "les fièvres inflammatoires et putrides "-ce qui est
vague- , "les péripneumonies, les crachements de sang" (I. 170 D. 30-31) pouvant dégénérer en phtisie. Tout cela forme un catalogue qui sera de quelque
utilité au lecteur non-spécialisé que peut être celui de l'Encyclopédie qui
prêtera peu d'attention à la confusion faite entre symptome et maladie,
comme c'est le cas, précisément, du vomissement et de la toux qui sont les
signes de nombreuses maladies. Au vrai, l'intérêt de ce catalogue emprunté à
Hippocrate (89) est ailleurs ; dans l'analyse de la causalité générale de la
maladie et donc des modalités que prend celle-ci suivant les âges de la vie.

----

(89) HIPPOCRATE.- Oeuvres complètes...(Bibliogr. n° 37) T. 4, pp. 497-501.

Elle est donnée dès l'abord, avec cette considération : " ⌈les maladies⌉ dépendent de la fluidité des liquides et de la résistance que leur opposent les
solides ; dans les enfants, la délicatesse des fibres occasionne diverses
maladies" (I. 170 D. 4-6- (90)   - considération que complète la suivante
sur l'âge mûr qui est une période pendant laquelle "les fibres ayant obtenu
toute leur élasticité, les fluides se trouvent pressés avec plus d'impétuosité,
⌈d'où⌉ naissent les efforts qu'ils font pour se soustraire à la violence de la
pression" (I. 170 D. 37-40). Autrement dit : le fonctionnement de la machine
humaine est une question de pression et de résistance en particulier au niveau
de cette structure élémentaire des organes qu'est la fibre. On trouve là tout le
le "système mécanico-dynamique" (91) ou "mecano-dynamique" (92) d'Hoffmann
pour qui "la vie dépend de la mécanique des fibres", "de leur tonus (93),
qui est ⌈leur⌉ capacité de se contracter ou de se dilater" (94). Dans ces
conditions, "le médecin intervient pour régler le tonus à l'aide de stimulants"
(95) qui vont varier en fonction de la qualité de fibres appelées à subir et

----

(90)   "Les enfants, ayant les fibres extrêmement tendres et sensibles, res-
sentent aisément les impressions de tout ce qui est nuisible, et par conséquent
sont sujets aux maladies" HOFFMAN.- Médecine Raisonnée...(Bibliogr. n° 38)
T. II, p. 325.

(91) SPRENGEL (Kurt).- Histoire de la médecine.(Bibliogr.n° 157) T. 5, p. 271.

(92) Histoire générale de la médecine. Publ. ss la dir. de Laignel-Lavastine.
(Bibliogr.n°126) T. 3, p. 439

(93) Hoffmann "a remis en honneur le couple conceptuel tonus-atonie des métho-
diques hellenistiques". LICHTENTHAELER (Charles).- Histoire de la médecine.
Bibliogr. n° 134,p. 373. En fait, Hoffmann écrit qu'il le tient d'Hippocrate :
"Pour nous, nous regardons avec Hippocrate comme la base de tout raisonnement
et de toute dissertation en médecine la nature du corps humain ; et par ce terme
nous n'entendons autre chose que la continuité du mouvement progressif et circulaire du sang et des liqueurs dans un corps purement composé de vaisseaux ou de
tuyaux ; continuité causée par l'alternative des mouvements de systole et de
diastole qui se trouve dans chaque vaisseau ; en conséquence duquel principe la
vie n'est autre chose dans le corps humain que le mouvement des fluides poussés
par les solides, entre autres par le coeur et par les artères, et celui des solides entretenus par les fluides ; mouvement dont la durée garantit de la corruption notre machine qui d'elle-même y est très sujette et dont l'entière
extinction est le commencement d'une putréfaction mortelle" HOFFMANN (Fr.).-
Médecine Raisonnée...(Bibliogr.n° 38)   T. 6, pp. 132-133.

(94) BOUISSOU (Roger).- Histoire de la médecine...(Bibliogr. n° 85) p. 194.

(95) Ibid.

et à résister à la pression des liquides (96). D'où le texte suivant sur la
thérapeutique congruente au mécano-dynamisme exposé ci-dessus. Ce texte 2 est
la conclusion logique de tout ce qui précède.

TEXTE 2 : LA THÉRAPEUTIQUE DÉRIVÉE DE LA MÉDECINE MÉCANO-DYNAMIQUE

"L'On a vu jusqu'ici la différence des maladies selon les âges ;
les remèdes varient aussi selon l'état des fluides et des solides
auxquels on doit les proportionner. Les doux et ceux qui sont
légèrement toniques conviennent aux enfants ; les délayants et les
aqueux doivent être employés pour ceux qui ont atteint l'âge
de puberté en qui l'on doit modérer l'activité du sang.
Dans ceux qui sont parvenus à l'adolescence et à l'âge
viril, la sobriété, l'exercice modéré, le bon usage des choses
non-naturelles deviennent autant de préservatifs contre les
maladies auxquelles on est sujet ; alors les remèdes délayants
et incisifs sont d'un grand secours si, malgré le régime
ci-dessus, l'on tombe en quelque maladie".

(I. 170 D.69-171 G.8)

Si tout le fonctionnement de la machine humaine est une question de
pression des liquides et de résistance des fibres solides, la thérapeutique se
résume à diminuer cette pression et/ou à accroître la force de résistance.
D'où les toniques favorisant celle-ci chez les jeunes enfants qui ont naturellement, comme on l'a vu plus haut, les fibres délicates. Au contraire, pour
les enfants à l'âge de la puberté chez qui la pression des liquides sur les
fibres solides est vive, il convient d'utiliser des médications dilutrices des
liquides, du sang en particulier, afin de diminuer cette pression dont la trop
grande force est cause des fièvres aigues et hémorragies évoquées plus haut
comme caractéristiques de cet âge. Les adolescents, eux, ne sont pas l'objet
d'une thérapeutique particulière ; ils sont à traiter comme les adultes avec

----

(96) "Personne n'ignore que les parties solides de notre corps ne sont composées que de fibres et de filaments. Il est donc très important de connaître la
disposition de ces fibres élémentaires des parties solides ; si elles sont tendues, tendres, solides, compactes, flasques, grossières, épaisses, parce que,
suivant ces dispositions, elles ont plus ou moins de force pour résister à
l'effort des fluides ou pour les pousser". HOFFMANN (F.).- Médecine raisonnée...
(Bibliogr. n° 38) T3, p. 71.

des médications à pouvoir de dilution très actif ("incisif"). Cette "mise dans le même sac"thérapeutique (97) de l'adolescence et de l'âge mûr est intéressante car elle montre que la reconnaissance de l'adolescence comme âge ayant sa spécificité n'entraîne pas un traitement spécial de celle-ci. Sur ce point, la deuxième moitié du XVIIIe siècle n'est pas celle du XXe qui a érigé l'adolescence en classe d'âge, pour ne pas dire en caste d'âge fermée qu'il convient de traiter très particulièrement. Visiblement, notre docteur régent de Paris ne voit pas la spécificité du "teenage" et donc la particularité des "teenagers" (98) et de leurs troubles, en particulier psychosomatiques. A ceux-là, comme aux adultes, il faut des médications modérantes. Au vrai, ce qui caractérise cette thérapeutique qui en reste aux principes et n'entre pas dans une pharmaceutique précise, c'est bien la modération. Comme le montrent exactement tous les adjectifs -sauf "incisif"- de ce texte 2, on est bien dans l'ère de la médecine du doux et de l'humide.

Restent les dix lignes de la rubrique AGE (Anatomie) signée de Tarin "dont les ouvrages sur cette matière [l'anatomie et la physiologie] sont connus et approuvés des savants" (99). Elles servent à montrer que si les vieillards sont des laudatores "tempori acti" (I. 171 G 23-24), cela vient de "la callosité qui doit se former dans les vaisseaux les plus mous de la tête" (I. 171 G. 18-19). Rien à voir donc avec l'enfance et la médecine.

HYGIENE

L'article HYGIENE s'étend sur cinq colonnes et demie (VIII. 385 G. 45 — 388 G.7) soit deux pages trois quarts. Il n'est pas signé. Mais si l'on suit la règle -déjà vue (cf. note 53) - énoncée dans le Nota Bene de

(97) Ce que confirme Hoffmann qui écrit : "Les enfants et ceux qui sont au-dessous de l'âge de puberté et même les vieillards doivent être mis au rang des personnes faibles, et parmi les robustes on doit compter les jeunes gens et l'âge viril. Il faut par conséquent conseiller dans ces différents cas des régimes différents" Médecine Raisonnée (Bibliogr. n° 38) T.II, p. 324.

(98) Car "teenage" et adolescence se confondent. cf. en effet la définition d'adolescence donnée par le Dictionnaire de médecine (Bibliogr. n° 99), p. 22 : "ADOLESCENCE s.f. [lat. adulescere : croître, grandir] (angl. adolescence ; teenage). Période de la vie qui fait suite à la puberté et se termine à l'âge adulte".

(99) Encyclopédie, Discours Préliminaire, T. I, p. XLII. Né à Courtenai vers 1725, Pierre Tarin n'alla pas au-delà du grade de bachelier de la faculté de médecine de Paris. Il a effectivement publié de nombreux ouvrages d'anatomie entre 1748 et 1758. Il est mort en 1761.

"l'avertissement" suivant le "Discours préliminaire", il peut être attribué à
l'auteur de l'article suivant : HYGROCIRSOCELE, "terme de Chirurgie", signé
de Louis. Dans la mesure où celui-ci s'est intéressé à beaucoup d'autres matières médicales qu'à la seule chirurgie, cette attribution est plausible ;
elle n'est pas assurée, la règle rappelée ci-dessus étant valable surtout
pour le premier tome de l'Encyclopédie. Quant au contenu même de l'article,
il se structure de la manière suivante. Après douze lignes de définition
situant l'hygiène par rapport à la thérapeutique, à l'intérieur de la médecine,
vient un développement (57 1) tendant à accorder -contre les médecins- la pré-
éminence de l'hygiène -qui vise à conserver la santé que l'on a- sur la thérapeutique -qui ne vise qu'à rétablir la santé perdue-. Les phrases de contestation des médecins et de la médecine que l'on trouve dans cette première partie (100) seraient une confirmation de ce que l'auteur de cet article est bien
Louis dont les démélés avec la faculté de médecine sont connus (101). Vient
ensuite l'énumération (61 1) des six éléments (air, aliments, exercice, sommeil, excrétions) concourant aux trois grandes fins de l'hygiène : maintenir
en santé ; éloigner la maladie ; faire durer la vie. L'essentiel de l'article
(199 1, soit plus de 2 colonnes, soit encore plus d'une page) est constitué
par ce qui vient ensuite : le développement des sept "lois ou préceptes pro-
posés par le célèbre Hoffmann" (VIII. 386 G. 29-30) concernant ces six éléments, inhérents à toute hygiène. La dernière partie d'HYGIENE est une sorte
de bibliographie commentée sur le sujet (75 1) (102). Mais revenons à

----

(100) "En effet, l'art n'a pas autant de part qu'on le croit communément à la
guérison des maladies [...]. Elle est le plus souvent l'ouvrage de la nature
dans les maladies aigües" (VIII. 385 D. 25-28). Phrase qui est précédée de
cette autre : "La plupart de ceux ⌐les médecins⌐ de ces temps-ci semblent ne
se vouer à son service ⌐celui de la médecine⌐ que pour la faire servir à leur
propre utilité" (VIII. 385 D. 17-19).

(101) A la suite de l'édit du 23 Avril 1743 séparant les chirurgiens des bar-
biers et, surtout, exigeant des chirurgiens le titre de maître es-arts ; ce
qui créait des rivaux aux médecins. cf. Dictionnaire Encyclopédique des Sciences
médicales (Bibliogr. n° 103) T. XVI,art. Chirurgie (Histoire de la) ; et
CORLIEU (A.).- L'ancienne faculté... (Bibliogr. n° 94), p. 178.

(102) Sont cités, dans l'ordre : Hippocrate, Galien, Celse, Avicenne, Ettmuller,
Sennert, Riviere, Bon, Cheyne, Hoffmann, Boerhaave et Haller. Tous ces noms
sont bien connus de l'histoire de la médecine, sauf Bon mentionné par aucun des
grands dictionnaires de médecine. L'auteur d'HYGIENE le dit professeur à
l'Université de Valence, comme D'Aumont.

l'essentiel, c'est-à-dire au développement sur les sept lois "pour servir à
diriger surtout ce qui a rapport à la conservation de la santé" (VIII. 386 G.
31-33). L'encyclopédiste le dit tiré de la "dissertatio de septem sanitatis
legibus", c'est-à-dire de la dissertation III des Opuscula medica varii
argumenti (103). Hoffmann les formule ainsi :

1° "Omne nimium, quia naturae est inimicum, effuge" : fuis tout excès, parce
   qu'il est l'ennemi de la nature (104).

2° "Ne subito adsueta mutes, quia consuetudo est altera natura" : Ne change
   pas brusquement d'habitudes, parce que l'habitude est une seconde nature
   (105).

3° "Animo hilari ac tranquillo esto : quia hoc optimum longae vitae et sanitatis praesidium est" : Aies un esprit gai et tranquille, parce que cela
   est un très bon remède de longue vie et santé (106).

4° "Aerem purum et temperamentum vehementer ama ; quia ad corporis et animi
   vigorem multum confert" : aime passionnément l'air pur et tempéré, parce
   qu'il apporte beaucoup à la vigueur du corps et de l'esprit (107).

5° "Quam maxime selige alimenta corpori nostro congrua, et quae facilius
   soluuntur et corpus transeunt" : choisis le plus possible les aliments
   convenables à notre corps et qui sont dissous et qui traversent le corps
   le plus facilement (= ceux que le corps digèrent le plus aisément) (108).

----

(103) Bibliogr. n° 39, pp. 63-85.

(104) Encyclopédie, VIII. 386 G. 34-36 : "Il faut éviter tout excès en quelque
chose que ce soit, parce qu'il est extrêmement nuisible à l'économie animale".

(105) Encyclopédie, id. 49-51 "On doit prendre garde à ne pas faire des changements précipités dans les choses qu'on a accoutumées, parce que l'habitude
est une seconde nature".

(106) Encyclopédie, VIII 386.G 73-74 - 386 D.1-3 : "Il faut se conserver ou se
procurer la tranquillité de l'esprit et se porter à la gaieté autant qu'il est
possible, parce que c'est un des moyens des plus sûrs pour se maintenir en
santé et pour contribuer à la durée de la vie".

(107) Encyclopédie, id. 21-24 : "Il faut tâcher, autant qu'il est possible, de
vivre dans un air pur et tempéré, parce que rien ne contribue davantage à
entretenir la vigueur du corps et de l'esprit".

(108) Encyclopédie, id. 37-43 : "On doit dans le choix des aliments et de la
boisson préférer toujours ce qui est le plus conforme au tempérament et à
l'usage ordinaire, qui n'a pas été essentiellement nuisible, parce que la digestion, l'élaboration des humeurs qui en résultent et leur distribution dans
toutes les parties se font avec plus de facilité et d'égalité".

6° "Mensuram semper quaere alimenta inter et motum ac robur corporis" : fais toujours dépendre l'alimentation de la taille, du mouvement et de la force du corps (109).

7° "Fuge medicos et medicamenta, si vis erre salvus" : fuis les médecins et médicaments si tu veux être bien portant (110).

L'Encyclopédiste termine l'ensemble des développements qu'il a présentés à propos de chaque loi par cette "loi générale que prescrit l'admirable Hippocrate [...] Labor, cibus, potus, somnus, venus, omnia sunto mediocria" (VIII. 387 G. 65-67-68) (111). Mais rien dans tout cela ne concerne l'hygiène propre à l'enfance, alors que, pourtant, le renvoi de cette notion-ci à l'autre a été posée explicitement à ENFANCE. Au vu de cela, le lecteur pouvait espérer au moins quelques lignes sur l'hygiène des enfants. Or il n'en est rien. Ce qui est d'autant plus étonnant que la source principale de l'encyclopédiste est Hoffmann qui a consacré une partie du chapître XIII "des différents régimes par rapport aux tempéraments, à l'âge et aux saisons" du livre II de "la philosophie du corps humain" précisément au régime propre à l'enfance (112) ;

Cette constatation permet de préciser les remarques faites en introduction sur l'aspect concret et pratique -utile- du Dictionnaire raisonné des sciences, des arts et des métiers qu'est l'Encyclopédie . Nous avons noté

----

(109) Encyclopédie, VIII 386.72-74 - 387 G. 1-5 : "Rien n'est plus important que d'établir une proportion riasonnable entre la quantité des aliments que l'on prend et celle du mouvement, de l'exercice du corps que l'on est en état de faire ou que l'on fait réellement, eu égard au degré de forces dont on jouit, parce qu'il faut que la dépense soit égale à la recette pour préserver de la surabondance ou du défaut des humeurs".

(110) Encyclopédie, id. 11-17 : "Enfin, on ne saurait trop s'éloigner de ceux qui conseillent le fréquent usage des remèdes, parce que rien n'est plus contraire à la santé que de causer des changements dans l'économie animale, de troubler les opérations de la nature, lorsqu'elle n'a pas besoin de secours ou qu'elle peut se suffire à elle-même".

(111) Ce qui est une manière de forcer un peu Hippocrate qui écrit : "L'habitude pour les choses qui entretiennent la santé : le régime, le couvert, l'exercice, le sommeil, le coït, le moral". Epidémies, livre VI, section 8, § 23. (Bibliogr. n° 37) T. V, p. 353.

(112) HOFFMANN (Fr.).- Médecine raisonnée...(Bibliogr. n° 38) T. II, pp. 324-343 pour le régime des enfants.

que celle-ci se veut telle que nous venons de le dire et l'est effectivement,
puisqu'elle a le souci d'aider ses lecteurs en développant, par exemple, à
l'article HYGIENE, des préceptes d'hygiène, c'est-à-dire de médecine préven-
tive, facilement applicables par des gens qui n'ont pas besoin des spécialis-
tes de l'art, pour la simple raison qu'ils sont en bonne santé. Cependant,
ces préceptes sont, comme le dit le mot de l'Encyclopédie emprunté à Hoffmann,
des "lois" : des règles générales. Les applications détaillées et précises
que celles-ci entrainent, en particulier pour les enfants, ne sont pas données.
Quels doivent être, par exemple, la composition du régime alimentaire ou
encore les exercices physiques à faire ? ; cela n'est pas dit, du moins à
HYGIENE qui renvoie à REGIME (113) et à EXERCICE (Economie animale) (114).
Donc : même si le lecteur trouve ces applications pratiques dans ces deux
derniers articles, il ne trouve au premier cité que des principes généraux,
fondateurs en quelque sorte des conseils pratiques. Autrement dit, le souci
qu'a l'Encyclopédie d'aider ses lecteurs est d'abord celui d'aider à comprendre, ensuite seulement celui d'aider à faire. L'Encyclopédie se veut et est
bien utile, mais d'abord pour comprendre, ensuite et ensuite seulement, pour
agir.

----

(113) Qui est un peu plus précis -mais guère plus en ce qui concerne le régime
alimentaire des enfants) qu'HYGIENE. La partie de REGIME (Ency. XIV. 11 G.4-16
G. 34) concernant ses variations en fonction du tempérament, de l'âge, du sexe
et des saisons ("Du régime conservatif") vient directement du chapître XII du
Livre II de la Philosophie du corps humain référencée à la note 112. L'ensemble
"REGIME (Médec. Hygiène et Thérap.)" n'est pas signé.

(114) En fait : EXERCICE (Médecine, Hygiène) (Ency. VI. 244 D. 26-247 G. 36).
Cette rubrique d'EXERCICE est signée de D'Aumont. Il y analyse l'utilité de
l'exercice physique en général, mais aussi la particularité de chaque type
d'exercices correspondant à des sports : paume, volant, billard, boule, palet;
à la chasse et à l'équitation. C'est dire qu'il entre dans les détails pratiques.

CHAPITRE II

La rubrique ENFANTS (Maladies des) et ses renvois dans
l'Encyclopédie

Nous avons vu que douze colonnes, sur vingt-deux et demie que comp-
tent les rubriques ENFANCE et ENFANT(S) de l'Encyclopédie, sont consacrées à
la médecine des enfants. Or, sur ces douze colonnes, onze appartiennent à la
seule rubrique ENFANTS (MALADIES DES). Elle représente donc la quasi-totalité
de notre ensemble de pédiatrie. Et par rapport à la totalité du seul article
ENFANT(S) et des rubriques qui le composent sur un peu plus de vingt-et-une
colonnes, cette seule rubrique des MALADIES DES ENFANTS en compte donc onze,
c'est-à-dire plus de la moitié. Aucune autre n'atteint cette ampleur ; elle
est donc, incontestablement, la plus importante, en volume ; en masse, suis-je
tenté de dire, quand je considère que les dix colonnes restantes d'ENFANT(S)
sont utilisées pour trente-six rubriques. De celles-ci, celle qui vient après
ENFANTS (MALADIES DES) pour le volume est celle de de Jaucourt : ENFANT (Droit
nat. morale) : elle compte un tout petit peu plus de trois colonnes. Elle est
donc sans commune mesure avec la première. Cette ampleur explique en partie
le grand nombre d'articles auxquels elle renvoie : seize.

II.1 La Rubrique ENFANTS (MALADIES DES)

Les différences de quantité que je viens d'énoncer ne disent pas,
bien sûr, que le contenu -de droit naturel- de la seconde rubrique citée est
moins important que celui -de pédiatrie- de la première ; ils disent simplement que le Dictionnaire raisonné des arts et des métiers a tenu à s'étendre
sur les maladies des enfants et leur "curation". Et cela dès 1755 (115). Vu

----

(115) Année de parution du Tome V dans lequel se trouve cette rubrique. Cette
précision pour bien situer l'antériorité de l'article de l'Encyclopédie par
rapport à tous les ouvrages -sauf un, celui de BROUZET (Bibliogr. n° 15),
quasi contemporain- sur lesquels s'appuie Marie-France MOREL dans son article
des Annales E.S.C. de Sept-Oct. 1977 (Bibliogr. n° 142), pp. 1007-1024 :
"Ville et campagne dans le discours médical sur la petite enfance au XVIIIe
siècle". Ce rappel de chronologie a son importance, parce qu'il permet de
situer le discours médical sur l'enfance "souvent très stéréotypé" des années
1760-1790 par rapport à celui des grands médecins systématiques de la fin du
XVIIe et du début du XVIIIe auxquels puise l'Encyclopédie.

l'ampleur de la rubrique, il est plus prudent, pour la clarté de l'exposé, de présenter d'abord le plan de celle-ci.

Introduction : L'Importance de la médecine pour la protection des enfants :
    (42 1)   V. 657 D §2 à §4 inclus
             1° Misère de l'homme, surtout à la naissance : §2   (13 1)
             2° La maladie atteint davantage les enfants : §3   (19 1)
             3° La médecine est donc très nécessaire à la
                protection des enfants : §4   (10 1)

1e Partie :   Les maladies des enfants ; inventaire et diagnostic :
    (100 1)   V. 657 D §5 à 658 D §1 inclus
             1° Les différentes maladies des enfants d'après
                Hippocrate : V. 657 D §5 et 658 G §1   (34 1)
             2° La difficulté qu'il y a à faire un diagnostic
                avec les enfants : V. 658 G § 2   (29 1)
             3° Les signes qui permettent cependant de faire
                un diagnostic : V. 658 G §3 et 658 D §1   (37 1)

2e Partie :   Les causes des maladies des enfants : V. 658 D §2 à
    (359 1)   660 D §1 inclus
             1° Les causes propres à l'enfance : (122 1)
                a) L'importance du nerveux et du fluide : V. 658 D §2,
                   §3 et §4 et 659 G §1   (92 1)
                b) L'importance de l'acide : V. 659 G §2   (30 1)

             2° Les causes externes de l'importance du nerveux
               et du fluide : (141 1)
                a) L'hérédité : V. 659 G § 3 et 659 D §1   (26 1)
                b) Les excès de la femme enceinte : V. 659 D §2   (45 1)
                c) Les imprudences des sages-femmes : V. 659 D §3   (12 1)
                d) Les soins malapropriés : V. 659 D §4 et 660 G §1   (58 1)

             3° Les causes externes de l'importance de l'acide : (96 1)
                a) Une nourriture trop acide   ) V. 660 G §2 et   (53 1
                b) Une nourriture trop abondante)   660 D §1   43 1 +)

3e Partie :   La "curation" des maladies des enfants : V. 660 D §2 à
  (319 1)   662 G §3 inclus (= fin)
            1° Le pronostic et sa détermination : (88 1)
              a) En fonction de la constitution des enfants :
                V. 660 D §2 à 661 G §1   (46 1)
              b) Suivant la maladie (= typologie des maladies des
                enfants) : V. 661 G §2, §3 et §4 et 661 D §1   (42 1)
                - Douleurs d'entrailles : 661 G §2 (16 1)
                - Aphtes : 661 G §3 (12 1)
                - Consumption : 661 G §4 et 661 D §1 (14 1)

            2° Les remèdes-mêmes des maladies des enfants : (231 1)
              a) Principe général : contrecarrer la fluidité et
                l'acidité par leurs contraires : astringents
                et antiacides, en évitant des drogues compli-
                quées : V. 661 D §2   (34 1)
              b) Applications : la thérapeutique infantile :
                V. 661 D §3 à 663 G §3   (197 1)
                - Médications post-natales :
                  . contre les mucosités gluantes :
                    661 D §3 et 662 G §1   (41 1)
                  . contre le méconium obstruant le coecum :
                    662 G §2   (37 1)
                  . contre la coagulation du lait dans les
                    premières voies : 662 G §3   (9 1)
                - Médications contre les maladies infantiles :
                  . contre les fièvres : 662 G §4 et 662 D §1   (20 1)
                  . contre les aphtes : 662 D §2   (35 1)
                  . contre l'épilepsie : 662 D §3 et 663 G §1   (41 1)
                  . contre l'atrophie : 663 G §2   (6 1)
                  .contre d'autres maladies : 663 G §3   (8 1)

        A ces huit cent vingt lignes s'ajoutent deux qui permettent à
D'Aumont de dire, et donc au lecteur de savoir, ses sources (116). Ce sont les
deux grands de la médecine de la fin du XVIIe et du début du XVIIIe : Boerhaave
----

(116) Ce qui fait bien près de onze colonnes, puisqu'il faut compter soixante
quatorze lignes par colonne. En effet 822 : 74 = 11 colonnes plus 6 lignes.

et "principalement" (V. 663 G. 1 22) Hoffmann. Ce qui n'empêche pas que d'autres soient cités : Hippocrate, bien sûr (V. 657 D. 1 57) ; Haller, mais comme éditeur de Boerhaave (V. 658 D. 1 10) ; Ettmuller, mais comme continuateur d'Hippocrate (V. 660 D. 1 44) ; Locke, non comme médecin, mais comme auteur de De l'Education des Enfants (V. 660 G. 1 31). En fait, la troisième grande source utilisée et avouée du professeur de Valence est Harris dont le Traité des maladies aigues des enfants (117) est largement utilisé, en particulier pour tout ce qui concerne l'acidité, et la lutte contre l'acidité, dans les maladies infantiles.

Le plan et les sources de MALADIES DES ENFANTS étant donnés, nous pouvons considérer son contenu. Notre professeur de Valence commence par des considérations -on serait tenté de dire : romantiques- sur les misères du petit de l'homme qui "est en danger continuel de perdre une vie qui semble ne lui être donnée que pour souffrir" (V. 657 D. 20-22). Il reprend même au commentaire que Van Swieten a fait de l'aphorisme 1340 de Boerhaave la citation de Pline sur l'homme "qui commence sa vie dans les supplices, sans autre crime que d'être né" (118). De ce pessimisme ontologique on passe sans transition à la nécessité de la médecine pour les enfants à qui, à mesure qu'ils avancent en âge, "moins il est donné de se préserver des maux qui les environnent et d'y apporter remède lorsqu'ils en sont affectés" (V. 657 D. 38-40) (119). Ce qui permet de passer à la considération suivante sur la difficulté de porter un diagnostic sur les maladies des enfants, à l'aide "des pleurs et des gémissements qui sont des signes très équivoques et très peu propres à indiquer le siège, la nature et la violence de leurs souffrances" (V. 657 D. 41-44). Cette considération, D'Aumont peut très bien l'avoir trouvé chez Harris qui écrit que "ces petits malades ne sont point en état de nous rien faire entendre qui nous mette précisément au fait de leurs maladies, si ce n'est

----

(117) Pour la référence complète, cf. bibliogr. n° 35. Walter Harris est né à Gloucester en 1647. Bachelier en médecine à Oxford en 1670, il devint mécedin ordinaire de Guillaume III dès 1688. Il est mort en 1725.

(118) BOERHAAVE (H.).- Traité des maladies des enants... (Bibliogr. n° 13), p. 7. Encyclopédie V. 657 D. 25-27 : "l'homme ne commence à sentir qu'il existe que par les supplices au milieu desquels il se trouve, sans avoir commis d'autre crime que celui d'être né". Cette citation est tirée du livre VII de l'Histoire naturelle de Pline. Le thème est donc de longue durée.

(119) D'Aumont sait sans doute déjà de quoi il parle, non seulement comme médecin, mais encore comme père. On sait en effet (Poidebard, p. 6) que, marié en 1749 à Marguerite Viallet, D'Aumont perdit quatre des cinq enfants qu'il en eut. Au moment ou il a rédigé cet article un au moins a dû déjà disparaître.

par leurs plaintes, par leurs cris et par un langage indéterminé qui ne nous permet pas d'en rien tirer de fixe et d'instructif" (120). "En sorte, ajoute D'Aumont, qu'ils semblent, à cet égard, être presque sans secours et livrés à leur malheureux sort" (V. 657 D. 44-46). Conséquence, et c'est le dernier paragraphe de l'introduction de MALADIES DES ENFNATS : la médicalisation de l'enfance, suite logique de la philanthropie médicale. Pour reprendre les termes de l'Encyclopédie, la conservation du genre humain conduit à la défense généralisée de l'enfant. Regardons bien les termes de D'Aumont : "Il est donc très important au genre humain dont la conservation est comme confiée aux Médecins, qu'ils se chargent, pour ainsi dire, de la défense des enfants, contre tout ce qui porte atteinte à leur vie" (V. 657 D. 47-50) : au genre humain le terme conservateur par excellence ; aux enfants le terme défensif par excellence. Le dispositif défensif, celui qui doit tenir coûte que coûte se trouve à l'intérieur d'un ensemble qui se contente de conserver. Et au centre de l'ensemble global comme du dispositif rapproché : le médecin ou, plutôt, les médecins, c'est-à-dire une somme d'individus exerçant une profession : un quasi-corps. Avec une telle affirmation, on est en face d'une représentation de l'ordre médical de la société, à laquelle il ne manque que la sacralisation institutionnelle pour faire de "la conservation du genre humain" un service social de santé, de la "défense des enfants" un service de protection infantile, et des médecins le corps social tout-puissant acteur et profiteur de ces deux services (121). C'est notre Sécurité Sociale actuelle avec ses services de PMI, et le médecin d'aujourd'hui qui "fonctionne" au nombre de feuilles de ladite Sécurité. L'Universelle Médecine. Tel est le sens du texte de D'Aumont, même si celui-ci retient sa plume, comme nous le soulignons en note.

Après l'introduction dont l'apport essentiel est cette déclaration du droit d'intervention universelle de la médecine, vient la première partie inventoriant les maladies des enfants. Elle commence par l'inventaire fait par Hippocrate, aux Aphorismes 24, 25 et 16, dont D'Aumont donne d'ailleurs explicitement la référence (V. 657 D. 57-58) (122). Il s'agit surtout des

----

(120) HARRIS (W.).- Traité des maladies aigues des enfants... (Bibliogr. n° 35), p. 2 et 3.

(121) Avec cette phrase, on peut dire que le panoptique médical qui caractérise notre société actuelle est en route. Est en route seulement, car le "comme" et le "pour ainsi dire" marquent que D'Aumont n'est pas entièrement certain de ce qu'il affirme ; il lève sa plume en quelque sorte.

(122) HIPPOCRATE.- Oeuvres complètes... (Bibliogr. n° 37), T. IV, pp. 497-498.

maladies post-natales, de celles de la petite enfance, "à l'approche de la
dentition" (123), et de celles lorsqu'ils ont entre deux et dix ans (124). Les
premières sont " [les] aphtes, [les] vomissements, [les] toux , [les] insomnies,
[les] terreurs, [les] inflammations de l'ombilic, [les] suintements d'oreilles"
et, rajoute D'Aumont, les "douleurs de ventre" (125). Les secondes sont " [les]
inquiétudes des gencives, [les] fièvres, [les] convulsions, [les] diarrhées (126)
ou "cours de ventre", pour parler comme l'Encyclopédie (V. 657 G. 70). Les
troisièmes sont " [les] amygdalites, [les] asthmes, [les] calculs, [les] lombrics,
[les] ascarides, [les] verrues, [les] tumeurs auprès des oreilles, [les] scrofules"
et les "luxations en avant de la vertèbre de la nuque" (127). Telles sont les
maladies des enfants selon Hyppocrate que l'Encyclopédie ne fait que reprendre
à peu près tel quel, en plein milieu du XVIIIe siècle. La référence au père de
la médecine joue ici comme référence à la pertinence de son inventaire. C'est
une manière de dire : pour le catalogue des maladies des enfants, on n'a pas
fait mieux depuis le père de la médecine. Et, effectivement, le médecin de
Valence fait comme Hippocrate : il confond le symptome c'est-à-dire le signe
(128) avec la maladie. Car que sont par exemple ces "tumeurs auprès des oreilles", ces "parotides enflées" comme dit l'Encyclopédie (V. 658 G. 4), sinon le
signe particulier de cette maladie que nous appelons les oreillons, sans que
pourtant celle-ci se réduise à celui-là. Si les parotides enflées sont une manifestation des oreillons, ceux-ci ne s'épuisent pas dans celles-là. Cette
confusion du symptome et de la maladie qui se retrouve tout au long de la rubrique, nous voulions la montrer dès le départ, dans ce catalogue des maladies
infantiles qui semble clair. De plus, celui-là n'est là que pour signifier
que celles-ci "ne sont pas les mêmes dans les différents temps plus ou moins
éloignés de la naissance et qu'elles ne les [enfants] affectent pas toujours de

----

(123) Id., p. 497. Encyclopédie V. 657 D. 66-67) : "lorsqu'ils commencent à
avoir des dents".

(124) Encyclopédie V. 657 G. 75. Hippocrate, p. 498, écrit simplement : "A un
âge un peu plus avancé".

(125) Sauf pour ces derniers, c'est la liste d'Hippocrate, p. 497.

(126) Id., p. 198.

(127) Ibid. Il est bien difficile de traduire en termes médicaux actuels ces
deux dernières affections. Pour se rendre compte de cette difficulté, voir ce
que dit le Dictionnaire français de médecine et de biologie (Bibliogr. n° 104),
T. 3, p. 618, col. 3 : "Cette affection est toujours restée mal définie". Pour
ce qui est des luxations, il est loin d'être sûr qu'il s'agit du mal de Pott,
c'est-à-dire d'une affection tuberculeuse.

(128) Ce qui ne veut pas dire que nous confondons symptôme et signe clinique
qui est tout autre chose qu'un simple signe donné par l'observation : une
construction de l'esprit.

la même manière" (V. 658 G. 8-10). Ce qui veut dire que l'analyse des causes de ces maladies sera différentielle : en fonction de l'âge, comme nous venons de le dire, mais aussi en fonction du milieu ("nourriture" et "façon de vivre" V 658 G. 14-15) subi par les différents âges.

Mais avant d'arriver à cette deuxième grande partie, D'aumont développe deux paragraphes sur le diagnostic des maladies infantiles. Le premier traite de la difficulté de le faire. Non pas seulement en reprenant l'argument externe des enfants qui parlent mal ou pas de leurs douleurs, mais en insistant sur l'argument interne, c'est-à-dire tiré des symptômes habituels eux-mêmes qui, dans ces maladies, ne sont pas signifiants. Cette argumentation est tirée de Harris qui souligne que les urines des enfants "sont fort épaisses" (129), quel que soit leur état de santé, et donc que l'on ne peut rien inférer de leur analyse. Il en est de même du pouls des enfants qui "est naturellement fréquent" et que "la cause la plus légère [..] fait toujours paraître comme fébricitant" (130), "en sorte qu'il pourrait en imposer à celui qui le touche" (V. 658 G. 40-41). Devant de telles incertitudes, tout diagnostic est-il impossible ou, à tout le moins, incertain ? Non, dit D'Aumont qui suit Harris dans sa condamnation des médecins "qui s'excusent du mauvais succès du traitement sur l'incertitude du diagnostic" (V. 658 D. 5-6) (131). Il suffit, en bonne méthode, de ne pas se précipiter et de "s'informer des assistants, et particulièrement des femmes au soin desquelles les enfants sont remis" (V. 658 D 49-51) (132) d'un certain nombre de choses bien précises. Suit toute une série de questions sur les cris, l'agitation, les inquiétudes, le sommeil, les rots, les vomissements, les hoquets, les convulsions, les toux et les défections d'un enfant malade, que le médecin se doit de poser à la mère ou à la nourrice (133). Par ailleurs, le médecin "n'omettra pas" (V. 658 G. 61) de procéder à un examen clinique attentif, regardant tout le corps, la gorge, les gencives pour repérer rougeurs, pustules, inflammations : n'importe quel

----

(129) HARRIS (W.).- Traité des maladies aigües des enfants... (Bibliogr. n° 35) p. 13.

(130) Ibid.

(131) HARRIS (W.).- Id. p. 12 : "cependant sous ce prétexte [l'incertitude du diagnostic], ils [les médecins] ne laissent pas de vouloir souvent cacher, comme sous un voile spécieux, leur ignorance et leurs fautes".

(132) Remarquons au passage que cette phrase est une confirmation de ce que l'on pourrait appeler "l'enfermement" de la femme dans les soins aux enfants.

(133) Id., p. 11.

exanthème ou enanthème (134). Je viens d'employer le mot "clinique", comme si Harris et notre médecin encyclopédiste après lui se situaient déjà dans la Clinique par excellence, celle qui se structure dans les dernières années du XVIIIe siècle (135). Il n'en est évidemment rien. L'examen que Harris et D'Aumont recommandent aux médecins de faire sur l'enfant relève plutôt de cette protoclinique qui "vise l'apprentissage d'une pratique qu'elle symbolise plus qu'elle ne l'analyse" (136). D'où sans doute, cette juxtaposition d'une analyse séméiologique fort ancienne, comme celle des urines, avec une analyse plus systématique, régulière, dit notre professeur de Valence à la dernière ligne de cette première partie de MALADIES DES ENFANTS.

On passe alors à la deuxième grande partie de cette rubrique : l'analyse des cuases des maladies des enfants. Celle-ci va être conduite par la recherche des causes proches et des causes lointaines, "éloignées" écrit D'Aumont (V. 659 G. 58). Boerhaave, qui est le premier mot de cette seconde partie, va permettre d'établir l'essence, disons plutôt la nature physiologique de l'enfance. Sa première caractéristique est l'abondance ou l'importance du "genre nerveux" (V. 658 D. 13). Et l'Encyclopédie de citer quasi mot à mot les pages 90/91 du tome VI des Praelectiones academicae consacré à la "pathologie, la séméiotique, l'hygiène et la thérapeutique", au paragraphe 736 sur "les désordres des humeurs" (137). Le professeur de Leyde y écrit en effet qu'"il est certain que, par rapport au reste du corps, la tête et le genre nerveux est plus grand chez les enfants que chez les adultes. Chez un homme qui vient de naître, sur l'ensemble du corps qui fait 12 Livres la tête en fait 3" (138). Autrement dit : importance de la tête = importance du nerveux. Conséquence : "les maladies des nourrissons sont du genre des convulsives dans la mesure où elles sont liées à cette masse plus importante du système nerveux

----

(134) Encyclopédie. V. 658 G. 62-69. HARRIS (W.).- id., pp. 11-12.

(135) FOUCAULT (Michel).- Naissance de la clinique... (Bibliogr. n° 113) chap. IV : Vieillesse de la clinique. Autrement dit, cette protoclinique n'est pas encore la structure même de la pratique médicale. Pourtant, elle est à l'oeuvre dans la chirurgie du XVIIIe siècle, comme l'a bien montré Marie-José IMBAULT-HUART dans sa conférence prononcée à la Chaire d'Histoire de la Médecine, sur "La Chirurgie et les Chirurgiens au XVIIIe siècle." cf. aussi Bibliogr. n° 128.

(136) Id., p. 62.

(137) BOERHAAVE (Hermann).- Pralectiones academicae... (Bibliogr. n° 12).

(138) Encyclopédie, V. 658 G. 14-16 : "Les enfants ont la tête et le genre nerveux plus considérables à proportion du reste du corps que les adultes. Un homme nouveau-né, qui ne pèse pas plus de douze livres, a la tête du poids de trois livres".

inévitablement davantage affecté par tout ce qui peut l'irriter" (139). Telle
est donc la première cause proche des maladies des enfants : la concentration
des fibres nerveuses en un tout petit corps. Ce qui est sous-jacent à cette
conception, c'est la représentation physico-mécaniste du corps (140), ensemble
de fibres et d'organes, avec le correctif vitaliste de l'irritabilité des fibres (141). On retrouve ici l'éclectisme de Boerhaave. Cette irritabilité est
d'ailleurs accrue par l'abondance des fluides, concomitante de la débilité
(V. 658 D. 34) des solides inhérente à la faiblesse de cet âge. Et c'est de
nouveau l'apparition du couple Hoffmannien pression-résistance. En effet, qui
dit abondance des fluides dit "plénitude" (V. 658 D. 43) des vaisseaux et donc
pression sur les parois, ce qui signifie "tiraillement et irritation des nerfs"
(V. 658 D. 46) de celles-ci ; d'où ces spasmes affectant tous les solides et
tous les fluides" (V. 658 D. 47-48) qui multiplient les mouvements nerveux et
contribuent ainsi à renforcer "le genre nerveux" de l'enfant. Ainsi abondance
du nerveux et abondance des fluides se renforcent l'une l'autre pour faire
que "les corps délicats des enfants [...] contractent aisément et promptement,
par tous ces effets, de très violentes maladies" (V. 658 D. 49-51-53). Suit
alors un paragraphe de quarante-neuf lignes tiré de Hoffmann (142) expliquant
de nombreuses maladies d'enfants - des "fluxions catharreuses" (V. 658 D. 60)
aux douleurs "de la dentition" (V. 659 G. 22) en passant par les "aphtes"
(V. 658 D. 68) et "les mouvements epileptiques" (V. 659 G. 1) - par cette
"cause matérielle principale" (V. 659 G. 26) qu'est la "sensibilité du genre
nerveux" (V. 659 G. 24) combinée à la puissance relative des fluides. Mais,
ajoute D'Aumont, cette cause "n'est pas l'unique" (V. 659 G. 27). Le lecteur
arrive ainsi à la deuxième cause proche des maladies des enfants : "l'acide
dominant dans leurs humeurs" (V. 659 G. 28). Sur ce point D'Aumont est moins
prolixe que sur le point précédent, se contentant de reprendre Harris sans
être aussi systématique que lui qui écrit que "tous les symptomes qui arrivent

----

(139) BOERHAAVE (H.).- Praelectiones... (Bibliogr. n° 12), p. 90 : Encyclopédie, V. 658 G. 20-23.

(140) D'Aumont ne parle-t-il pas (V. 658 D. 32) de "l'économie" de "cette
petite machine qu'est l'enfant".

(141) Je rappelle que le vitalisme est le système médico-biologique qui veut
que la machine organique fonctionne grace à un principe vital différent et de
l'âme et de la matière. Suivant les vitalismes, ce principe est différent ;
l'électricité en sera un dernier succédané.

(142) HOFFMANN (Fr.).- Médecine Raisonnée... (Bibliogr. n° 38), T. II, p. 325
et aussi T. V, pp. 60-61.

aux enfants procèdent de l'acide" (143). Au vrai, le médecin de Valence reprend le médecin anglais dans sa constatation du fait symptomatique : les vomissements et les excréments des enfants ont des odeurs tirant sur l'aigre, sans entrer dans le détail du processus explicatif du passage de la nourriture lactée au symptome aigre d'une maladie infantile, comme une forte tranchée (= douleur) de ventre ou même des aphtes (144). D'Aumont se contente en effet de donner les principales étapes : nourriture lactée, coagulation de celle-ci, aigrissement qui se communique à toutes les humeurs. Tout vient donc du fait que toutes les choses dont est nourri l'enfant (lait de femme, lait d'animaux, bouillies) sont "très susceptibles de s'aigrir ou de fournir matière aux sucs aigres" (V. 659 G. 49-50) (145). Telles sont donc les deux causes proches des maladies des enfants : l'importance du nerveux et du fluide, et la dominance de l'acide.

Reste donc à analyser les causes éloignées de ces deux grandes causes proches. C'est l'objet des deuxième et troisième points de cette deuxième partie sur les causes des maladies des enfants. Ces causes lointaines sont extérieures à l'enfant. L'analyse de celles de l'importance du "genre nerveux" est la plus longue (141 1), et celle qui apporte le plus sur l'éducation de la petite enfance telle que le conçoit l'Encyclopédie. Celle des raisons de la dominance de l'acide ne compte que 96 lignes et est un peu redondante par rapport à la précédente. Pour ce qui est de l'importance du nerveux et de l'abondance des fluides, D'Aumont fait remarquer d'abord qu'elles ne constituent pas des vices par elles-mêmes, "puisqu'elles sont une suite nécessaire des principes de la vie" (V. 659 G. 63-64), qu'il importe donc de s'en occuper quand elles sont "excessives" (ibid). La première raison de cet excès est l'hérédité. Donc : cause lointaine et externe de la nature excessivement nerveuse et fluide de l'enfant : les parents. Et cause de cette cause : les "excès de l'acte vénérien, les débauches,[...] trop de grands travaux d'esprit, la vieillesse" (V. 659 D. 1-2). Ainsi sont mis sur le même plan l'excès volontaire -aussi bien dans la pratique du coît que dans le travail intellectuel - et le grand âge comme si celui-ci était un excès, certes pas tout à fait

----

(143) HARRIS (Walter).- Traité des maladies aigues des enfants... (Bibliogr. n° 35), p. 7.

(144) Id., p. 31-36.

(145) Sans être aussi systématique qu'Harris, Hoffmann tient aussi pour l'acidité dans la causalité des maladies infantiles. Médecine Raisonnée, Tome V, p. 62.

assimilable au précédent dans la mesure où l'on ne peut le réfreiner, mais un excès tout de même. Cette assimilation transforme la condamnation médicale en condamnation morale : ce n'est pas bien que les gens âgés aient des enfants, parce que ce n'est pas sain pour ceux-ci -c'est la condamnation médicale- et parce que cela témoigne de désirs qui ne sont pas de l'âge de ceux-là -c'est la condamnation morale-. Ainsi est frappée d'interdiction médicale -donc "scientifique"- et morale la procréation chez les personnes d'un certain âge. Et quand on sait que celle-ci est assimilée à la sexualité, on voit ce qui peut en résulter pour la vie sexuelle de ces personnes : une réprobation ("ils n'ont pas le droit...") accompagnée d'un sourire dont le caractère égrillard ("... à leur âge !") est moralisateur (146). D'autant que les maladies qu'on leur promet, à eux et à leur progéniture, ne sont pas rien : "la goutte et le calcul" (V. 659 D. 8). Mais cette responsabilité des deux parents n'est rien à côté de celle de la mère. Car la deuxième cause de la transmission à l'enfant de l'excès du nerveux et du fluide réside tout entière dans la mère, "à cause des erreurs qu'elles commettent pendant leur grossesse dans l'usage des choses qui influent le plus sur l'économie animale" (V. 659 D. 11-13). Suivent quarante et une lignes qui illustrent parfaitement la médicalisation de la femme enceinte et surtout ce qui la fonde : l'idée de son anormalité.

TEXTE 3 : L'ANORMALITE DE LA FEMME ENCEINTE

"Car on ne saurait dire combien la plupart des femmes grosses sont susceptibles de la dépravation d'appétit et combien elles sont portées à s'y livrer, à moins qu'elles ne se contiennent par une grande force d'esprit qui est extrêmement rare parmi elles, surtout dans ce cas. On ne pourrait exprimer combien elles ont de dispositions à s'occuper de soins inutiles, de désirs vagues, d'imaginations déréglées, combien elles se laissent frapper aisément par la crainte, la terreur, les frayeurs, combien elles ont de penchant à la tristesse, à la colère, à la vengeance et à toute passion forte, vive ; ce qui ne contribue pas peu à troubler le cours des humeurs et à faire des impressions nuisibles dans les tendres organes des enfants renfermés dans la matrice".

(V. 659 D. 14-28)

Ces considérations n'ont rien d'original, puisqu'elles se retrouvent chez Harris et Hoffmann (147), pour ne parler que des sources de D'Aumont.

----

(146) Est-ce une mise en garde contre une pratique encore courante au XVIIIe siècle -du moins en haut de l'achelle sociale- du mariage de barbons avec des jeunes filles, dont pouvaient résulter des enfants ?

(147) HARRIS (W.).- Ouvr. cité, pp. 15-16. HOFFMANN (Fr.).- Ouvr. cité, T. II, pp. 359-361.

Elles sont cependant très significatives de cette représentation de la femme enceinte comme être malade, allons plus loin : comme malade mental. Regardons en effet le modèle positif qui est donné aux femmes enceintes ; c'est celui du cas rare de celle qui aurait la "force d'esprit" nécessaire pour résister au penchant à la "dépravation". Ce qui veut dire que la presque totalité des femmes enceintes sont des faibles d'esprit et, qui plus est, des faibles d'esprit portées à la dépravation. Oh, bien sûr, pourrait-on objecter, celle-ci n'est pas bien méchante, puisqu'elle n'est que "d'appétit". Il n'empêche ; c'est la "dépravation" (148) d'une fonction vitale : l'alimentation. Autrement dit, la femme enceinte est une débile mentale qui ne peut pas contrôler son appétit. On a bien un déséquilibre mental marqué par une certaine polyorexie (149) : une sorte de névrose avec boulimie. L'état de grossesse est un état pathologique. La médecine ne peut rêver mieux : un état pathologique aussi naturel et aussi permanent que la vie. Tant qu'il y aura des femmes génitrices, il y aura de la médecine, semble être la conséquence de cette assimilation de la femme enceinte à une débile mentale. D'autant que le médecin qu'est D'Aumont enfonce celle-là dans la débilité en en faisant une lunatique -passant du vague à l'âme à l'exaltation- et une mélancolique, bref une maniaco-dépressive. La femme enceinte n'est plus seulement une névrosée boulimique mais bien une psychotique dangereuse, puisqu'elle est portée "à la colère et à la vengeance". Elle réunit les caractéristiques du malade mental et du criminel (en puissance) -le fou par excellence- et relève donc comme eux du médecin. Nous venons de dire que la femme enceinte est le rêve de la médecine ; nous pouvons ajouter : le rêve fou. Or, pour une pensée de la clarté une telle donnée -car une telle pensée ne peut appeler cela une réalité- est dangereuse. Et c'est bien le cas de la future mère : celle par qui le malheur arrive à l'enfant, comme si le père, le milieu n'existaient pas. On retrouve pour la santé de l'enfant que l'on peut retrouver pour

----

(148) = dérèglement, écrit Le Furetière, T. 1, (Bibliogr. n° 24).

(149) D'Aumont ne donne pas un contenu précis à cette polyorexie ; Harris, oui : "Les unes mangent des charbons, d'autres du plâtre, d'autres dévorent les cendres et se font un très grand plaisir d'en avaler ; d'autres mangent les chairs et les poissons crus. On a vu d'autres dont le goût était si terriblement dépravé qu'aucun aliment ne pouvait leur plaire qu'il ne soit assaisonné de quelque partie calleuse tirée du corps humain". Traité des maladies aigues des enfants, p. 16. De tels exemples sont trop outrés pour être donnés par la raisonnable Encyclopédie.

tendresse qui lui est due : le matrocentrisme. D'où la dernière phrase de
notre texte 3 sur la grande responsabilité de la mère dans l'excès de nerveux
et de fluide de son enfant. Ce qui suit ne fait que développer cela. En effet,
si les enfants sont faibles, c'est à cause de "l'intempérance des femmes"
(V. 659 D. 29) en matière alimentaire (aliments solides et liquides), et
sexuelle, "le coït trop fréquent pendant ce temps [la grossesse] [étant] réellement, au sentiment de plusieurs auteurs, une puissante cause pour rendre
les enfants infirmes et valétudinaires" (V. 659 D. 42-45). Ce qui apparaît
ici est, certes, le vieux "tabou tenace" (150) ; mais doublement atténué, dans
la forme, par l'expression "au sentiment de plusieurs auteurs" -il y en a
peut-être d'autres qui pensent le contraire-, et dans le fond par l'affirmation que c'est la trop grande fréquence et non le coït en soi qui est cause
de la faiblesse de l'enfant. Comme si l'interdit sexuel qui frappait la femme
enceinte perdait, en trouvant une explication médicale, de la rigueur que lui
avait donnée la morale religieuse. Le médecin encyclopédiste n'enferme donc
pas la femme enceinte dans l'abstinence sexuelle. Ce qu'il dénonce c'est
"l'intempérance". Mais vu ce qui a été dit plus haut sur la faiblesse d'esprit
de la future mère, on ne peut que déduire que notre médecin croit celle-ci
très encline à cette "intempérance". Est-ce qu'avec la délivrance qu'est
l'accouchement la femme voit diminuer sa responsabilité pour la santé de son
enfant? Point du tout. Car celui-là est une épreuve non seulement pour elle
mais encore pour lui. Aussi une déclaration comme celle de D'Aumont sur l'importance du travail de l'accouchée - soit "qu'elle n'agit pas assez", soit
"qu'elle se presse trop" (V. 659 D. 49-51)-ne devait-elle pas peu contribuer
à renforcer le sentiment de culpabilité et l'angoisse de la future mère,
surtout quand cette déclaration s'accompagne d'un jugement de valeur sur
"l'indolence" (V. 659 D. 52) ou sur "l'impatience" (ibid. 53) de la parturiente.
Ainsi la femme enceinte est une débile mentale, mais... responsable. Et responsable des conséquences de sa débilité mentale. Ainsi délire la médecine,
même éclairée. La responsabilité des "femmes grosses" dans l'importance du
nerveux et du fluide de leurs enfants étant ainsi acquise, reste à établir
celle des sages-femmes.

Car la deuxième cause lointaine "de la débilité et de la sensibilité des solides [= abondance de "l'humide" et du nerveux]" (V. 659 G. 58-59)

----

(150) Entrer dans la vie... (Bibliogr. n° 108), p. 64.

est "le ministère" (V. 659 D. 56) de celles-là qui traitent si mal le foetus en voulant l'aider à sortir de la matrice qu'elles sont "la cause de différentes maladies considérables telles que l'épilepsie, la paralysie, la stupidité" (V. 659 D. 63-64). Quel rapport, objectera le lecteur, avec le tempérament humide et nerveux des enfants ? Très étroit. En effet, "en comprimant très fort les os du crane dont les futures[= les fontanelles] ne sont unies que faiblement" V. 659 D. 59-60), les sages-femmes lèsent le cerveau, perturbent ainsi le développement du petit enfant et contribuent par là à le maintenir dans le tempérament humide qui le caractérise (151), ainsi que le nerveux, comme il a été rappelé plus haut à l'aide de Boerhaave. Ce qui cause les maladies nommées ci-dessus. La lésion d'un organe faible et/ou sensible empêche son renforcement et son durcissement et donc le maintient lésé. Et quand cet organe est le cerveau, cela donne ces affections cérébrales. D'une certaine physiologie découle ainsi une étiologie (152). Terminons sur ces douze lignes en disant que cette sortie contre les sages-femmes est habituelle aux médecins de cette époque qui les tiennent pour responsables des accidents survenant aux accouchées (153).   D'Aumont suit Boerhaave et en précède d'autres.

Reste la troisième cause éloignée de la faiblesse et de la sensibilité nerveuse des enfants : les soins reçus dans la petite enfance, l'éducation de celle-ci au sens large d'élevage. Suit l'énumération de tout ce qui peut faire "impression sur les enfants" (V. 660 G. 15). Cela va des "cris inattendus" (V. 659 D. 73) aux "changements prompts du froid au chaud et réciproquement" (V. 660 G. 11), en passant par les inévitables émotions fortes des nourrices qui corrompent leur lait, le lait corrompu rendant malade l'enfant. Les symptômes sont alors des "inquiétudes, des insomnies, des agitations des membres, des cris, des tremblements, des sursauts convulsifs et même des mouvements épileptiques" (V. 660 G. 6-9) (154). Conséquence : il faut protéger l'enfant de toutes ces impressions et changements de température. Est-ce à dire qu'il faut qu'il vive dans un cocon ? Surtout pas. En effet, comme Hoffmann (155), D'Aumont pense qu'il ne faut pas trop protéger les enfants, non seulement

----

(151) HARRIS (Walter).- Ouvr. cité, p. 5.

(152) D'ailleurs tout ce paragraphe est inspiré par le chapitre "Etiologie pathologique" paragraphe "Obstétrique" du volume VI des Praelectiones de Boerhaave.(Bibliogr. n° 12), T. VI, pp. 185-186.

(153)   Rappelons à cette occasion la statistique des femmes mortes en couche dans la démographie d'Ancien Régime : 10 %!

(154) Tout cela est inspiré de : HOFFMANN (Fr.).- Médecine raisonnée.. Ouvr. cité, T. II, p. 325.

(155) Id., p. 343 : "Il est avantageux à la santé de s'accoutumer de jeunesse aux travaux pénibles et à un genre de vie dur et de se faire plutôt au froid qu'au chaud".

du froid mais encore des infections, car les "trop grandes précautions"
(V. 660 G. 17-18) comme "l'usage trop fréquent de remèdes" (V. 660 G. 21-22)
"tend à affaiblir leur tempérament" (ibid.). Notre professeur de Valence
élargit alors son propos médical pour donner deux préceptes généraux d'éducation qu'il emprunte à l'"excellent ouvrage" (V. 660 G. 32) de Locke "sur
l'éducation des enfants" (ibid.). Le médecin devenu philosophe les donne au
paragraphe V de son ouvrage (156), la première comme "courte maxime" (157),
la seconde comme "règle générale et assurée", toutes deux étant soulignées ;
ce qui montre que Locke les tient pour importantes. La première est tout à
fait significative de l'opposition ville-campagne analysée par Marie-France
Morel (158). Que dit en effet cette maxime : "Que les gens de qualité devraient
traiter leurs enfants comme les bons paysans traitent les leurs" (159). Nous
sommes ici dans le cas du contenu social de ladite opposition. Le paysan,
plus exactement, le bon paysan -mais quel sens donner à ce "bon" ? Est-ce
qu'il s'oppose à mauvais ou méchant, ou est-ce le "bon" de la tendresse un
peu condescendante, l'équivalent de "brave" ?- s'oppose à la personne "de
qualité" qui est donc nécessairement, non-paysanne. Un peu avant, D'Aumont
a précisé le contenu social de cette dichotomie paysans-non-paysans en oppo-
sant "les enfants des personnes riches qui sont élevés trop délicatement"
(V. 660 G. 26-27) à "ceux pour lesquels on n'a pas pris tant de soin tels que
ceux des gens de la campagne, des pauvres" (V. 660 G. 29-30), les premiers
étant "ordinairement d'une santé plus faible" (V. 660 G. 28) que les seconds.
C'est clair : la campagne est le lieu du bon élevage des enfants ; ce qui
n'est pas la campagne -car la ville n'est pas dite- est le lieu de leur
gâterie. D'où le deuxième précepte, la "règle générale et assurée, qu'on gâte
la constitution de la plupart des enfants par trop d'indulgence et de tendresse" (160). Locke ajoutant ces sept mots qui me paraissent être le signe
manifeste de l'enfermement de la femme dans la tendresse maternelle que j'ai

----

(156) LOCKE (John).- De l'Education des enfants...(Bibliogr. n° 48), p. 4.
(157) D'Aumont reprenant ce dernier mot : V. 660 G. 34.
(158) cf. note 115.
(159) LOCKE (J.).- Ouvr. cité, p. 4 = Encyclopédie, V. 660 G. 35-36.
(160) LOCKE (J.).- Ibid. = Encyclopédie, V. 660 G. 42-43.

évoqué plus haut : "Cet avis regarde surtout les femmes" (161). Ce n'est pas
que le philosophe anglais soit un tenant de la sévérité et de la dureté en
éducation (162). Mais sa condamnation porte sur l'excès, sur le "trop d'indulgence et de tendresse". Ce qui ne résout pas la question, car le "trop" a un
contenu eminemment variable d'un couple de parents à un autre, voire d'un
parent à l'autre. Mais D'Aumont n'entre pas dans cette problématique. Il se
contente en effet de conclure ses propos sur l'éducation en les élargissant
encore par l'éloge du traité de Locke "qui est sans contredit une des meil-
leures sources dans lesquelles on puisse puiser des préceptes salutaires pour
l'éducation des enfants, soit physique, soit morale" (V. 660 G. 47-50).

        Il peut alors revenir à l'analyse des causes médiates des maladies
des enfants, en examinant les causes éloignées de l'autre cause immédiate de
celles-là : l'excès d'acidité. Suivent quatre vingt seize lignes -inspirées
d'Harris,   bien sûr, et d'Hoffmann, encore- sur la nourriture trop acide
ou trop abondante reçue par les enfants. Ce qui permet une nouvelle mise en
cause des nourrices, le terme étant d'ailleurs pris au sens large : celles
qui nourrissent les enfants, qui peuvent donc être -rarement dans certains
milieux- "les mères" (V. 660 D. 8). Première explication de l'excès d'acidité :
le lait corrompu de la nourrice. D'Aumont en a déjà parlé un peu plus haut,
mais, ici, il s'étend en analysant en détail les raisons de cette corruption.
Elles sont nombreuses : les "violentes passions" (V. 660 G. 64) déjà vues

----

(161) LOCKE (J.).- Ibid. D'Aumont n'a pas repris cette courte sentence. En
revanche, il a repris la phrase de Locke sur "les mères qui pourraient trouver
cela [la maxime] un peu trop rude et les pères un peu trop court" (p.4), en la
modifiant radicalement par simple remplacement du dernier mot, "court", par
"cruel". Cette modification est-elle due simplement à une mauvaise transcrip-
tion ou, plus profondément, à une conception de la paternité plus "tendre" que
celle de Locke ? Difficile à dire. Cependant, l'oubli des sept mots de Locke
me fait pencher pour la seconde hypothèse, plausible de la part d'un homme
dont la paternité n'a pas été heureuse.

(162) LOCKE (J.).- Ouvr. cité, pp. 66-67 : "Bien loin de conseiller qu'on traite
durement les enfants, je suis fort porté à croire qu'en fait d'éducation, les
châtiments rudes ne sauraient produire que fort peu de bien et qu'ils causent,
au contraire, beaucoup de mal. Et je suis persuadé qu'à tout prendre on trouvera
que les enfants qui ont été fort châtiés deviennent rarement gens de biens".
Cela concerne les châtiments, dira-t-on. Pas seulement car Locke généralise :
"Tout ce que je dirai pour le présent sur ce sujet, c'est que, quelque sévérité
qu'on soit obligé d'employer, il y faut avoir recours avec d'autant moins de
peine que les enfants sont plus jeunes ; et que, si après l'avoir exercée avec
toutes les précautions requises, elle produit son effet, il faut la modérer et
prendre insensiblement des manières plus douces".

(émotions fortes) ; un mauvais régime (alimentation trop acide, trop grande sédentarité) ; "le froid des mammelles [qui], resserrant les vaisseaux galacto-phères [= galactophores] peut aussi contribuer beaucoup à l'épaisissement du fluide [= le lait] qu'elles contiennent" (V. 660 D. 15-17); puis, pêle-mêle, "le coït trop fréquent" (V. 660 D. 18) déjà vu, la fin de l'aménorrhée carac-téristique des nourrices (163), "les attaques de passion hystérique, la cons-tipation, les spasmes, les ventosités des premières voies"(V. 660 D. 19-21). Allant plus loin que la simple énumération des raisons de la corruption du lait des nourrices, notre médecin valentinois décrit le processus physiologique rendant compte du passage du lait corrompu à la maladie infantile. Il le décrit encore mieux quand il analyse la deuxième explication de l'excès d'acidité : l'abondance de nourriture reçue par les enfants ; le gavage, en quelque sorte. A cette occasion, on retrouve le lien entre une certaine physiologie et une certaine étiologie :

TEXTE 4 : DU TIRAILLEMENT DES FIBRES AUX TROUBLES DE LA NUTRITION

"Elles [les nourrices] peuvent aussi leur nuire, lors même
qu'elles n'ont qu'une bonne nourriture à leur donner, si
elles les remplissent trop, soit que ce soit du lait, soit
des soupes ou d'autres aliments les mieux préparés ;
la quantité dont ils sont farcis surcharge leur estomac,
surtout pendant qu'ils sont le plus faibles et petits ;
ils ne peuvent pas la digérer, elle s'aigrit et dégénère
en une masse caillée ou plâtreuse qui distend ce viscère,
en tiraille les fibres, en détruit le ressort ; d'où
suivent bien de mauvais effets tels que les enflures du
ventricule, les cardialgies, les oppressions, les
vomissements, les diarrhées et autres semblables
altérations qui détruisent la santé de ces petites
créatures".

(V. 660 D. 30-43)

Et les autres "fautes de régime" (V. 660 D.59), comme l'administra-tion d'une nourriture trop variée ou trop forte (viandes ou spiritueux) ou trop acide, ont les mêmes conséquences, à la suite du même processus. Quel est-il ?

----

(163) Aménorrhée toujours plus courte chez les nourrices "professionnelles" que chez les autres, suivant les travaux des historiens démographes. De l'ordre des six mois. cf. FLANDRIN (J.-L.).- Familles... (Bibliogr. n° 111), p. 198.

Au point de départ, il y a la surcharge de l'estomac qui conduit à sa distension. Il ne peut donc travailler normalement, l'effort étant fait par ailleurs,
soit dans la région épigastrique, par le cardia, orifice d'abouchement de
l'oesophage dans l'estomac, soit par d'autres organes : l'oesophage ou les
intestins, particulièrement l'intestin grêle. D'où les troubles de ces différents organes se traduisant par les symptomes suivants : douleurs ou brulures
situées dans la région épigastrique -"les cardialgies" de notre texte 4-, au
niveau de la cage thoracique enfermant l'oesophage -"les oppressions"-, rejets
par l'estomac -"les vomissements"- ou par les intestins -"les diarrhées"- de
la surcharge toxique. Quant aux "enflures du ventricule", elles font problème.
S'agit-il de gonflements de l'abdomen dûs à la surcharge de l'estomac et à
la dilatation des organes participant à la digestion - hypertrophie liée aux
troubles évoqués ci-dessus ? Ou s'agit-il véritablement de troubles cardiaques
infantiles que D'Aumont expliquerait, étant donné l'état du savoir médical de
son époque, par une perturbation du système digestif, les assimilant par là aux
troubles de la nutrition que l'on vient de voir. Je penche pour la première
hypothèse et même, plus étroitement, pour l'équation "enflures de ventricule" =
enflures de l'estomac. Pourquoi ? Parce que la source de D'Aumont pour ce passage est encore Hoffmann. Or celui-ci écrit que les nourrices, en forçant les
nourrissons malades à têter, ne font que "surcharger le ventricule de nourriture" (164). Comme par ailleurs il a écrit quelques lignes plus haut que "tout
excès en fait d'aliments étant ennemi de la santé et blessant la digestion, il
doit être d'autant plus dangereux que l'estomac est plus faible" (165), il est
clair que "ventricule" égale estomac, rigoureusement : petit estomac. Donc :
la surcharge de l'estomac conduit à son enflure. Belle évidence qui montre bien
le caractère physico-mécaniste et les limites de l'étiologie du temps de
l'Encyclopédie ! Que nous dit-on, en effet ? Que l'agent pathogène qui est une
cause physique, puisqu'il s'agit de la surcharge de l'estomac, entraîne un
trouble organique : l'enflure, c'est-à-dire la dilatation physique, celle-ci
fonctionnant également comme symptome, tout comme les diarrhées et autres troubles de la nutrition du nourrisson. Et si l'on considère le lien causal entre
l'agent du trouble et le trouble lui-même, ce qui explique le passage de la

----

(164) HOFFMANN (Fr.).- Médecine Raisonnée... (Bibliogr. n° 38), p. 328.
(165) Ibid.

surcharge à la dilatation, on trouve les fibres, et, surtout le tiraillement
des fibres, leur distension. Autrement dit, un mouvement physique. Ainsi à la
physiologie physico-mécaniste de la fibre correspond une étiologie également
physico-mécaniste de la tension et de la distension, du "ressort" pour parler
comme notre texte 4.

Les causes des maladies infantiles ayant été examinées, il ne reste
plus qu'à soigner celles-ci. C'est l'objet de la troisième partie de
ENFANTS (MALADIES DES), bien après donc l'établissement du diagnostic qui a
été l'objet de la première partie. Et D'Aumont commence cette longue partie
(319 lignes) de thérapeutique par des considérations sur la détermination du
pronostic. Il le fait dépendre de deux paramètres allant de soi : l'enfant et
la maladie ; pour être plus précis : la constitution de l'enfant ; le type de
la maladie dont il est atteint. La constitution de l'enfant. Sa force dépend
de la robustesse et de la "bonne santé de corps et d'esprit" (V. 661 G. 1-2)
des parents et, surtout, de la mère, une fois de plus responsable privilégiée.
Elle dépend également de la prime éducation et, de nouveau encore, d'un élevage
pas trop délicat, comme "celui qu'observent les paysans à l'égard de leurs
enfants" (V. 661 G. 13-14). La prise en considération de ces paramètres aboutit
au donné suivant bien connu des médecins : "les enfants gros, gras, charnus et
ceux qui têtent beaucoup" sont "plus sujets à être malades et à l'être plus
fréquemment que d'autres" (V. 661 G. 31 et 33). Les maladies qui les affectent
le "plus communément" (V. 661 G. 34) sont le rachitisme, la toux convulsive et
les aphtes, tandis que les fièvres et les inflammations touchent "ordinairement"
(V. 661 G. 35) les maigres (166). Dernière différence explicative de maladie
ou de santé : "la liberté du ventre" (167), c'est-à-dire la non-constipation,

----

(166) Tout cela vient en partie de HARRIS (Walter).- Ouvr. cité, p. 42. En
partie seulement car, si le médecin anglais distingue bien les deux types
d'enfants, les gros et les maigres, et attribue aux uns et aux autres les maux
que leur attribue D'Aumont, il ne dit pas que les premiers sont plus vulnéra-
bles que les seconds. Au contraire, il écrit : "ceux qui sont maigres et élancés
sont les plus délicats de tous". Mauvaise lecture ou observation différente ?

(167) HOFFMANN (Fr.).- Médecine raisonnée... T. II, p. 333. = Encyclopédie,
V. 661 G. 37-38.

suivant le vieux précepte hippocratique cité encore par Hoffmann (168). De
toutes les façons et quoi qu'il en soit de la différence des constitutions,
D'Aumont précise que les enfants sont aussi facilement guéris qu'ils sont facilement malades. Entre alors en jeu le deuxième paramètre : le type de l'affection. Moins abondant mais plus systématique que dans le premier point de la
première partie donnant l'inventaire hippocratique des maladies infantiles,
le professeur de Valence distingue trois grandes sortes de celles-ci : celles
qui ont pour siège les entrailles ; les aphtes ; la consomption. A leur propos
je retrouve la difficulté déjà évoquée de la traduction de ces maladies en
termes médicaux actuels, la difficulté du diagnostic rétrospectif aggravée par
la réduction, déjà vue et souvent opérée, de l'affection aux signes qui la
manifestent. Que sont en effet ces "douleurs d'entrailles", ces "coliques"
(V. 661 G. 45) qui "sont ordinairement épidémiques pour les enfants depuis
la mi-juillet jusqu'à la mi-septembre" (V. 661 G. 46-47), sinon les manifestations des entérites ou des entérocolites voire des gastro-entérites estivales
bien connues des historiens démographes (169). Au départ donc, des inflammations des intestins (entérites et entérocolites) et même, plus généralement,
de l'appareil digestif (gastro-entérites) aboutissant au syndrome toxique cho-
lérique plus connu sous le nom de toxicose ou, plus anciennement, de cholera
infantile. Pour les parents d'autrefois : la diarrhée verte. Le nourrisson,
littéralement se vidant, se trouve ainsi complètement déshydraté, et meurt
en quelques heures. Telle est la symptomatologie -très générale- de ces inflammations. Quelles en sont les causes ? D'Aumont en donne deux : "les grandes

----

(168) HOFFMANN (Fr.).- Ibid.: "Les enfants sont d'autant plus sains qu'ils ont
le ventre plus lâche et digèrent mieux ; ils sont maladifs quand ils ont le
ventre resserré, qu'ils mangent beaucoup et qu'ils n'engraissent pas ou n'ont
pas d'embonpoint". HIPPOCRATE.- Oeuvres complètes... T. VIII, p. 545 : "Ceux
qui ont d'abondantes évacuations alvines et digèrent bien, jouissent d'une
meilleure santé ; ceux qui ont peu d'évacuations alvines, tout en étant voraces
sans prendre d'embonpoint en proportion, sont maladifs".

(169) cf. CHAUNU, GOUBERT,- ouvr. cités dans la bibliogr.D'Aumont connaît bien
la pointe estivale des décès d'enfants, puisqu'il écrit qu'"il meurt plus alors
dans un mois que dans quatre de toute autre partie de l'année" (V. 661 G. 48-49)
Sa source est Harris qui note : "Depuis le milieu du mois de Juillet presque
jusqu'au milieu de septembre, les tranchées épidémiques des enfants augmentent
chaque année de telle sorte, à cause que leurs forces sont épuisées par les
grandes chaleurs de cette saison, qu'il meurt alors ordinairement plus d'enfants
en un seul mois qu'il n'en meurt en trois et en quatre dans un autre temps".
HARRIS.- Ouvr. cité, p. 43.

chaleurs" (V. 661 G. 49) qui produisent bien des maux, et les vers (V. 661 G. 59), ajoutant que ces maux "surviennent par toute autre cause" (V. 661 G. 53) -ce qui est bien vague.

Il convient donc de préciser. Ce que semble évoquer notre médecin valentinois, c'est d'abord la gastro-entérite classique, c'est-à-dire la toxi-infection alimentaire par salmonelles (=bacilles) générées non pas directement par la chaleur mais par le bouillon de culture qu'elle entretient, par exemple, dans un lait non-pasteurisé ou dans une nourriture insuffisamment cuite. Mais ce peut être aussi la dysenterie bacillaire ou la diarrhée à staphylocoques qui ne sont pas des salmonelloses tout en étant des entérocolites infectieuses (170). Il peut s'agir aussi du cholera proprement dit avec ses crampes musculaires, ses douleurs abdominales et sa diarrhée profuse conduisant à une déshydratation et des pertes électrolytiques importantes aboutissant à la prostration, à la chute de tension et à la tachycardie (171). C'est peut-être le Cholera qu'évoque D'Aumont quand il écrit que "les tranchées sont plus dangereuses à proportion qu'elles sont plus violentes, qu'elles durent davantage ou qu'elles reviennent plus souvent, à cause des fièvres, des affections asthmatiques, convulsives, épileptiques qu'elles peuvent occasionner" (V. 661 G. 53-58), faisant encore d'un symptome -les douleurs abdominales- la cause d'effets qui ne sont que d'autres signes, tels que l'état cyanosé et l'agitation du corps caractéristiques du Cholera. Mais peut-être s'agit-il, tout bonnement si l'on peut dire, de la fièvre typhoïde avec ses complications digestives, en parti-culier les hémorragies intestinales provoquées par les bacilles typhiques ou paratyphiques apportés par l'eau polluée, surtout au moment des grandes chaleurs. Par ce biais nous retrouvons l'hygiène alimentaire ou, plus exactement pour l'époque, son absence et, en conséquence de celle-ci, les vers, en quoi

----

(170) Dysenterie bacillaire ou shigellose est une affection intestinale due à des entérobactéries appelées shigella. La consommation d'eau ou d'aliments souillés favorise leur apparition. La diarrhée à staphylocoques est due, comme son nom l'indique, à ces micro-organismes du genre des cocci que sont les staphylocoques. Ici encore, l'ingestion de nourriture souillée est la respon-sable. cf. PERLEMUTER et CENAC.- Dictionnaire pratique de médecine...(Bibliogr. n° 148), les différents articles correspondant à ces affections.

(171) Ibid.

D'Aumont voit la seconde cause des douleurs de ventre. Il s'agit ici, bien
sûr, des oxyuroses enfantines (172), mais aussi des lambliases, ascaridiases
et autres hydatidentéries (= évacuation de membranes ou de vésicules hydati-
ques, c'est-à-dire contenant des larves de Taenia echinococcus (173)).Ces trois
dernières sont dues à l'ingestion d'une substance contenant des embryons de
vers. Ainsi l'ascaridiase est due à la boisson d'eau contenant l'embryon -très
tenace- de l'ascaride, plus précisément, de l'ascaris lumbricoïdes. Quant à la
lambliase ou giardiase, elle est due à l'absorbsion de quelque nourriture
contenant ce protozoaire flagellé qu'est le giardia intestinalis, long de 10 à
20μ. L'ascaridiase comme le lambliase se traduisent cliniquement par des troubles intestinaux du type des entéro-colites : diarrhées, vomissements et douleurs épigastriques. Devant un tel tableau clinique, on comprend mieux que ces
affections intestinales dues à des parasites soient mêlées aux entero-colites
ou aux gastro-entérites causées par des bacilles, surtout si l'on ne perd pas
de vue la confusion faite entre la maladie et ses signes symptomatologiques.
Que ce soit l'ascaridiase ou la gastro-enterite, la lambliase ou l'entero-
colite, toutes se traduisent par les mêmes signes : "douleurs d'entrailles",
"coliques", "tranchées", quelles qu'en soient les causes différencielles. Ici,
ce n'est plus la clinique et ses tatonnements qui sont en cause mais bien
l'étiologie et ses manques. On retrouve tout cela à propos de la présentation
de la deuxième grande sorte de maladies infantiles : les aphtes. En effet,
D'Aumont considère ensemble les aphtes buccaux dont l'étiopathogénie est,encore
aujourd'hui, mal connue (174), et ceux qui sont les signes d'une affection plus
grave n'ayant rien à voir avec l'affection -virale?- benigne de la muqueuse

----

(172)   Causée par l'enterobius ou ascaris vermicularis (de 3 à 12 mm) se
développant dans un milieu aux conditions d'hygiène douteuse, l'oxyurose a été
longtemps et encore naguère (une trentaine d'années) une affection commune
chez les enfants. D'un enfant grognon et sans appétit, les parents disaient :
"il a des vers". Et, effectivement, l'oxyurose s'accompagne de prurit anal, de
troubles intestinaux avec anorexie et "douleurs de ventre", de troubles neuro-
psychiques -irritabilité, agressivité- et de troubles génitaux -vulvovaginite
ou énurésie.

(173) "Tenia dont la forme adulte est un parasite intestinal du chien et dont
la forme larvaire détermine chez l'homme le kyste hydatique" Dictionnaire
français de médecine et de biologie, T. III, p. 903. La première forme a 3 à
6 mm de longueur.

(174) Le Dictionnaire pratique de médecine clinique (p. 177) la définit ainsi :
"Mal connue, probablement virale".

buccale. Certes, notre médecin valentinois distingue bien "les aphtes qui
n'affectent qu'en petit nombre la surface de la bouche des enfants, qui ne
causent pas beaucoup de douleur, qui sont rouges et jaunâtres"(V. 661 G. 61-63)
de "ceux qui s'étendent en grand nombre dans toute la bouche, qui sont noirâ-
tres, de mauvaise odeur et qui forment des ulcères profonds" (V. 661 G. 65-67).
Dans ces conditions, le pronostic -puisque nous sommes dans la partie le
concernant- concernant les aphtes doit être différencié : "ceux qui proviennent
de cause externe sont moins fâcheux que ceux qui sont produits par un vice de
sang, par la corruption des humeurs" (V. 661 G. 67-70). Autrement dit : il y a
des aphtes benins et superficiels, benins parce que superficiels et d'autres
graves parce que causés par une déficience générale. C'est cela qui nous fait
penser que l'on est en face de quelque chose de plus grave que les aphtes
buccaux ordinaires. Les aphtes ne sont plus alors que des signes parmi d'autres, comme le confirment les trois dernières lignes de ces douze qui leur
sont consacrées : "Les aphtes qui sont accompagnées d'inflammation, de difficulté d'avaler et de respirer sont ordinairement très funestes" (V. 661 G.70-72).
Ce tableau "clinique" peut évoquer le croup ou diphtérie laryngée, forme gra-
vissime de la diphtérie, avec ses fausses membranes blanches recouvrant le
larynx, puis, à défaut de soins, l'obstruant, ce qui conduit à l'asphyxie. La
cause en est, comme dans l'angine diphtérique, le bacille diphtérique (Coryne-
bacterium diphteriae ou bacile de Klebs-Löffler). On retrouve donc bien
"l'inflammation" dont parle D'Aumont -c'est celle des amygdales, des piliers
et de la luette propre à la diphtérie- ainsi que sa "difficulté d'avaler" et
surtout "de respirer", caractéristique de la diphtérie laryngée (175). Ainsi
les aphtes décrits par notre professeur de Valence peuvent-ils être les simples
aphtes buccaux ou les fausses membranes du croup. Ce peut être aussi toutes
les ulcérations buccales apparaissant dans des affections liées à la malnutrition, et qui donc devaient être communes au temps de l'Encyclopédie. Ulcérations
de la cavité buccale et du tube digestif des enfants cachectiques (en mauvais
état général ou sous-alimentés), propres à la forme grave de la maladie de Riga,
ou simplement ulcération de la langue et de son frein à la suite de la sortie
des incisives inférieures chez les enfants ayant la coqueluche, comme dans la

----

(175) Que D'Aumont ne peut évidemment pas connaître puisque la découverte de la
toxine diphtérique par Roux et Yersin date de 1888-1890.

forme simple de cette même maladie de Riga ; ulcérations jaunâtres du palais
également chez les enfants cachectiques (= aphtes de Bednar) ; "petites ulcérations de la gencive ou du palais survenant chez l'enfant en mauvais état
général, et dues à une infection ou à une blessure par succion d'objets conta-
minés" (176) (= aphtes de Valleix). Telles sont, entre autres, les affections
aphteuses du jeune enfant que peut recouvrir le terme d'aphtes utilisé par
notre médecin encyclopédiste. Comme nous l'avons déjà noté, un seul symptome
-ici les aphtes- signifie en même temps beaucoup de maladies. Ainsi
la symptomatologie est réduite, et l'étiologie indifférenciée. Ce que confirme
le fait que l'analyse des causes des maladies des enfants a été faite globalement, tout de suite après leur inventaire. Avec la présentation de la troisième
sorte de celles-ci : la consomption, l'imprécision est encore plus grande.
Car que sont cette maigreur et cette consomption des enfants dont D'Aumont dit
qu'elles "sont toujours des maladies très dangereuses lorsqu'elles sont invé-
térées et causées par des obstructions [...] aux [...] viscères du bas-ventre"
(V. 661 G. 74 - 661 D. 1-3), sinon, non pas des affections-mêmes, mais bien des
conséquences des gastro-entérites et autres entérocolites, grandes causes de
l'épuisement des jeunes enfants. D'ailleurs, ce qu'ajoute le professeur de
Valence sur le caractère incurable de la consomption quand s'y joint une
diarrhée "purulente, sanglante, de fort mauvaise odeur" (V. 661 D. 5) évoque le
pronostic grave de l'entérocolite aigue nécrosante qui est une infection de la
muqueuse colique (= du colon) (177). Mais le terme de consomption peut renvoyer
à la tuberculose et, plus précisément vu ce qui précède, à la tuberculose intestinale due à l'ingestion de bacilles tuberculeux bovins, bien que, dans celle-
ci, les troubles de type diarrhéique soient rares (178). De toutes façons, pour
ce qui est de la présence fréquente de la diarrhée dans le tableau "clinique"
des maladies infantiles de la seconde moitié du XVIIIe, il n'y a pas lieu de
s'étonner, puisqu'il existe une forme de diarrhée chronique entretenue par la
malnutrition qui était la règle pour bien des enfants. Ainsi revient-on
toujours au régime alimentaire des enfants dont D'Aumont a souligné l'importance dans son analyse des causes des maladies des enfants. Ce qui veut dire

----

(176) Dictionnaire français de médecine et de biologie (Bibliogr. n° 104),
T. I, p. 226, col. 1.

(177) Sans que "parfois aucun germe puisse être incriminé". Dictionnaire pratique de médecine clinique, (Bibliogr. n° 148), p. 599.

(178) Id., p. 1355.

que l'étiologie de cette médecine pré-clinique connaît la causalité générale organique des maladies infantiles et ignore les causes micro-organiques. Pourtant, le microscope de Jansen date de la fin du XVIe siècle et LEEUWENHOEK "qui a donné la première description exacte [...] des vibrions (= microbes)"(179) est mort en 1723. Ce qui ressort du discours de D'Aumont est bien cette absence d'étiologie micro-organique.

Dans ces conditions, la thérapeutique qu'il présente dans le deuxième point de la troisième partie de Maladies des enfants ne peut qu'être très globale, organique en quelque sorte, puisqu'elle s'attache à rétablir le fonctionnement général de l'organisme, dans l'ignorance qu'elle est des micro-organismes pathogènes. Le texte 5 qui suit montre bien ce lien entre un certain type d'étiologie -organique- et une certaine thérapeutique : celle visant à supprimer une dyskinésie et non un agent pathogène. Tout cela étant congruent au mécanicisme de cette médecine.

TEXTE 5   : PRINCIPE GENERAL DE LA THERAPEUTIQUE : RETABLIR L'ETAT
           DE NATURE.

"On peut dire en général que comme les principales causes des maladies des enfants consistent principalement dans le relâchement des fibres naturellement très délicates et la faiblesse des organes augmentée par l'humidité trop abondante dont ils sont abreuvés, et dans l'acidité dominante des humeurs, on doit combattre ces vices par les contraires. Ainsi, les astringents, les absorbants, les antiacides, qui conviennent pour corriger l'état contre nature des solides et des fluides, et les légers purgatifs pour évacuer l'humide superflu et corrompu, employés avec prudence selon les différentes indications qui se présentent, sont les remèdes communs à presque toutes les curations des maladies des enfants. C'est ce qu'a parfaitement bien établi le docteur Harris dans sa dissertation sur ce sujet, en bannissant de la pratique, dans ce cas, l'usage des remèdes chimiques, diaphorétiques, incendiaires et de toute autre qualité dont elle était surchargée".

(V. 661 D. 20-39)

Ce texte suit immédiatement les renvois aux articles des diverses maladies où est traitée la curation de chacune d'entre elles. Nous les verrons donc en leur lieu et place. Ce qui est donné dans ce texte 5   c'est donc le principe général de la thérapeutique des maladies infantiles. L'énoncé de

----

(179) Histoire Générale de la médecine... (Bibliogr. n° 126), T. II, p. 340.
La cinquantaine d'années qui sépare la découverte de Leeuwenhoek de l'Encyclopédie qui n'en parle pas, témoigne du retard de la médecine praticienne par rapport à la recherche scientifique.

celui-ci est précédé du rappel de l'analyse de la causalité de celles-ci
comme pour bien marquer que le principe thérapeutique est dans la logique du
système d'explication. Que retrouve en effet le lecteur ? Tout ce que nous
avons vu plus haut : les éléments de la mécanique humaine que sont les fibres ;
et ce qui entame leur pouvoir de résistance, par nature faible, chez les enfants :
"l'humidité" et "l'acidité". L'abondance de l'une et la domination de l'autre
corrompent ce qu'Hoffmann appelle le mouvement "vital" (180) des fibres : celui
de diastole et de systole. En effet la première -l'abondance d'humidité- dilate
les fibres et donc gêne la systole, tandis que la seconde -la domination de
l'acidité- contracte les fibres et donc gêne la diastole. Dans les deux cas, il
y a perturbation de ce mouvement "simple" (181), ce qui "cause sur le champ la
stagnation et la corruption des liqueurs" (182) et par conséquent fait cesser
"l'ordre et le bon état de la circulation" (183). De cette manière, le tour
est joué, si l'on peut dire : l'état de maladie est unique dans sa nature ;
c'est une dyskinésie des fibres. La thérapeutique doit donc avoir la même unicité, la même simplicité que le mouvement vital qu'elle est chargée de rétablir.
De là cette notion de "remèdes communs à presque toutes les curations des
maladies des enfants" qui apparaît dans l'avant-dernière phrase de notre texte
5. Elle est évidemment étrangère à la notion de tableau clinique qui veut que
chaque maladie soit une par ses particularités symptomatologiques, et étrangère
par conséquent à la notion de thérapeutique différentielle ou spécifique. Oh !
bien sûr, il y a le "presque" entre "remèdes communs" et "toutes les curations";
mais, justement, il est coincé entre "communs" et "toutes" et perd donc
beaucoup de son pouvoir de restriction. Il sert à écarter les quelques cas
d'exception qui pourraient être avancés. Donc : la thérapeutique doit être
simple, à l'image, venons-nous de dire, du mouvement vital des fibres qu'elle
a pour fonction de rétablir - mouvement donné par la nature elle-même, comme
le montre le membre de phrase sur les médicaments qui servent à "corriger
l'état contre nature des solides et des fluides". Nous venons de voir que, pour
Hoffmann, l'état de maladie est une dyskinésie des fibres. Maintenant, nous

---

(180) HOFFMANN (Fr.).- Médecine raisonnée... (Bibliogr. n° 38), T. II, p. 34
(181) Ibid.
(182) Ibid.
(183) Ibid.

pouvons aller plus loin et dire que celui-ci est une perturbation de l'ordre
naturel. L'iatro-mécanisme hoffmannien renvoie à une conception naturaliste de
l'homme. C'est la nature qui veut que l'homme soit une mécanique composée de
liquides qui font pression sur des solides qui leur résistent. Ce couple
pression-résistance donne le couple du mouvement vital systole-diastole. La
perturbation de celui-ci est perturbation du précédent, donc de l'ordre naturel
des liquides et des solides. La maladie est ce contre-ordre naturel ; la thérapeutique le contre contre-ordre : le rétablissement de l'ordre naturel, c'est-
à-dire de l'équilibre entre pression et résistance, entre liquides et solides.
Dans une telle perspective, la médecine est accompagnatrice du vivant -conçu,
il est vrai, en termes très mécanistes- et non sa destructrice. On est bien
loin de la notion d'antibiotique détruisant le bouillon de culture mocrobien,
le milieu bacillogène ; on est dans une thérapeutique qui ne détruit pas mais
qui rétablit : une thérapeutique douce. Etant simple et douce, elle ne peut que
procéder comme l'indique D'Aumont. Ainsi, pour combattre l'abondance des
liquides qui augmente la pression sur les fibres et perturbe la régularité du
mouvement vital systole-diastole, donc l'équilibre entre les deux et, en
conséquence, l'équilibre général du corps -ce déséquilibre étant la maladie-,
il faut quelque chose, soit qui resserre les tissus, c'est-à-dire renforce la
résistance des fibres à la pression des liquides -"les astringents"-, soit
qui entame l'abondance des liquides en les absorbant -"les absorbants"- ou
en les évacuant -"les purgatifs"-. Mais ceux-ci doivent être non seulement
"légers" mais "employés avec prudence", cet adjectif et cette expression
témoignant bien d'une thérapeutique douce. Cela est confirmé d'ailleurs par
la dernière phrase de notre texte sur la proscription par Harris de tous les
médicaments forts -"incendiaires"- et complexes, puisque produit par la

chimie (184). Cette thérapeutique, très simple et très douce pour reprendre les termes d'Harris, par le fait qu'elle se veut l'agent restaurateur de la nature perturbée, se distingue non seulement de la chimiothérapie antibiotique actuelle qui agit en tant que cause directe et offensive de la destruction de l'élément pathogène, mais aussi de la thérapeutique énergique du XVIe et du XVIIe qui vise à chasser le mal qui s'est emparé de tout ou partie du corps, la thérapeutique du laxatif et de la saignée (185) : des évacuants à haute dose, qui retire aux corps ses mauvaises humeurs. Ainsi la thérapeutique du rétablissement est encadrée dans le temps entre la thérapeutique du souti- rage et la thérapeutique de la destruction, la distinction fondamentale entre elles étant que la première nommée conçoit la maladie comme un renversement de l'état naturel -"l'état contre-nature" de D'Aumont-, tandis que les deux autres la conçoivent comme une agression contre lui. D'où la stratégie d'accompagnement du vivant qui caractérise la première -renforcer les fibres et réduire les liquides- et la stratégie d'attaque des secondes. Quelle est la pharmacopée de cette thérapeutique simple et douce ? C'est tout le contenu de la page et demie restante de Maladie des enfants, le dernier point de la troisième partie consacrée à la curation de celles-ci.

Car le principe général de la thérapeutique pédiatrique ayant été rappelé, la pharmacopée qui en découle peut être précisée. Et c'est à cette occasion que le lecteur s'aperçoit que cette thérapeutique est simple. En effet, bien que distinguant les médications destinées aux troubles post-natals de

----

(184) "Et il faut aussi choisir pour le traitement de leurs maux [des enfants] les remèdes qui leur sont les plus convenables, car, en employant les remèdes les plus doux qui sont les plus sûrs, nous serons d'autant plus certains de leur réussite.
"En effet il n'y a point d'occasion plus propre à bannir l'usage de ces grands et puissants remèdes, comme on les appelle, que dans le traitement des enfants, la vaste étendue de la Médecine pouvant aisément nous en fournir de plus conve- nables. Car à quoi sert d'allumer jour et nuit des feux pour tirer la vertu des minéraux pour des cures où les seuls altérants suffisent. Quel rapport y a-t-il, je vous prie, entre la dureté presque impénétrable de ces métaux et la mollesse du tempérament des enfants ? Comment se pourra-t-il faire que le faible estomac des enfants qui peut à peine digérer une petite panade et le simple lait de sa nourrice, supporte la vertu caustique des remèdes inflammatoires et d'une nature tout à fait opposée à la délicatesse de son tempérament ? Et comme les aliments qui conviennent aux enfants sont les plus simples, on ne doit aussi leur donner que des médicaments très simples et très doux qui aient beaucoup de rapport à leur nature et qui ne soient pas préparés avec tant d'art" HARRIS (Walter).- Traité des maladies... (Bibliogr. n° 35), pp. 45-46.

(185) C'est la médecine des 3 S : Séné (drogue purgative), seringue, saignée, pour reprendre l'expression de Roger Bouissou, Ouvr. cité, (Bibliogr. n° 85), p. 171.

celles appliquées contre les maladies infantiles, D'Aumont ne donne pas une longue liste de remèdes compliqués. Contre les mucosités gluantes obstruant les premières voies que le nouveau-né pourrait avoir gardé de son séjour dans la matrice et qui peuvent, en s'acidifiant, causer des "cardialgies, des douleurs de ventre, des tranchées et autres symptomes facheux" (V. 661 D. 56-57), le colostrum, c'est-à-dire le premier lait de la mère, suffit. S'il ne suffit pas, de l'eau sucrée ou "délayée de miel" (V. 661 D. 71) suffira "pour détremper ces différentes matières" (Ibidem) et "purger ces premières voies" (V. 661 D. 72). "Si ces impuretés sont si abondantes dans l'estomac et les intestins qu'elles causent des nausées, des vomissements, des tranchées et même des mouvements convulsifs" (V. 661 D. 73 - 662 G. 2), il faut "employer quelque chose de plus laxatif que le miel et le sucre" (V. 662 G. 3) : "huile d'amandes douces récente avec du sirop rosat solutif" (V. 662 G. 5) ou, plus fort, "sirop de chicorée avec de la rhubarbe" (V. 662 G. 7-8). Tout cela, ajoute notre professeur de Valence, "doit être donné à très petite dose" (V. 662 G.9). D'ailleurs, un simple cataplasme "sur l'estomac et le ventre" (V. 662 G. 11) peut très bien être efficace et favoriser l'évacuation de ces mucosités. C'est avec les mêmes médications que l'on procèdera à l'évacuation hors du caecum du côlon droit, du méconium (186), cette "humeur épaisse, noirâtre et excrémentielle" (V. 662 G. 17) (187) qui, "quand elle est retenue après la naissance" (V. 662 G. 24), "devient acrimonieuse et se corrompt facilement" (V.662 G. 28). En effet, cette substance ayant été amollie avec du miel dilué dans le petit lait -administré par voies buccale ou anale-, "on procure l'évacuation par les laxatifs dont il a été parlé ci-devant, employés en potion et en clystère (= lavement)" (V. 662 G. 34-36). Pour donner quelque aide au nouveau-né dans ses efforts d'évacuation, un cordial de vin chaud avec encore du miel et de la canelle suffira ; d'ailleurs, il faut qu'il soit "léger" (V.662.G.40). Ce cordial servira d'ailleurs de support au remède absorbant anti-acide qu'on administre à l'enfant. Il ne faut donc pas employer ou employer "avec beaucoup de circonspection" (V. 662 G. 46) les médications attenuantes pour reprendre le terme de D'Aumont, narcotiques pour parler comme Harris (188),

----

(186) "Rapidement envahi par les germes saprophites de l'intestin dans les heures qui suivent l'accouchement". Dictionnaire français de médecine... (Bibliogr. n° 104), T. 2, p. 753.

(187) "Matière molle, pâteuse de coloration brun-verdâtre, contenue dans l'intestin du foetus et composée de graisse, de mucus et de bile". Ibidem.

(188) cf. note suivante.

et en particulier tout ce qui est à base d'opium dont "en général on ne doit
user que rarement dans toutes les maladies des enfants qui semblent les indiquer" (V. 662 G. 48-50) (189). Le médecin encyclopédiste termine son propos
sur les troubles post-natales par neuf lignes sur ceux qui proviennent de
"la coagulation du lait dans les premières voies" (V. 662 G. 51-52). Quelles
prescriptions y trouve-t-on ? : des "antiacides [..] unis à de doux purgatifs"
(662 G. 54) ; "de légers carminatifs" (V. 662 G. 56). "Doux", "légers" ; décidément, notre médecin valentinois n'aime pas la manière forte en thérapeutique.
En cela, il n'est pas original, puisque tout ce que nous venons de voir de
cette pharmacopée à usage des troubles post-natals vient de Boerhaave et de
son commentateur Van-Swieten. C'est en effet tiré des aphorismes 1340 à 1358
du Traité des maladies des enfants (190) qui contient, d'ailleurs, à sa fin,
les recettes de tous ces remèdes. Comme nous l'avons vu par le texte cité à la
note 189, Harris a le même point de vue. C'est lui, de plus, qui nous a founi
la justification de cette pharmacopée tout en douceur et en légèreté. Elle se
trouve dans le texte cité dans notre note 184 ; elle consiste à dire que la
thérapeutique des troubles de la toute petite enfance doit être homogène à ce à
quoi elle s'applique, c'est-à-dire au tempérament des nourrissons : délicat.
Cette concordance entre la thérapeutique et son objet témoigne bien d'une médecine d'accompagnement du vivant et non d'affrontement. La pharmacopée des
maladies infantiles que D'Aumont donne après celle des troubles post-natals ne
peut donc que relever de cette perspective et ainsi être douce et légère.
Contre les fièvres qui "sont l'effet de l'acide dominant dans les humeurs"
(V. 662 G. 62-63), les remèdes "les meilleurs" (V. 662 G. 64) et "les plus sûrs"
(Ibid.) sont "ceux que l'on vient de proposer contre la coagulation du lait,
vu qu'elle est aussi toujours causée par l'acidité qui infecte les premières
voies" (V. 662 G. 65-67). Le lait de la nourrice pouvant, du fait de son acidité, être responsable de ces fièvres, il convient de lui prescrire des remèdes

----

(189) HARRIS écrit (Maladies aigues des enfants, p. 93) : "Or, comme la pharmacie des opiates ne convient à pas une des maladies des enfants à l'exception
du vomissement opiniâtre dont nous parlerons dans la suite, on n'y doit point
aussi employer des médicaments trop échauffants quand on les qualifierait,
comme on fait d'ordinaire, du nom de cordiaux et de salubres, si ce n'est qu'on
les donne en très petite quantité". Ce texte conclut une sortie contre les
narcotiques (pp. 91-92).

(190) Bibliogr. n° 13, p. 5-151. De son côté, Hoffmann écrit : "Il ne faut
jamais donner aux enfants des médicaments forts". Médecine Raisonnée, T. II,
p. 339.

adoucissants et émollients et, avant eux, un régime sans "aliments acescents"
(V. 662 G. 75). Sur les soins aux nourrices, D'Aumont n'en dit pas plus,se
contentant de renvoyer à NOURRICE. Pour "la curation des aphtes" (V. 662 D.6),
on retrouve les laxatifs pour la nourrice,les "doux purgatifs" (V. 662 D. 16),
et "autres doux laxatifs" (V. 662 D. 18) pour l'enfant. Quels sont-ils ? Pour
la première comme pour le second, ce sont des infusions, des tisanes, des
décoctions ou des sirops uniquement à base de plantes.Comme laxatif pour la
nourrice, il faut une infusion de rhubarbe; comme diaphorétique, on lui pres-
crira une infusion de salsepareille et/ou une décoction de scorsonère (= salsifis
noir) (191). A l'enfant on donnera ces doux laxatifs que sont la manne (192)
ou le sirop de chicorée et de rhubarbe (193), ou des adoucissants comme "les
crèmes de riz" (V. 662 D. 23) ou d'avoine. Comme médicament topique pour calmer
la douleur des aphtes, on appliquera sur la muqueuse "avec le bout du doigt
garni d'un linge imbû" (V. 662 D. 32-33) les loochs (194) suivants : suc de
grenade et miel ; sirop de mûres et eau tiède ; suc de râves, jaune d'oeuf et
nitre (salpêtre) (195). Et D'Aumont termine ces 35 lignes sur les soins des
aphtes par cette phrase révélatrice de cette thérapeutique d'accompagnement,
de cette médecine qui fait confiance à la nature : "si les aphtes sont symptomatiques, il faut détruire la cause qui les a fait naître avant que de les
attaquer topiquement ; il ne faut point troubler la nature dans ses opérations"
(V. 662 D. 34-37). On ne peut à la fois faire preuve de plus de candeur,

----

(191) "La salsepareille est employée comme dépuratif dans les rhumatismes et
les maladies de la peau" dit encore en 1965 le Formulaire pharmaceutique
(Bibliogr. n° 112),   p. 1421. Quant à la scorsonère, elle est toujours
donnée comme diaphorétique.

(192) "Substance blanc-jaunâtre, d'aspect gras et de consistance molle, à odeur
de miel, soluble dans l'eau et dans l'alcool bouillant, s'écoulant d'incisions
faites sur le tronc du Fraxinus ornus [= Frêne] [...] On l'emploie depuis très
longtemps comme purgatif léger". Dictionnaire français de médecine, T. 2, p. 741.

(193) C'est le remède que tous préconisent dans les maladies d'enfants :
Ettmuller (Pratique de médecine spéciale...) contre les vomissements (p. 374),
contre le resserrement de ventre (p. 383) ; Hoffmann (Médecine Raisonnée, T. II,
p. 334) également pour la liberté du ventre ; Boerhaave/Van Swieten (Traité des
maladies des enfants, p. 359 et p. 361) qui donnent la composition de deux
mixtures légèrement purgatives à base de sirop de chicorée avec de la rhubarbe.

(194) "Médicament de consistance sirupeuse, constitué d'un mucilage [= substance végétale se gonflant à l'eau] et d'une émulsion" Dictionnaire français
de biologie... (Bibliogr. n° 104), T. 2, p. 676.

(195) Le nitre ou nitrate de potassium (KNO_3) est d'abord un diurétique ; mais,
dans le cas qui nous occupe, il est utilisé comme tempérant.

montrer davantage de confiance dans la nature et témoigner de plus d'ignorance.
Si les aphtes sont les fausses membranes - symptômes d'une diphtérie laryngée
(Croup), cette médecine s'abandonne à la nature, parce qu'elle ne peut rien
faire (196), dans l'ignorance qu'elle est de la cause. Dans ces conditions,
il vaut mieux "se borner" (V. 662 D. 37) à calmer la douleur par "quelques émul-
sions tempérantes avec les semences froides et un peu de celle de pavot" (V. 662
D. 38-40). Ce "se borner" est un aveu d'impuissance face au mal, magnifiée en
abandon confiant à la nature. Contre l'épilepsie des enfants -que D'Aumont met
sur le même plan que les fièvres et les aphtes, ce qui veut dire qu'elle devait
être fréquente (197)- on retrouve les mêmes remèdes. Si c'est le lait de la
nourrice qui, par son acidité, est la cause -lointaine- de l'épilepsie, on pré-
conisera des "lavements émollients, carminatifs, [des] poudres anti-convulsives
préparées avec celle de guttète, de cinabre et un peu de musc" (V. 662 D. 51-53)
données dans l'infusion de ce calmant qu'est le tilleul. Donc : des évacuants
et des antispasmodiques. Le mélange de "guttete", c'est-à-dire de poudre de pivoine, de cinabre, c'est-à-dire de bisulfure de mercure, et de musc compose
un anti-spasmodique laxatif, puisque, selon le Codex medicamentarius de 1758
(198) la poudre de pivoine est un anti-spasmodique (199), tandis que le mercure

----

(196)   Ou si peu, la trachéotomie qui permet au diphtérique de respirer
n'étant guère pratiquée.

(197) Ce qui s'explique, puisque l'épilepsie, quand elle n'est pas causée par une
lésion cérébrale -ce qui devait se produire assez souvent vu ce qu'était "l'art"
d'accoucher-, a pour cause une perturbation métabolique, en particulier
l'hyponatrémie (diminution du taux de sodium sanguin consécutive, par exemple,
à une perte excessive d'eau comme celle qui résulte des diarrhées ou des vomissements) ou l'hypocalcémie (diminution du taux de calcium dans le sang consécutive, par exemple, à une néphrite ou au rachitisme). Etant donné ce que l'on
sait du régime alimentaire des enfants d'Ancien régime, avec ses carences, en
particulier celle en protéines d'origine animale -justement riches en sodium et
en calcium- les diarrhées et le rachitisme étaient communs. D'où le caractère
également commun de l'épilepsie. D'ailleurs, des médecins qui exerçaient il y
a trente ans m'ont assuré que l'épilepsie des enfants était alors très répandue.
Tout cela montre que, quand Harris (Traité des Maladies aigues des enfants,
pp. 90-92) écrit qu'il faut combattre les maladies infantiles par des coquillages -qui sont crayeux-, il n'est pas loin de saisir une des causes fondamen-
tales des maladies infantiles les plus communes de ce temps : la carence en
calcium. Du coup, je dirais que son obsession de l'acide et de l'acidité est
une reconnaissance "en creux" de cette carence : Harris ne dit pas celle-ci
mais la surabondance de son contraire ; le négatif -la carence- est pensé
comme excès de positif -la surabondance.

(198) Pour la référence complète, cf. Bibliogr. n° 19.

(199) Id., p. LXXXIX : "Pulverem de guettetâ, antispasmodicum".

est un laxatif et un anti-inflammatoire (200) et le musc également un anti-spasmodique (201). Si l'épilepsie vient directement du petit enfant, c'est-à-dire d'une accumulation de lait acidifié, "il faut employer les délayants laxatifs, huileux, qui peuvent évacuer les matières viciées ou les émousser" (V. 662 D. 57-59). Ensuite, on utilisera le même composé anti-spasmodique que pour la nourrice, mais à une "dose proportionnée" (V. 662 D. 61). Mais le professeur de Valence ne s'arrête pas là, puisqu'il propose deux autres anti-spasmodiques de la pharmacopée traditionnelle : le castoreum (202) et "la décoction un peu épaisse de corne de cerf" (V. 662 D. 62-63). Celle-ci, faite à partir de ladite corne rapée, contient beaucoup de gélatine -donc un adoucissant- et du phosphate de calcium qui est évidemment anti-acide. Contre l'engorgement des premières voies par un lait trop épais qui est une autre cause, voisine de la précédente, de l'épilepsie -par tension sur les fibres-, on donnera "une petite dose de quelqu'émétique, comme le sirop de charas, de Glaubert ou un demi-grain de tartre Stibie dans le sirop de violettes et quelqu'eau appropriée" (V. 662 D. 71-74). Donc des vomitifs et purgatifs. Ils sont à base de tartrates, c'est-à-dire de sels composés d'acide tartrique et de bases, puisque le tartre Stibie est un tartrate de potasse et d'antimoine (203) et le sirop de Glaubert est à base de crème de tartre et d'antimoine. Le sirop de charas, lui, est à base de résine de chanvre indien que l'on considère, aujourd'hui, comme stupéfiant et que, autrefois, "on a essayé contre la folie et l'hypocondrie" (204). Mais est-ce bien lui que D'Aumont prescrit contre l'épilepsie ? Si la tension des fibres qui cause l'épilepsie provient de "quelques exanthèmes rentrés tels que la gale, la teigne, il faut employer les moyens qui peuvent en rappeler la matière à l'extérieur" (V. 663 G. 1-3) :

----

(200) Codex de 1839-1841 (Bibliogr.n° 93 bis), appendice thérapeutique, p. 27. Le Codex de 1758 écrit p. XXXVI "Cinnabaris factitia ingreditur pulverem anti-spasmodicum, temperantem, absorbentem, zellentem".

(201) Codex de 1839-1841, appendice thérapeutique, p. 97 : "Le musc [...] est un anti-spasmodique des plus puissant ... Il a été vanté contre l'épilepsie [...]". C'est un produit d'une secrétion interne du chevrotain mâle.

(202) Ibid. "Le castoreum est un stimulant qui a été employé de tout temps comme anti-spasmotique". C'est le produit d'une secrétion interne du castor.

(203) Son mélange avec l'eau de violette ne peut que renforcer son caractère vomitif, puisque la racine de violette a ce même caractère.

(204) Formulaire pharmaceutique... (Bibliogr. n° 112), p. 341.

"vésicatoires appliquées à la nuque, cautères, sétons" (205) (V. 663 G. 4-5),
soit des remèdes topiques s'attaquant aux manifestations exanthématiques et
non aux causes de ces fièvres eruptives. D'Aumont termine ces quarante-et-une
lignes sur   l'épilepsie par cette évidence de bon sens : "si elle
[l'épilepsie] dépend des vers, il faut la traiter convenablement à sa cause"
(V. 663 G. 5-6). Visiblement, notre auteur abrège pour en finir, à moins que
ce ne soit Lebreton qui ait coupé. Quoi qu'il en soit, les six lignes
concernant l'atrophie et les huit concernant "la diarrhée, la dysenterie,
la cardialgie, la suppression d'urine" (V. 663 G. 17-18) qui sont données
comme des maladies communes aux enfants et aux "personnes d'un âge plus avancé"
(V. 663 G. 16), ces quatorze lignes donc ne font que renvoyer à d'autres
articles et aux auteurs déjà considérés : "Ettmuller, Harris, Hoffmann,
Boerhaave" (V. 663 G. 20-21). De ces sources de D'Aumont nous avons parlé en
tête de cette analyse de MALADIES DES ENFANTS ; nous n'y revenons donc pas
sinon pour constater cette évidence : Rosen von Rosenstein (1706-1773) –que
les historiens de la médecine s'accordent à considérer comme "un des plus remarquables protagonistes" (206) de la médecine infantile est inconnu de notre
professeur de Valence. C'est une évidence, puisque son ouvrage sur les maladies
des enfants paraît en suedois en 1764 (207), soit neuf ans après ce tome V
de l'Encyclopédie qui nous occupe présentement. Bien sûr, les Dissertatio de
morbis infantum et Dissertatio de epilepsia infantilis du même Rosen ont paru
à Upsal en 1754, mais c'est trop tard pour qu'elles aient pu être utilisées
par D'Aumont - si tant est qu'il les ait connues.

----

(205) "Seton : mèche en coton ou faisceau de crin servant de drain transcutané
et dont les deux extrémités sont passées par deux orifices différents à la
surface de la peau". Dictionnaire français de médecine... (Bibliogr. n° 104),
T. 3, p. 642.
(206) Histoire Générale de la Médecine... (Bibliogr. n° 126), T. 3, p. 271.
(207) La traduction française de Lefebvre de Villebrune paraît chez Cavelier
seulement en 1780.

II.2 Les renvois de ENFANTS (MALADIES DES) de l'Encyclopédie

       Si nous nous référons au texte même de MALADIES DES ENFANTS et si nous excluons le renvoi à ENFANCE qui est une rubrique du noyau de notre corpus que nous avons déjà examinée, nous comptons dix-neuf renvois. Comme celui à EPILEPSIE est fait deux fois, cela ne fait plus que dix-huit Ce sont, dans l'ordre d'apparition : ACIDE ET ACIDITE, à la fin du paragraphe où Harris est cité explicitement (V. 659 G. 57) ; VEROLE (petite), ROUGEOLE, CHARTRE, RACHITIS, EPILEPSIE, CARDIALGIE, VERS, DENTITION, TEIGNE, au début du deuxième point de la troisième partie concernant "la curation des maladies des enfants" (V. 661 D. 18-20) ; MECONIUM et COECUM, quand est traité le problème de l'évacuation de celui-là (V. 662 G. 22) ; NOURRICE, quand il est dit qu'il faut traiter celle-ci pour avoir le lait adéquate (V. 662 D. 5) ; APHTE -écrit APHTHE- à la fin du paragraphe sur la "curation des aphtes" (V. 662.D.40) ; VERS et EPILEPSIE encore, à la fin du paragraphe consacré à la thérapeutique de celle-ci ; ATROPHIE et CONSOMPTION, à la fin des cinq lignes consacrées à celle-ci (V. 663 G. 12). Soit donc dix-neuf en comptabilisant les deux doubles renvois à VERS et EPILEPSIE et dix-sept sans eux. Ce nombre peut être encore diminué d'un, si nous considérons que le renvoie à ATROPHIE et CONSOMPTION est ainsi libellé : "Voyez ATROPHIE ou CONSOMPTION" ; ce qui signifie que les deux rubriques sont interchangeables. Ce qui nous pousse alors à aller voir les rubriques mêmes des dix-sept (17) renvois annoncés précédemment. Or que constatons-nous ? Que, effectivement, ATROPHIE est ainsi rédigée : "ATROPHIE. Voyez CONSOMPTION" (I. 824 G. 42). Dans ces conditions, le nombre des renvois ne se monte plus qu'à seize (16). Mais CONSOMPTION elle-même n'a aucun contenu, puisqu'elle dit : "CONSOMPTION (Médecine), voyez MARASME et PHTISIE" (IV. 49 G. 58-59). Or MARASME et PHTISIE sont des rubriques qui ne constituent pas que des renvois. Donc : si le renvoi à CONSOMPTION disparaît -ce qui ne fait plus que quinze renvois apparaissent ceux à MARASME et PHTISIE. Ce qui en fait de nouveau dix-sept, les dix-sept suivants qui ne sont pas tout à fait les mêmes que ceux cités au début et de cette étude :

      ACIDE

      ACIDITE

      APHTES

CARDIALGIE

CHARTRE

COECUM

DENTITION

EPILEPSIE

MARASME

MECONIUM

NOURRICE

PHTISIE

RACHITIS [ME]

ROUGEOLE

TEIGNE

VEROLE (petite)

VERS

La différence entre cette liste et celle qui se trouve dans l'introduction (p. 20) réside, en fin de compte, dans la disparition d'ATROPHIE et de CONSOMPTION et l'apparition de MARASME et de PHTISIE. Sur ces dix-sept renvois, douze concernent des maladies ou des troubles -je pense à VERS et à DENTITION-, trois une substance -ACIDE, ACIDITE et MECONIUM-, un seul un organe (COECUM), le dernier ne concernant ni maladie ni substance ni organe mais une fonction importante pour l'enfant, celle de NOURRICE. Certains de ces dix-sept articles posant des problèmes d'attribution d'auteur, nous verrons quel est celui de chacun d'eux lors de son examen.

ACIDE + ACIDITE

Ces deux renvois de MALADIES DES ENFANTS peuvent être analysés en commun car ils se complètent l'un l'autre pour nous permettre de préciser ce que nous avons déjà vu sur la place des acides dans l'étiologie et la thérapeutique du temps. L'article ACIDE compte deux pages -soit quatre colonnes- et six lignes. Il comprend deux rubriques : l'une, de trois colonnes et demie signée de Malouin, présente l'acide du point de vue de la chimie (208).

----

(208) La parenthèse situant ACIDE dans l'ordre du savoir est libellée ainsi : "Ord. Encyclop. Entend. Science de la Nat. Chim.", soit : Ordre encyclopédique. Entendement. Science de la Nature. Chimie.(I. 77 D. 72-73).

C'est du même point de vue qu'est présenté ACIDITE et ses vingt-et-une lignes signées par le même Malouin. C'est la seconde rubrique de l'article ACIDE qui présente le point de vue médical ; elle fait une demi-colonne à peu près et est signée de de Vandenesse, que nous avons déjà vu être l'auteur chargé de la médecine au début de l'entreprise encyclopédique (209). En fait, il y a un peu de médecine dans ACIDE (Chimie) et ACIDITE (Chimie); ce qui n'est pas étonnant quand on sait que Paul-Jacques Malouin (1701-1778) fut tout autant professeur de médecine que de chimie (210). Que disent donc nos deux docteurs ? Que les acides sont de toute façon importants en médecine, soit qu'ils "sont fort utiles" (I. 99 G. 30), selon Malouin, soit qu'ils "sont regardés avec raison par les médecins comme une des causes générales des maladies" (I. 99 D. 3133), selon De Vandenesse. "Les acides tempèrent l'effervescence de la bile et du sang ; c'est ce qui les rend utiles à ceux qui ont le visage rouge par trop de chaleur" (I. 99 G. 44-46) alors qu'ils "sont nuisibles à ceux qui ne sont point ainsi échauffés" (I. 99 G. 47). Cela vient de leur double propriété de coagulant des "liqueurs animales" (I. 99 G. 36) et d'atténuant "des humeurs glaireuses ou couenneuses avec chaleur (I. 99 G. 51-52), puisqu'ils excitent les fibres -encore elles- à briser les dites humeurs. Et le professeur de médecine au Collège de France de citer comme "acides fort utiles en médecine" le citron, l'épinevinette (= berberis vulgaris), la groseille et le vinaigre, auxquels il ajoute les remèdes acides comme "l'eau de Rabel, l'esprit de nitre dulcifié et l'esprit de sel dulcifié" (I. 99 G. 33-34) (211). Ce sont d'ailleurs ces mêmes propriétés que nous venons de voir qui expliquent le caractère pathogène des acides. De Vandenesse, ne citant ni

----

(209) A la page 905 du troisième tome, on trouve un tableau des auteurs où il est écrit : "M. de Vandenesse est mort ; et il ne se trouve plus rien de lui dans les volumes suivants".

(210) D'après le questionum medicarum (Bibliogr. n° 63), sa première thèse de licence date de 1724, sa seconde de 1729, ses troisième et quatrième de 1730, comme ses deux thèses de doctorat. D'après le même répertoire, Urbain de Vandenesse a soutenu ces six thèses en 1741 (2 de licence) et 1742 (2 de licence et 2 de doctorat), année durant laquelle il a soutenu sa 7e thèse, celle pour devenir docteur-régent.

(211) Ces trois médicaments sont des alcoolats, soit astringent comme l'acide sulfurique alcoolisé (Eau de Rabel), soit diurétique comme l'acide nitrique alcoolisé (Esprit de nitre dulcifié). Le codex de 1839-1841 prescrit l'acide sulfurique contre les "stomatites couenneuses" (Bibliogr. n° 93),p. 10 reprenant ainsi le même adjectif de "couenneux" qu'utilise Malouin pour définir certaines humeurs.

ne semblant demarquer Harris, fait un tableau des maladies causées par les
acides en posant un lien de cause à effet entre la situation de ceux-ci dans
les divers organes et celles-là. Ainsi, "tant qu'ils [les acides] sont contenus dans le ventricule [= estomac], ils causent des rapports aigus, un sentiment de faim, des picotements douloureux qui produisent même la cardialgie"
(I. 99 D. 35-38). C'est donc bien le caractère excitant des acides, faisant
d'eux des atténuants qui provoque la cardialgie. Et c'est leur propriété de
coagulant qui fait que, "lorsqu'ils [les acides] se mêlent avec le sang, ils
en altèrent la qualité, y produisent un épaississement auquel la lymphe qui
doit servir de matière aux secrétions se trouve aussi sujette" (I. 99 D. 43-46),
produisant ainsi des "obstructions dans les glandes de mésentère" (I. 99 D.47).
Ce qui est, ajoute De Vandenesse, une "maladie commune aux enfants" (I. 99 D.
48). C'est donc en brossant le tableau anatomique des maladies causées par
les acides que notre professeur-régent de la faculté de médecine de Paris
arrive à évoquer les maladies des enfants. On retrouve alors l'obstruction par
les substances coagulées par les acides ingérés. Si l'on suit ce qu'écrit
notre docteur-régent, celle-ci ne se confond pas avec celle dont parle D'Aumont
- l'obstruction de canaux ou de conduits- puisqu'il s'agit de l'engorgement du
méso-péritoneal qu'est le mésentere, plus précisément des glandes de celui-ci.
En l'absence de précision concernant ces dernières, on peut faire l'hypothèse
qu'il s'agit des ganglions lymphatiques qui se trouvent entre les deux feuil-
lets péritonéaux. La fin de la phrase citée plus haut faisant allusion à
l'altération de la lymphe peut être une confirmation de cette hypothèse. Dans
ce cas, les troubles qu'évoque De Vandenesse seraient non pas des tumeurs du
mésentère (kystes liquides ou solides) mais bien la perturbation du fonctionnement des ganglions. La cause fondamentale de celle-ci réside dans la mollesse
des fibres qui n'ont pas la dureté nécessaire "pour émousser les pointes des
acides qui se rencontrent dans la plupart des aliments qu'ils [les enfants]
prennent" (I. 99 D. 50-52). Ce qui témoigne une fois encore que l'étiologie
de cette médecine renvoie à une biologie de la fibre. S'il n'y avait barba-
risme, je dirais que la cytologie de cette époque est une "cytologie de la
fibre". Par ailleurs, il convient de souligner dans cette dernière citation
cette manière de présenter les pointes des acides comme des réalités concrètes.
La métaphore du "piquant" de l'acide disparaît ; l'acide est un corps hérissé
-c'est le cas de le dire- de pointes. Le jeu du langage se brise sur un
réalisme naïvement anti-nominaliste.

La deuxième considération de cet article ACIDE concernant les enfants se trouve également dans la rubrique ACIDES et également dans ce tableau des maladies des enfants causées par les acides. Elle concerne les filles pré-pubères.

TEXTE 6 : L'AVIDITE DE CALCIUM, RANÇON DE L'ABONDANCE D'ACIDE

"Les pâles couleurs auxquelles les filles sont si sujettes lorsque leurs règles n'ont point encore paru ou ont été supprimées par quelqu'accident, sont aussi des suites de l'acrimonie acide, ce qui leur occasionne l'appétit dépravé qu'elles ont pour le charbon, la craie, le plâtre et autres matières de cette espèce qui sont toutes absorbantes et contraires aux acides".

(I. 99 D. 57-64)

Notons bien la logique de ce texte : le besoin extra-ordinaire chez les jeunes filles de substances riches en calcaire, et donc en calcium, n'est que le besoin compensateur d'une abondance d'acides, qui, elle-même, résulte du retard ou de l'interruption du cycle menstruel, le tout se traduisant par une certaine pâleur. L'implicite de cette logique est l'idée que l'organisme réclame de lui-même ce qui lui manque ou, plus exactement, qu'il réclame les substances opposées à ce qu'il a en trop. C'est la conception -traditionnelle pour ne pas dire anthropique- de la nature, de la vie comme lieu de compensations dont le jeu tend à l'équilibre. Le négatif compense le positif qui compense le négatif. C'est le contraire de la conception dramatique de l'existence qui ne voit dans la nature qu'une marâtre et dans la vie qu'une suite de malheurs : vision romantique opposée à la vision équilibrée. La deuxième idée à retenir de ce texte concerne le contenu physiologique lui-même ; elle est tout aussi implicite que la précédente et concerne le lien de causalité existant entre l'abondance de "l'acrimonie acide" et le retard dans l'apparition des règles ou leur suppression. Celle-là résulte de ceux-ci. Comment ? De Vandenesse ne nous l'explicite pas. Cependant l'expression "acrimonie acide" peut être un indicateur. Elle renvoie en effet à la notion d'acreté acide qui est au coeur du système iatrochimique de Sylvius (212). C'est elle

----

(212) De son vrai nom François DE LE BOE né à Hanau (Rhénanie) en 1614, mort à Leyde en 1672. Professeur de médecine pratique à l'Université de Leyde à partir de 1658.

qui produit l'obstruction, vu ce qui a été dit plus haut sur le pouvoir coagulant des acides. Ainsi la rétention du sang des menstrues accroît la quantité d'acide, celle-ci occasionnant à son tour une obstruction qui cause la pâleur des jeunes filles évoquée plus haut (213). Ce raisonnement postule que le sang en trop plein s'acidifie. Nous retrouvons ici l'idée de la corruption par la surabondance. Sylvius ne pense pas autrement lui qui pense que c'est de l'excès -relatif ou absolu- que résulte l'acreté des humeurs (214). Mais pourquoi le sang menstruel est-il retenu ? De Vandenesse ne nous le dit pas. Il peut y avoir deux réponses : une iatrochimique et une iatromécanique. Réponse iatrochimique : l'absorption de nourritures acides qui communiquent au sang leur acidité, provoquant ainsi coagulation, donc obstruction, donc rétention des règles (215). Réponse iatromécanique : l'abondance du sang dilate les vaisseaux au point de n'y pouvoir plus circuler (216). Tout cela renvoie à la méconnaissance fondamentale de la physiologie féminine, qui s'exprime dans cette explication dernière du cycle menstruel donnée par Hoffmann : "Il n'y a pas d'autre cause du flux menstruel que la trop grande abondance du sang dont l'évacuation est extrêmement nécessaire à la conservation de la santé" (217).

----

(213) Autre explication : celle de HOFFMANN (Fr.).- Médecine Raisonnée... T. I, p. 401 : "La trop grande abondance de sang qui est la suite nécessaire de la suppression des règles empêche la circulation et affaiblit la force, le ressort et la contraction du coeur et des vaisseaux ; et de là s'ensuivent de dangereuses stases, stagnations ou congestions du sang, ou obstruction des viscères, sources fécondes de maladies chroniques". Comme on le voit, Hoffmann ne passe pas par le détour de l'acidité pour expliquer l'obstruction qui cause la langueur des femmes dont le cycle menstruel est perturbé.

(214) GUBLER.- Sylvius et l'iatrochimie... (Bibliogr. n° 119) p. 298.

(215) Ainsi HARRIS.- Traité des maladies aigues... p. 27 : "L'usage excessif des sucs d'oranges, de limons et de toutes autres sortes d'acides, des viandes froides, surtout celles qui sont préparées avec le vinaigre ou en vinaigrette, causent ici des obstructions très opiniâtres, nuisent à l'écoulement des premières règles et ne les laissent venir qu'avec de grandes douleurs, des défaillances, des inquiétudes, troubles d'estomac et vomissement, tant qu'enfin ce flux si nécessaire au salut de toutes les femmes se trouve supprimé".

(216) HOFFMANN (Fr.).- Médecine raisonnée... T. I, p. 427 : "Car la suppression du flux vient souvent de ce que les vaisseaux qui doivent servir à cette avacuation sont trop étroits ou trop resserrés". Et trois lignes plus loin : "Les règles s'arrêtent lorsque la femme est grosse, parce que le sang circule plus aisément dans les vaisseaux de l'utérus devenu plus grand à cause de la dilatation de cette partie causée par la force expansive de la semence, et que rien n'oblige plus le sang à se ralentir ; ce qui était la cause efficiente et occasionnelle de l'éruption de cette liqueur".

(217) HOFFMANN.- Ouvr. cité, T. I, p. 390.

Et pourquoi les femmes ont-elles du sang "au-delà du nécessaire" (218). "Le tissu plus mou et plus lâche des parties solides dont le corps des femmes est composé, et la petitesse du diamètre de leurs vaisseaux, est cause que les femmes ont plus de sang que les hommes" (219). On retrouve la nature molle, pour ne pas dire spongieuse ("tissu plus mou et plus lâche") de la femme. Mais alors, la question qui se pose est celle de la cause de l'accumulation du sang chez la femme. La réponse est dans Hoffmann citant Galien : "la nature n'a-t-elle pas le soin de débarrasser chaque mois les femmes du sang superflu qu'elles ont amassé dans cet intervalle ? Car les femmes, n'ayant pas de grands travaux à faire dans leur maison ni de violente exercices du corps et n'étant pas exposées aux fatigues du dehors comme les hommes, il faut qu'elles amassent beaucoup d'humeurs superflues" (220). Ainsi la réponse à la question de la cause de l'accumulation du sang chez la femme ne se trouve pas dans sa physio-logie, dans sa fonction de génitrice, mais dans son rôle d'être peu actif pour ne pas dire passif. La médecine ne se fonde pas sur une physiologie mais sur un modèle social. Au vrai, dire cela est mal dire car c'est ne pas tenir compte du fonctionnement de la méconnaissance fondamentale de la physiologie féminine dont nous parlions plus haut. Cette méconnaissance ne se traduit pas par un aveu d'ignorance mais par la construction d'une physiologie idéologique, c'est-à-dire fondée sur la représentation que l'on a à cette époque de la place de la femme dans le couple. Autrement dit : affirmer, comme je viens de le faire, que la réponse à la question de la cause de l'accumulation du sang chez la femme ne se trouve pas dans sa physiologie, ne convient pas ; il vaut mieux dire que la réponse à cette question est bien dans la physiologie de la femme, mais dans une physiologie qui est celle du temps, informée par le modèle social du rôle féminin du fait de l'absence de connaissances précises des méca-nismes physiologiques. Voilà comment vient "l'appétit dépravé" aux jeunes-filles déréglées !

----

(218) Id., p. 391.

(219) Ibid.

(220) Id., pp. 400-401. La citation latine de Galien donnée par Hoffmann est : "Nonne natura ipsa mulieres cunctas evacuat sanguine superfluo singulis mensibus foras effuso ? Quippe muliebre genus, quod domi non ageret, neque vehementibus laboribus exerceretur neque sub claro sole viveret, et propterea quam plusuros humores concervaret [sic], oportebat..."

Reste donc à se débarrasser de ces acides qui "sont regardés avec raison [souligné par nous] par les médecins comme une des causes générales des maladies" (I. 99 D. 32-33). C'est l'objet du second paragraphe d'ACIDES de de Vandenesse et de la quasi-totalité d'ACIDITE de Malouin. Ces deux auteurs préconisent la même chose : les alcalins et les absorbants, sans que ni l'un ni l'autre n'évoque spécialement le traitement des "obstructions dans les glandes du mésentère", trouble d'origine acide que nous avons vu être "commune aux enfants" d'après le premier auteur cité. Ce que nous apprend simplement le second auteur, c'est qu'aux deux autres médications peuvent s'ajouter des matières grasses très courantes comme le lait ou l'huile. L'absorption de ces médications vise à empêcher que "les acidités ne prédominent dans les corps et ne viennent à coaguler le sang" (I. 100 G. 13-14). Le lecteur retrouve ainsi le pouvoir coagulant des acides énoncé dans ACIDE ; la boucle est bouclée : bien qu'il soit reparti entre deux articles, deux auteurs et trois rubriques, le propos sur l'acidité en médecine garde sa cohérence. Celle d'une certaine iatrochimie.

APHTES

Ecrit APHTHES par de Vandenesse qui est l'auteur de l'article. Il fait à peu près les trois quarts d'une colonne (54 lignes). Si la définition de cette affection et son étiologie sont un peu plus précises que dans MALADIES DES ENFANTS, la symptomatologie et la thérapeutique des aphtes n'est pas plus développée; bien au contraire. Concernant les aphtes des enfants, on ne trouve que ces trois lignes : "Les enfants et les vieillards sont sujets aux aphtes, parce que dans les uns et les autres les forces vitales sont languissantes et les humeurs sujettes à devenir visqueuses" (I. 525 D. 24-27). Ainsi l'enfant est faible physiologiquement ; les fibres de ses vaisseaux ne peuvent faire circuler vivement ses humeurs qui ont tendance à stagner et à s'épaissir. Or si l'on se réfère à ce que le professeur-régent de la faculté de médecine de Paris dit de la définition et de la cause des aphtes, ceux-ci sont "un suc visqueux et acre qui s'attache aux parois de toutes les parties ci-dessus ["lèvres, gencives, palais, langue, gosier, luette, estomac, intestins grêles et gros"] [qui] y occasionnent [...] ces espèces d'ulcères" (I. 525 D. 5-7). Donc : comme l'enfant a tendance -du fait du mécanisme évoqué ci-dessus- à avoir des humeurs visqueuses, il est sujet aux aphtes. Cause dernière de ce

ce "suc visqueux et âcre" : "les nourritures salines et tout ce qui peut produire dans les humeurs une acrimonie alcaline" (I. 525 D. 9-10). Et de
Vandenesse ne va pas chercher un exemple de tout cela dans le régime alimentaire mais dans le climat, puisqu'il poursuit : "ce qui fait que les gens qui
habitent les pays chauds et les endroits marécageux sont très sujets aux
aphtes" (I. 525 D. 10-12). Pourquoi "les pays chauds" et "les endroits marécageux" contribuent-ils plus à charger les humeurs en "acrimonie alcaline" ?
Notre encyclopédiste ne le dit pas ? On peut penser qu'il évoque les pays
chauds et les endroits marécageux au bord de la mer, qui ont donc leur atmosphère chargée de sel. C'est une supposition. Il vaut mieux s'intéresser à la
contradiction qu'il y a entre D'Aumont et de Vandenesse à propos de la cause
des aphtes, celui-ci la trouvant dans l'abondance des bases, celui-là dans
l'abondance des acides. Au vrai, le professeur de Paris n'est pas clair,
puisqu'il évoque à côté de "tout ce qui peut produire l'acrimonie alcaline",
les "nourritures salines", c'est-à-dire les sels. Or un sel est le résultat
de l'action d'un acide sur une base. Donc, les nourritures salines qui causent
les aphtes sont et acides et basiques. Quant à l'acrimonie alcaline, qu'est-
ce qui peut la produire, sinon des substances à base de sodium ou de potassium -qui sont des bases- comme le chlorure de sodium ou le sulfate de potassium qui sont des sels et où par conséquent entrent de l'acide ? Ce qui veut
dire que, pour de Vandenesse aussi, l'acide a quelque part dans la formation
des aphtes, même si elle n'est pas dominante. Il reste cependant que le lecteur
attentif de l'Encyclopédie se trove en présence de deux étiologies des aphtes
assez différentes, puisque D'Aumont met l'accent sur les acides et de Vandenesse
sur les bases. Cette incertitude sur la cause des aphtes ne doit quand même
pas nous étonner, puisque le Dictionnaire pratique de médecine clinique de
1977 (221) écrit à l'article APHTES BUCCAUX que l'étiopathogénie de ceux-ci
est "mal connue, probablement virale" (222), ajoutant que "aucun traitement ne
semble bien efficace" (223), que ce soit la corticothérapie, l'antibiothérapie
ou la vitaminothérapie. De Vandenesse, plus de deux cents ans plutôt préconise
non pas, bien sûr, des évacuants anti-acides comme D'Aumont, mais des remèdes

----

(221)Bibliogr. n° 148.
(222) Id.n p. 277.
(223) Ibid.

"humectants et capables d'amollir et d'échauffer légèrement, afin d'entretenir les forces du malade et lui occasionner une moiteur continuelle" (I. 525 D. 36-39). Par exemple des "gargarismes détersifs et un peu animés d'esprit-de-vin camphré" (I. 525 D. 40-41), c'est-à-dire une substance nettoyante accompagnée de ce tonicardiaque qu'est le camphre (224). Ce qui est cohérent avec l'explication de l'apparition des aphtes par la faiblesse de l'organisme qui n'arrive pas bien à faire circuler les humeurs, les rendant ainsi visqueuses. Ce n'est qu'à la fin du traitement, quand les aphtes sont tombés, qu'est prescrit "un purgatif fortifiant" (I. 525 D. 46) : la Rhubarbe chère à Boerhaave, pour reprendre en substance les deux dernières lignes de de Vandenesse qui termine ainsi   APHTES   sur une allusion à Boerhaave et à un remède de sa pharmacopée que nous avons déjà évoquée. N'ayant pas besoin d'évacuants anti-acides contre les aphtes, puisqu'il ne voit pas dans les acides la cause de ceux-ci, de Vandenesse met son purgatif en fin de thérapeutique, le justifiant alors comme fortifiant et non plus comme évacuant. Tout cela a une certaine cohérence.

        Concluons cette analyse par la constatation renouvelée que la définition des aphtes que nous avons donnée plus haut (ulcères sur les lèvres, les gencives, le palais, la langue mais aussi dans le gosier, la luette) peut très bien renvoyer aux fausses membranes du Croup ou diphtérie laryngée ou encore angine diphtérique. Pourtant Hoffmann lui-même demande à ce que soit bien distingué la squinancie ou angine des aphtes "en ce que l'inflammation de la première s'étend au loin et se fait sentir aux parties voisines au lieu que dans les aphtes il n'y a des vésicules accompagnées d'ardeur et de douleur que dans certaines parties de la langue et du gosier sans que le voisinage se ressente de cet accident" (225). Autrement dit, si l'on suit Hoffmann, De Vandenesse n'a pas su faire la différence entre aphtes proprement dits et angine, puisque, comme nous l'avons vu, il étend le lieu de ceux-là au-delà du gosier, jusque dans l'estomac et les intestins. Cela dit, il n'est pas

----

(224) Dictionnaire de pharmacologie clinique (Bibliogr. n°149), p. 243 : "Selon les travaux classiques le camphre stimule le centre bulbaire respiratoire. Il possède une action cardiaque antitoxique, régularisatrice et provoque une vasodilatation périphérique". A quoi il est ajouté : "En fait ce rôle n'est pas évident en pathologie chez l'homme".

(225) HOFFMANN (Fr.).- Médecine raisonnée... Tome VI, p. 84.

absolument sûr que la squinancie d'Hoffmann soit l'angine diphtérique (226).
Avec la définition très extensive des aphtes que donne notre professeur-régent,
il est très difficile de faire un diagnostic rétrospectif. Une fois de plus !
Et la difficulté est accrue par le fait que de Vandenesse n'opère pas très
explicitement la distinction donnée par D'Aumont à MALADIES DES ENFANTS entre
aphtes "symptomatiques" (227) et ceux qui ne le sont pas (228). Pourtant, à
CARDIALGIE, le professeur de Paris distingue très nettement l'essentielle de la
symptomatique, comme nous l'allons voir.

CARDIALGIE

En effet de Vandenesse, qui est l'auteur de l'équivalent de
cette demi page (1 colonne ; exactement : quatre-vingt-trois lignes) qu'est
l'article CARDIALGIE, écrit que cette "douleur violente qui se fait sentir à
l'orifice supérieur de l'estomac" (II. 667 G. 44-45) est "essentielle ou
symptomatique" (II. 677 G. 52). Après cette distinction qui suit la définition
du mal, l'article comprend deux parties : une de diagnostic étiologique (50
lignes) et une de thérapeutique (20 lignes). C'est dans le dernier paragraphe
de la première que se trouve les trois lignes suivantes concernant la cardialgie des enfants : "Après cette description de la cardialgie, on conçoit aisément comment le lait caillé ou les vers dans l'estomac des enfants occasionnent
cette maladie" (II. 677 D. 17-19). Dans ces conditions, regardons "la description", en fait le diagnostic étiologique de cette douleur du cardia.
En fonction de ce qui vient d'être dit sur la cardialgie des enfants causée
par l'accumulation dans l'estomac du lait caillé ou des vers, c'est
----

(226) D'autant que quelques lignes plus haut le professeur de Halle écrit qu'il
ne faut pas confondre les inflammations de la squinancie avec "l'inflammation
mucilagineuse de la bouche et de l'oesophage qu'on appelle communément prunelle
qui survient aux fièvres aigues exanthématiques ou succède ordinairement à
l'inflammation du ventricule [= estomac]" Médecine raisonnée, T. VI, p. 83.

(227) V. 662 D. 34.

(228) De Vandenesse écrit simplement : "Les aphtes qui attaquent les adultes
sont ordinairement précédés de fièvre continue, accompagnées de diarrhée et de
dysenterie, de nausées, de la perte de l'appetit, de faiblesse, de stupeur et
d'assoupissement" (I. 525 D. 28-31). Ce qui est une manière de les inclure
dans un ensemble de symptomes. Mais il manque l'autre cas, celui d'aphtes non-
symptomatiques. De plus, De Vandenesse semble croire que ceux-là ne concernent
que les adultes.

l'essentielle seule qui nous intéresse, puisque "la symptomatique a des causes étrangères à ce viscère" (II. 677 G. 56). Les causes propres à l'estomac qui définissent la cardialgie essentielle sont : "l'irritation des fibres de cet organe , leur trop grande contraction ou leur faiblesse" (II. 677 G. 53-54). Nous revoilà dans la physiologie des fibres d'où dérive toute l'explication de la cardialgie infantile et enfantine. En effet, qui dit lait caillé ou vers dit engorgement de l'estomac, donc contraction mais aussi irritation -par l'acide ou les vers- de ses fibres, par ailleurs "naturellement" délicates (229). Ainsi le tissu de l'estomac est tendu -c'est la cardialgie venteuse- ou irrité c'est la cardialgie inflammatoire. Cette explication est valable pour les adultes, puisque tout "engorgement du sang dans les vaisseaux de l'estomac" (II. 677 D. 26), par quelle que cause que ce soit -hypocondrie, accès d'hystérie, de colère ou de peur, passion violente ou simple mauvaise digestion-, produit une douleur ou une brûlure au cardia. Dans cette explication de la cardialgie chez l'adulte et par comparaison avec celle de la cardialgie chez l'enfant, manque la circonstance aggravante de "la délicatesse des fibres" propre au petit de l'homme. La physiologie des fibres se veut donc différentielle.

Pour ce qui est de la thérapeutique de la cardialgie, de Vandenesse ne dit rien de très précis. Au cours de la présentation du diagnostic étiologique il a préconisé "les remèdes carminatifs"(II. 677 G. 70). Le lecteur peut donc s'attendre à ce que la partie concernant la thérapeutique développe cette indication. Or il n'en est rien, le médecin encyclopédiste se cantonnant dans des condidérations générales critiques à l'égard de la médecine populaire. Il écrit en effet que "les cordiaux que l'on emploie assez fréquemment parmi le peuple, tels que la thériaque, la confection d'hyacinthe et autres remèdes de cette espèce, ne sont pas toujours indiqués" (II 677 D. 34-37). Ce qui permet de valoriser le médecin compétent et savant, compétent parce que savant : "Un médecin expérimenté [..] appliquera les remèdes convenables et vous épargnera les dangers que vous feraient courir par leur conseil des gens qui n'ont nulle connaissance de l'économie animale ni des maladies, ni de la façon de les traiter" (II. 677 D. 47-51). La conception contemporaine -toute puissante jusqu'à la critique radicale de type illichien- de la compétence

----

(229) II. 677 D. 21-22 : "la délicatesse des fibres de l'estomac [des enfants] [...] sont les causes de la maladie".

par le monopole du savoir et, surtout, du monopole de la compétence au nom du
monopole du savoir -cette conception, dis-je, est déjà tout entière dans cette
phrase (230). Ceux qui n'ont pas de savoir physiologique ni séméiologique ni
thérapeutique ne peuvent -au sens de : n'ont pas la capacité de- soigner. Si
De Vandenesse ne suggère pas qu'ils ne le doivent pas, c'est parce que la
médecine savante ne peut pas encore grand-chose, en cette mi-XVIIIe siècle,
contre la médecine populaire tant elles sont à la fois proches -par leur
contenu- et lointaines -par l'éloignement des groupes sociaux ou elles
dominent- l'une de l'autre (231). Ce qui fait que "le peuple", comme dit
notre encyclopédiste, ne perçoit pas la différence et surtout la supériorité
d'efficacité de la médecine savante, tout en sachant très bien qu'elle est
celle des autres, de ceux qui ne sont pas du peuple ; du coup, il garde sa
médecine et laisse à ces "autres" la leur : cette médecine savante qui n'a
donc aucune prise sur la précédente. Et ce dont témoigne la dernière phrase
citée de notre professeur-régent, c'est justement de l'effort de la médecine
savante pour supprimer la distance entre ces deux médecines de la manière la
plus radicale : en supprimant un des deux termes : la médecine populaire. De
quelle manière ? Non pas, je le répète, en suggérant qu'elle ne doit pas être
pratiquée -ce qui lui laisserait une certaine réalité- mais en la déclarant
non fondée scientifiquement. Car dire que ceux qui n'ont pas de savoir physiologique ni séméiologique ni thérapeutique n'ont pas la capacité de soigner
revient à dire que la capacité de soigner nécessite ces savoirs. Or la médecine populaire ne fonde pas son exercice sur ceux-ci ; elle n'a donc pas
capacité à soigner ; par tant, elle n'est pas une médecine. Dans ces conditions, ce ne sont pas tant ceux qui l'exercent qui sont condamnables et
condamnés mais bien ceux qui la suivent. La médecine populaire ne peut plus
s'en tirer, puisqu'elle est détruite absolument : dans son existence, en tant
que médecine ; dans la conscience de ceux qui l'utilisent, en tant que pratique
dangereuse. D'où le doute semé sur la thériaque et la confection d'hyacinthe

----

(230) Elle n'est jamais que la laïcisation de la conception chrétienne catho-
lique du monopole des clercs pour le pouvoir de lier et de délier au nom de
Dieu, c'est-à-dire pour octroyer rémission et salut aux membres du peuple
chrétien.

(231) cf. les conclusions des ouvrages de Marcelle BOUTEILLER (Bibliogr. n° 86)
et Françoise LOUX (Bibliogr. n° 136).

dans la phrase citée plus haut. Que sont ces deux remèdes qui, pour être employés "assez fréquemment parmi le peuple", ne devaient pas être très bon marché étant donné leur composition. En effet, la Thériaque nécessite, d'après le Codex de 1758 pas moins de soixante cinq substances auxquelles celui de 1839-1841 ajoute encore six autres. Parmi toutes celles-ci se trouve aussi bien des plantes, comme la racine de valeriane ou du poivre noir, que des minéraux comme la terre sigilée, et des substances animales comme les vipères sèches, l'opium entrant en bonne proportion (232). Ce qui fait écrire à l'auteur de l'Appendice thérapeutique dudit Codex que la thériaque "est un véritable chaos de substances dans l'assemblage desquelles il est bien difficile de trouver une liaison" (233), mais dont cependant "l'opium est la partie prédominante, ou du moins celle dont les effets ressortent de son administration" (234). Quand le docteur Cazenave écrit ces phrases au début du XIXe, la thériaque est déjà considérée, selon son expression, comme "le plus curieux débris de la polypharmacie ancienne" (235). Le Codex de 1758, lui, n'est pas du tout critique à l'égard de ce médicament; ce qui confirme ce que laisse entendre de Vandenesse, à savoir qu'il devait être utilisé sans scrupule au XVIIIe siècle. Pourquoi ? Parce que c'est un médicament traditionnel, c'est-à-dire qui remonte à loin et qui est utilisé depuis longtemps, parce que, depuis longtemps, il est considéré comme efficace pour tous les maux : "ce médicament écrit le docteur Cazenave, qui remonte aux premiers temps de la médecine était alors un mélange de toutes les substances pharmaceutiques connues, mélange qui devait être un remède à tous les maux" (236). Dans ces conditions, le refus de la thériaque de la part de l'Encyclopédiste est bien la marque du refus d'une thérapeutique à la fois populaire et traditionnelle. Ainsi, la destruction théorique par la médecine savante de la médecine populaire se confond avec l'anéantissement de la médecine traditionnelle. L'esprit encyclopédiste est, en l'espèce, contraire à la tradition populaire. Cela constaté, on peut se

----

(232) Codex de 1839-1841 (Bibliogr. n° 93), pp. 397-400.

(233) Idem : Appendice thérapeutique, p. 184.

(234) Ibid.

(235) Ibid.

(236) Ibid.

demander s'il n'en est pas de cette médecine populaire dénoncée par de
Vandenesse comme de la culture populaire lue et écrite (237) : elle n'est que
la médecine savante ancienne, popularisée -au sens propre- par lente accultu-
ration (la "traditionalisation" en quelque sorte), sans être pour autant
authentiquement -c'est-à-dire de création, populaire. Comment, en effet, la
confection d'hyacinte peut-elle être un remède populaire du même type que les
simples ou les pratiques incantatoires, puis qu'entrent dans sa composition les
épices rares et couteuses des repas des riches du Moyen-Age, devenues relativement plus communes à l'époque moderne, que sont la cannelle et le safran,
ainsi que ces symboles du luxe oriental que sont la pierre d'hyacinthe et la
myrrhe. Et l'on ne peut pas dire que les autres éléments de la confection
d'hyacinthe -la terre sigillée, les yeux d'écrevisses, le sirop d'oeillet et
la dictame de Crète- soient très accessibles au peuple. Il n'y a guère que le
miel qui sert de base à ce médicament qui soit vraiment populaire. Ainsi la
thérapeutique populaire traditionnelle critiquée par De Vandenesse n'est
jamais qu'une thérapeutique savante ancienne -plus ou moins- qui a réussi sa
diffusion.

CHARTRE

CHARTRE (Médecine) n'est, en fait, qu'une rubrique de l'article
CHARTRE donné pour "CHARTE", au sens historico-juridique du terme. Elle suit
les lignes consacrées à la "Grande Chartre" anglaise et précède les trois
lignes consacrées à la ville de Chartres. Elle est très courte, puisqu'elle
ne compte que douze   lignes réparties en deux   paragraphes de neuf
et trois   lignes. Contrairement à ce qui les précède qui est signé de
l'abbé Mallet et à CHARTREES, VILLES CHARTREES qui les suit et qui est signé
de Boucher d'Argis, ni CHARTRE (Médecine) ni CHARTRES (Geog.) ne sont signés
sans doute sont-elles de Diderot écrivant en tant que maître d'oeuvre de
l'Encyclopédie (238). Le directeur —Diderot n'étant pas omni-compétent, il ne
----

(237) MANDROU (Robert).- Ouvrages cités (Bibliogr. n° 137 à 141).

(238) A l'"Avertissement" du tome I (p. XLVI) donnant les marques de chacun des
auteurs, il est écrit que "les articles qui n'ont point de lettre à la fin ou
qui ont une étoile au commencement sont de M. Diderot : les premièrs sont
ceux qui lui appartiennent comme étant un des auteurs de l'Encyclopédie ; les
seconds sont ceux qu'il a suppléés comme éditeur". Dans le cas qui nous occupe,
il semble bien que l'absence de marque soit plutôt le signe de l'éditeur que
celui de l'auteur.

peut pas ne pas puiser à quelque source sauf, évidemment, s'il s'agit de trois
lignes ne donnant qu'une notation très courte, comme c'est le cas de CHARTRES
(Geog.) (239). Dans le cas de la rubrique qui nous occupe, la source que
Diderot -s'il s'agit de lui- avoue est le Traité des maladies des os de
Duverney (240). Et en effet, CHARTRE (Médecine) est tiré quasi mot pour mot du
tome II dudit Traité et particulièrement du passage concernant la distinction
qu'il convient de faire entre "rachitis" et "chartre" : "Quelques-uns ont
écrit, dit le professeur d'anatomie au jardin royal, qu'on nomme en France
cette maladie [le rachitisme] chartre ; mais outre que ce mot n'est employé
que pour marquer les titres authentiques de quelques églises ou les privilégiés
accordés à quelque province, comme on dit chartre normande, ils ont confondu
deux maladies qui sont très différentes" (241). CHARTRE de l'Encyclopédie
reprend la première partie de cette phrase, jusqu'au point-virgule, laissant
de côté ce qui concerne le premier sens -juridico-historique- du mot "chartre".
Pour la définition de la chartre, l'Encyclopédie ne fait que reprendre ce
qu'écrit Duverney : "on dit qu'un enfant est en chartre quand il est sec,
hectique et tellement exténué qu'il n'a plus que la peau collée sur les os ;
maladie à laquelle les médecins ont donné le nom de marasme et qui est fort
différente du rachitisme" (242), en remplaçant cependant ce dernier membre de
phrase par un simple renvoi à MARASME. Pour ce qui est de l'origine de
l'appellation de cette maladie, l'Encyclopédie redonne la prhase de Duverney
ainsi écrite : "Peut-être aussi l'expression ces enfants sont en chartre vient-
elle de ce qu'on les voue aux Saints dont les chasses sont appelées chartres
par nos vieux auteurs" (243). La seule modification globale opérée par le
rédacteur de CHARTRE (Médecine) a consisté à inverser les éléments du texte
de Duverney, plaçant après ce qu'on vient de voir sur l'origine de l'appellation
"chartre" ce qu'il avait écrit sur la confusion chartre-rachitisme ; autrement
dit, Diderot -s'il s'agit de lui- a mis à la fin ce que Duverney avait mis au

----

(239) Ville de France, capitale du pays chartrain et de la Beauce, avec titre de
duché, sur l'Eure. Long. 18° 30' 3"."

(240) Pour la référence complète, cf. bibliogr. n° 28. Le traité des maladies
os (1751) constitue avec les Oeuvres anatomiques (1761) les deux grands ouvrages posthumes de Joseph Guichard Duverney (1648-1730) connu surtout par son
Traité de l'organe de l'ouie paru en 1683.

(241) DUVERNEY (J.G.).- Traité des maladies des os ... T. II, p. 288.

(242) Ibid.

(243) Id., p. 289.

début. Pour camoufler son emprunt ? Certainement pas, puisqu'il cite explicitement Duverney. Tout simplement, parce que toute compilation d'un texte est mise en désordre . L'important étant que le lecteur soit informé de l'essentiel du message de l'auteur compilé ; dans le cas qui nous occupe, que la chartre n'est pas le rachitisme.

En l'absence de description symptomatologique, nous pouvons nous interroger sur la nature de cette affection qui est propre aux enfants, puisqu'il entre dans sa définition d'être un mal infantile. En fait, le renvoi qui est fait à MARASME constitue une réponse ; puisque ce dernier article décrit des affections des ganglions du mésentère, c'est-à-dire l'atrophie mésentérique dénommée par ailleurs carreau, lui-même synonyme de chartre (244). Nous entrerons donc dans l'analyse précise du chartre lors de l'examen de l'article MARASME qui a d'ailleurs bien plus d'ampleur que l'article CHARTRE.

COECUM = CAECUM

Nous avons vu que le renvoi à COECUM de l'article ENFANTS (MALADIES DES) est fait à propos de l'évacuation du méconium chez les nouveaux-nés. C'est le seul de tous les renvois dudit article à se rapporter à une partie du corps humain, le seul renvoi d'anatomie, les autres en effet concernant soit des maladies (11), soit une substance (3), soit un processus (DENTITION) ou un état lié à l'enfance (NOURRICE). COECUM relève donc, dans l'organisation du savoir encyclopédique, de l'anatomie qui dépend, au même titre que la médecine -et non comme une composante- de la zoologie, branche particulière de la science de la nature, elle-même élément de la philosophie. L'article est signé de de Jaucourt dont il convient de rappeler qu'il a étudié la médecine à Leyde sous Boerhaave et a soutenu sa thèse en même temps que son ami TRONCHIN (Août 1730). Ce n'est donc pas en tant que polygraphe bon à tout faire de l'Encyclopédie, mais bien en tant que spécialiste, auteur d'un

----

(244) NYSTEN (P. H.).- Dictionnaire... (Bibliogr. n° 146), p. 76 et surtout NYSTEN/LITTRE.- Dictionnaire... (Bibliogr. n° 147), p. 270.

Lexicon medicum universale (245), que De Jaucourt a écrit COECUM. Et spécialiste de physique et d'histoire naturelle (246). Et c'est en tant que tel que
le chevalier médecin va prendre position sur la question de la fonction -de
"l'usage", pour reprendre son terme- de l'appendice. Car cet article qui compte
quatre-vingt-sept   lignes traite plus de l'appendice que du caecum proprement dit. En effet, après quatre   lignes de définition assez approximative,
pour ne pas dire impropre, -"le premier des gros intestins" (III. 588 D. 58)-,
suivies de cinq   autres lignes le situant plus précisément, vient la description anatomique précise -en seize lignes-   de cette "espèce de sac, arrondi
court et large" (III. 588 D. 67-68) qu'est le caecum. Soit vingt-cinq
lignes, auxquelles il convient d'ajouter les sept   dernières lignes de
l'article consacrées à des observations sur le caecum (247) ; ce qui fait, en
tout, trente deux   lignes, soit même pas la moitié de l'article. Le reste
de celui-ci, soit cinquante-cinq   lignes, traite exclusivement de l'appendice. Dans une première partie (18 lignes), de Jaucourt en donné la description
anatomique précise. Dans une seconde (12 lignes), il s'interroge sur "l'usage
de cette partie" (III. 589 G. 27). Et c'est ici qu'il choisit, comme "le plus
vraisemblable" (III. 589 G. 29), le sentiment "des physiciens qui prétendent
qu'elle sert à fournir une certaine quantité de liqueur mucilagineuse propre
à lubrifier la surface interne du sac du colon et à ramollir les excréments
qui y sont contenus" (III. 589 G. 30-33). Pour étayer son choix, notre
chevalier s'appuie sur la notation histologique suivante : l'existence du

----

(245) Qui ne parut jamais, puisque le manuscrit -l'équivalent de 6 volumes in-
folio- disparut lors du naufrage du vaisseau qui le transportait vers l'impri-
meur d'Amsterdam à qui le Chevalier le destinait. D'où ces lignes du début de
l'avertissement du Tome II de l'Encyclopédie qui suivent celles que nous citons
et qui sont référencées à la note suivante : "On en trouvera plusieurs [articles
de Physique et d'Histoire Naturelle] dans ce volume ; et nous avons eu soin de
les désigner par le nom de leur auteur. Ces articles sont les débris précieux
d'un ouvrage immense qui a péri dans un naufrage et dont il n'a pas voulu que
les restes fussent inutiles à sa patrie".

(246) "M. le Chevalier DE JAUCOURT, que la douceur de son commerce et la variété
de ses connaissances ont rendu cher à tous les gens de lettres et qui s'applique
avec un succès distingué à la Physique et à l'Histoire Naturelle, nous a commu-
niqué des articles nombreux, étendus et faits avec tout le soin possible".
Encyclopédie, T. II, p. I.

(247) III. 589 G. 63-69 : "Quelquefois aussi des noyaux de cerise restent des
mois entiers dans le caecum, sans causer d'incommodité ; et il y en a divers
exemples dans les auteurs. Mais pour finir par une observation plus singulière,
Riolan assure avoir trouvé le caecum placé dans le pli de l'aîne à l'ouverture
du corps d'un apothicaire".

"grand nombre de follicules glanduleuses qu'on trouve dans cet appendice"
(III. 589 G. 33-35). La fonction de l'appendice étant ainsi fixée d'une
manière générale, l'encyclopédiste peut passer au problème de la différenciation de celle-ci suivant l'âge ; c'est l'objet de la troisième partie de ces
considérations sur l'appendice qui concerne directement notre sujet, puisqu'
elle traite du problème de la différence de taille de l'appendice chez le
nouveau-né et chez l'adulte.

TEXTE 7 : L'APPENDICE CHEZ LE NOUVEAU-NE

" On objectera sans doute que cet appendice étant
à proportion beaucoup plus grand dans l'enfant nouveau-né
que dans l'adulte, il paraît qu'il doit avoir dans le
premier quelqu'autre usage qui nous est inconnu ; mais
il est vraisemblable que la petitesse de cet intestin
dans l'adulte dépend de la compression qu'il souffre
et de ce qu'il se décharge souvent des matières qu'il
contient, au lieu que, dans le foetus, il n'y a point
de respiration ni par conséquent de compression qui
puisse en exprimer les matières qui y sont contenues ;
d'ailleurs, le méconium qui se trouve dans le sac
du côlon l'empêche de se vider, de sorte que les
liqueurs séparées par ses glandes en relâchent les
fibres et les distendent par le long séjour que les
matières y font".

(III.589 G. 39-53)

Telle est l'unique considération concernant l'appendice de
l'enfant. Elle ignore aussi bien la perforation de celui-là et la péritonite
qui en résulte que la simple inflammation : l'appendicite. Ce qui est normal,
si l'on considère que le premier tableau clinique de celle-ci sera dressé par
Frank en 1792 (248), soit près de quarante ans après la parution du tome III
de l'Encyclopédie d'où est tiré notre texte 7. Ça l'est moins dans la mesure
où l'on pourrait s'attendre à ce que le collaborateur d'un dictionnaire, par
ailleurs friand d'évènements remarquables ou de situations exceptionnelles,
eût pu mentionner la première opération de l'appendicite -l'appendisectomie-
réalisée en 1736 par Claudius Amyand. Mais peut-être ce silence vient-il de

----

(248) LE BOURLOT (Georges).- Histoire de l'appendicite... (Bibliogr. n° 133),
p. 10.

ce que celui-ci ne savait pas qu'il s'attaquait à l'appendicite -il opérait
pour une "lésion de l'aine" (249)-, pour la bonne et simple raison que le
tableau clinique de celle-ci n'existait pas. Le fait qu'Amyand n'eut pas
d'émule et que l'appendicectomie ne sera pratiquée qu'à la fin du XIXe siècle,
confirme que le monde médical de la mi-XVIIIe siècle n'a pas pris conscience
de la portée de cette opération exceptionnelle. Et cette inconscience explique sans doute le silence de de Jaucourt qui se contente donc d'expliquer la
différence anatomique de l'appendice vermiculaire chez le nouveau-né et chez
l'adulte. Au point de départ de cette explication, il y a l'observation que
notre chevalier médecin a trouvée chez un anatomiste qu'il cite par ailleurs
(cf. note 247) : Riolan le jeune, et qui est que l'appendice est "plus important chez les enfants jusqu'à deux ans que chez le foetus et l'enfant de plus
de deux ans" (250). Au vrai, la comparaison de cette citation avec ce qui est
dit dans notre texte 7 montre que de Jaucourt n'a pas suivi exactement Riolan.
En effet, celui-ci distingue nettement l'appendice chez le nourrisson de
l'appendice chez le foetus, alors que celui-là explique la grosseur du premier
en se référant au second comme s'il n'y avait pas de solution de continuité
entre les deux; ce qui revient à ne pas faire la distinction faite par Riolan.
Cette différence entre deux auteurs montre que, du moins en ce qui concerne
l'appendice, l'anatomie n'a pas encore trouvé toute sa rigueur descriptive.
Dans ces conditions, il n'est pas étonnant que l'explication de cette varia-
tion de taille de l'appendice chez le nouveau-né et chez l'adulte soit différente chez nos deux auteurs même si elle est physique, aussi bien chez
Riolan que chez De Jaucourt. Comme l'indique notre texte 7, l'encyclopédiste
explique la grosseur de l'appendice chez le nourrisson par l'absence d'évacuation des matières qui sont contenues dans cet organe, lorsque l'enfant n'est
pas encore né, le méconium leur faisant en quelque sorte barrage, et -voilà
l'explication- le séjour prolongé de celles-ci distendant pour longtemps le
tissu de cet organe vermiculaire. Pour l'anatomiste du XVIIe siècle, c'est la
rétention de l'alimentation liquide dans l'appendice -"afin qu'elle ne s'échappe
pas aussitôt dans le côlon" (251)- qui explique, hic et nunc, la grosseur de

(249) Ibid., p. 76 : le titre de la communication de Cl Amyand à la "Royal
Society" : "of an inguinal rupture, with a pui in the appendix coeci merusted
with stones. And some observations on wounds in the guts".

(250) RIOLAN (Jean).- Opera anatomica... (Bibliogr. n° 64), p. 103 : " appendix
amplior est infantibus usque ad biennum, quam in foetu, et reliquis aetatibus".

(251) Ibid.: " Appendicem retinere alimentum liquidum, puta lac quo alimtur
puerali, ne compestim elabatur in Colum, ideoque amohor...".

l'appendice chez le nouveau-né uniquement nourri de lait. Ainsi donc les deux
auteurs sont d'accord pour trouver à celle-ci une cause physique : la distension due elle-même à l'accumulation de matières soit fécales (De Jaucourt)
soit nourricières (Riolan). La différence entre les deux auteurs réside donc
dans la nature des matières accumulées dans l'appendice, c'est-à-dire, en fait,
dans le temps de l'accumulation. Pour Riolan, elle est actuelle ; pour de
Jaucourt elle est passée. D'où, pour celui-ci l'importance du méconium. Nous
avons vu d'ailleurs que les deux termes sont ensemble dans le renvoi de
ENFANTS (MALADIES DES) qui les concerne. Il ne faudra donc pas perdre de vue
cela quand nous examinerons MECONIUM. Concluons cette analyse de COECUM par
cette constatation : à l'intérieur de l'iatro-physique, les divergences sont
possibles qui expliquent les différences d'observation, à moins que ce ne soit
celles-ci qui expliquent celles-là, si tant est que l'on puisse observer sans
théorie. Mais peut-être les différences d'observation viennent-elles de ce que
nous avons vu : de l'ignorance dans laquelle se trouve la médecine de l'époque
concernant cet organe vermiculaire, ne serait-ce que par sa pathologie.

DENTITION

Cet article se trouve au tome IV de l'Encyclopédie pour lequel
commence la collaboration de D'Aumont pour les "articles de physiologie et de
médecine" (252), de Vandenesse étant mort (253). C'est donc le professeur de
médecine de Valence qui est l'auteur de cet article qui compte un peu plus
de deux colonnes, soit un peu plus d'une   page, exactement : une et
seize lignes. Dans ces conditions, il n'est pas étonnant de retrouver dans
cet article le même ordre d'exposition, les mêmes auteurs de référence et, à
peu de choses près, la même pharmacopée que dans ENFANTS (MALADIES DES). Le
même ordre d'exposition. Après une définition de la dentition -"sortie naturelle
des dents qui se fait en différents temps, depuis la naissance jusqu'à l'adolescence" (IV. 848 G. 61-63)- et le renvoi à DENTS "pour tout ce qui regarde

----

(252) Encyclopédie, T. IV : Avertissement des éditeurs, p. II

(253) Encyclopédie, T. V, p. 905 : Marque des auteurs : "M. DE VANDENESSE,
qui avait la lettre N, est mort ; et il ne se trouve plus rien de lui dans les
volumes suivants".

leur génération, leur structure, leur accroissement, leur maladie" (IV.848 G. 64-65), D'Aumont développe trois parties. La première (55 1) décrit le processus -les étapes- de la dentition ; la seconde (42 1.) est une symptomatologie des maux de la dentition débouchant sur l'énoncé des conditions du pronostic ; la troisième (44 1.) établit la thérapeutique de ces maux selon leur degré d'intensité, notre professeur concluant par dix-sept lignes concernant les maux de la dentition chez l'adulte. Nous retrouvons donc bien : 1) description, 2) diagnostic-pronostic, 3) curation, que nous avons trouvés à propos des maladies des enfants. La différence entre les deux articles réside dans l'absence à DENTITION d'un examen des causes des troubles qui se trouve à MALADIES DES ENFANTS après l'établissement du diagnostic et avant la thérapeutique. Mais il n'y en a pas besoin, la cause des maux de la dentition se confondant avec le processus, dans sa naturalité même. Les mêmes auteurs de référence. D'Aumont cite à DENTITION les mêmes auteurs qu'il cite à MALADIES DES ENFANTS : Harris (IV. 848 G. 67) ; Hoffmann (IV. 848 D. 64) ; Boerhaave (IV. 849 G. 48) cité conjointement avec Sydenham (ibid.), ce qui est normal, puisque le professeur de Leyde se référait toujours avec vénération au médecin de Westminster (254).   Dans les ouvrages -non cités explicitement- de chacun de ces auteurs -eux, nommés explicitement- notre professeur a puisé pour rédiger son article. Comme ces auteurs disent à peu près la même chose tant pour la description de la dentition que pour la symptomatologie des maux qu'elle crée et pour leur thérapeutique, on ne peut accuser notre encyclopédiste de les avoir copiés tels quels. Il s'est servi d'eux, en substance, médecin puisant en quelque sorte dans un acquis médical général qui comprend les ouvrages de ces auteurs mais aussi d'autres comme, par exemple, la Pratique de médecine spéciale d'Ettmuller (255). La seule chose, peut-être, que D'Aumont l'encyclopédiste ajoute à cet acquis concernant la dentition des enfants est une sorte de fonctionnalisme ou de déterminisme de la nature. Premier exemple de cela : la raison de la sortie des dents à partir seulement du septième mois environ. Pourquoi ne viennent-elles qu'à ce moment ? Parce qu'"elles ne sont nécessaires que pour concourir à l'élaboration des aliments solides, pour les disposer à

----

(254)   Au point, dit-on, d'ôter son chapeau chaque fois qu'il parlait de lui. cf. Dictionnaire des Sciences Médicales... (Bibliogr. n° 102),T.7, p. 290.
(255) Bibliogr. n° 29. Pour la dentition, cf. pp. 370-372.

la digestion; elles ne commencent par conséquent à paraître que dans le temps où les organes destinés à cette fonction ont acquis assez de force pour digérer des aliments qui ont plus de consistance que le lait" (IV. 848 G. 72 848 D. 4) dont "doivent d'abord être nourris" (IV. 848 G. 71) les enfants. Le deuxième exemple de ce fonctionnalisme de la nature se trouve à propos de l'explication de l'échelonnement de la sortie des dents : "la sage nature a établi qu'elles ne poussent pas toutes à la fois, pour éviter la trop vive douleur que causerait infailliblement la déchirure des gencives dans toute l'étendue des machoires, et les symptomes violents et mortels qui auraient pu s'ensuivre" (IV. 848 D. 15-19). Suit une description de la sortie des dents digne de Bernardin de Saint-Pierre : l'ordre de celle-ci est fonction de l'importance de leur surface d'attaque de la gencive. Ainsi les canines sortent les premières, parce que, par leur pointe, elles ne font qu'"écarter, pour ainsi dire, sans les déchirer" (IV. 848 D. 23), les fibres de la gencive ; les incisives suivent parce qu'elles "coupent et séparent la gencive avec plus de facilité que ne font les molaires" (IV. 848 D. 25-26) qui viennent les dernières, "à cause de la plus grande résistance causée par la plus grande étendue de surface à rompre dans la gencive" (IV. 848 D. 33-35). La notion de "sage nature" tient lieu de concept de maturation pour expliquer l'ordre physiologique. Notre médecin encyclopédiste participe bien des Lumières, c'est-à-dire de la substitution de la téléologie de la nature à la téléologie de Dieu. Et si des faits observés ne sont pas dans l'ordre, comme ceux que D'Aumont évoque au début et à la fin de l'article -comme s'il voulait qu'ils encadrent ses propos "naturalistes"-, ce ne sont qu'"écarts de la nature". "Ecart de la nature" (IV. 848 G. 70), ce fait observé par Harris (256) d'une "femme qui, dans toute sa vie, n'en avait jamais eu aucune [dent]" (IV. 848 G. 68-69). "Ecart de la nature" (IV. 849 G. 68) encore, ce fait observé par

----

(256) Tirée d'ou ? Elle ne figure pas dans le passage du Traité des maladies aigues des enfants (Bibliogr. n° 35), concernant "la sortie des dents diffi-cile qui arrive aux enfants" (pp. 114-116). Et nous ne l'avons pas repérée dans les dix observations qui suivent le Traité (pp. 185-289).

Tulpius (257) d'une dentition tardive chez un homme -un médecin- qui mourut
de la douleur causée par celle-ci. Tout cela donc n'est qu'exception à la
sagesse de la nature qui veut "que les dents sortent successivement dans
l'espace de deux années, dans l'ordre qui vient d'être décrit" (IV.848 D.37-39),
c'est-à-dire suivant l'importance croissante de la surface de contact avec la
gencive. Même pharmacopée, à peu près. Indirecte d'abord : la nourrice de
l'enfant qui met ses dents "doit observer un régime de vie rafraîchissant,
adoucissant (IV. 849 G. 57-58). Directe ensuite : l'enfant doit être traité
à l'aide des remèdes qui ont été énumérés dans la partie de ENFANTS (MALADIES
DES) concernant la thérapeutique de celles-ci, en particulier de l'épilepsie.
C'est ainsi que l'on retrouve : l'esprit de corne de cerf que D'Aumont recommande en se réclamant de Sydenham et de Boerhaave (IV. 849 G. 48) (258) ; la
poudre de Guttète comme antispasmodique (IV. 849 G. 44-45) (259). Sont préconisés également les absorbants déjà vus, "comme les coraux, les yeux

----

(257) Rapportée déjà par Hoffmann au tome V de la Médecine raisonnée (Bibliogr.
n° 38), p. 30 : "Tulpius rapporte à ce sujet une histoire fort remarquable.
Les dents de sagesse poussant avec douleur à un médecin avancé en âge, il vou-
lut faciliter leur sortie par un coup de lancette ; mais tout ne fit que changer
en pis car la douleur, loin de s'appaiser, devint plus cruelle, la fièvre, les
veilles et le délire se mirent de la partie ; et ce dernier accident fut si
violent qu'il fut obligé de courir jour et nuit, comme un furieux dans sa cham-
bre jusqu'à ce que la mort vint terminer sa peine". Encyclopédie, IV. 849 G. 61-
68 : "Tulpius, l. I. ch. XXXVI. fait mention d'une observation d'un vieux
médecin à qui il sortit deux dents avec des symptomes si violents, malgré
l'incision faite à la mâchoire, qu'après avoir souffert jusqu'à en devenir
furieux par l'extrême douleur, il mourut ; mais c'est là un exemple bien rare
qu'il faut ranger, comme il a été dit, parmi les écarts de la nature". Nicolas
Tulpius (1593-1674) est cet anatomiste hollandais qui contribua à la résistance
d'Amsterdam contre Louis XIV en 1672.

(258) SYDENHAM (Thomas).- Lettre touchant une nouvelle sorte de fièvre qui parut
en 1685 in : Médecine pratique (Bibliogr. n° 71), p. 533 n°2 : "L'esprit de
corne de cerf, quoiqu'un bon remède dans les convulsions qui viennent de la
dentition, ne réussit pas toujours, parce qu'elles peuvent avoir différentes
causes et demander par conséquent des remèdes différents, et par la même raison
il n'emporte pas toujours la fièvre". Sydenham a d'ailleurs donné son nom à un
apozème (décoction) adoucissant et astringent : la décoction blanche de Sydenham
qui est a base de corne de cerf calcinée et porphyrisée. (Codex de 1839, p.253).
BOERHAAVE.- Traité des maladies des enfants (Bibliogr. n° 13), p. 357 § 1378 :
"On donne avec succès une petite dose d'esprit de corne de cerf dans les
convulsions qui viennent de cette cause [la dentition]". Rappelons que la
corne de cerf est du phosohate de chaux.

(259) Codex de 1758 (Bibliogr. n° 19), p. LXXXIX : "Radix et semens [Poeroniae]
imgrediumtur pulverem de Guttetâ, Antispasmodicum" = La racine et la semence
de pivoine entrent dans la poudre de Guttete qui est antispasmodique.

d'écrevisses" (IV. 849 G. 45-46) (260), les anodins également déjà vu, "comme
le sirop de pavot blanc (261), l'huile d'amandes douces" (IV. 849 G. 47).
Chacun de ces remèdes est à administrer en cas de "convulsions opiniâtres"
(IV. 849 G. 43). Et lorsque, contre la constipation qui peut être une séquelle
d'une dentition difficile, D'Aumont préconise "de doux purgatifs" (IV. 849 G.
52) en ajoutant que "les forts sont très pernicieux dans cette matière" (IV.
849 G. 53), nous retrouvons la théorie de la thérapeutique douce déjà vue dans
le traitement des maladies des enfants en général. Tout cela est à administrer,
comme nous venons de le voir, en cas de dentition à séquelles difficiles.
Avant qu'elles n'apparaissent, la percée des dents peut être facilitée, écrit
notre médecin valentinois, par "une incision à la gencive sur la dent qui
pousse, ou avec le bord de l'ongle ou avec un bistouri" (IV. 849 G. 38-39),
"ce qui, poursuit l'encyclopédiste, en faisant cesser le tiraillement des
fibres nerveuses, fait souvent cesser, presque sur le champ, tous les différents symptomes" (IV. 849 G. 40-42). Ce qui montre que la théorie de la dentition et des douleurs de celle-ci se rattache à la physiologie de la fibre qui
se trouve encore à l'oeuvre quand, pour le stade précédant celui pour lequel
l'incision est nécessaire, D'Aumont prescrit "le hochet qu'il [l'enfant] puisse
porter à la bouche pour le machoter, le presser entre les deux mâchoires ;
ce qui comprime la substance des gencives et tend à rendre plus aisé le déchi-
rement de ses fibres" (IV. 849 G. 20-24). A la prescription d'une action mécanique sur "la fibre", le professeur de Valence ajoute d'autres empruntées à
Ettmuller et qui ont toutes pour fin de "ramollir" (IV. 849 G. 25) la substance
des gencives. Ce sont : "le mucilage de psyllium, la pulpe de la racine
d'Althea, la moëlle de veau, le cerveau de lièvre" (IV. 849 G. 26-27) (262).
Toutes ces substances ont une vertu émolliente. En effet, le psyllium ou herbe
----

(260) Id., p. LXXXVI : "Oculi cancrorum ingredinutur pulverem et chelis, pulverem absorbantem".

(261) Id., p. XC : "balsamum hypnoticum". Codex de 1839-1841, p. 171 : "C'est
surtout chez les enfants qu'on s'en sert beaucoup".

(262) ETTMULLER (Michel).- Ouvr. cité (Bibliogr. n° 29), p. 372 : "La cervelle
de lièvre est de la dernière efficacité pour faire percer les dents ; on peut
prendre en sa place la cervelle d'agneau ou de chevreau ; on en diminue la force
en la faisant cuire avec du miel ; on s'en sert en forme de liniment ; on fait
des fomentations extérieures aux machoires avec de l'huile de camomille, de
l'huile de lys blanc, de l'onguent d'althea avec des décoctions et des cata-
plasmes ramollissants et résolutifs".

aux puces (263) permet de faire un mucilage (264) tandis que la pulpe de racine
de guimauve (Althaea) permet de faire un onguent (265), mucilage et onguent
étant par nature des compositions épaisissantes favorisant un certain relâchement des fibres, pour parler comme D'Aumont (266). Quant à la moëlle du
veau et au cerveau de lièvre, elles servent de base à des pommades qui ont
les mêmes vertus émollientes et adoucissantes que les compositions précédentes.
Tels sont les remèdes prescrits pour les douleurs de la dentition, dans l'ordre
décroissant de leur importance. Comme l'ensemble de DENTITION, ils sont dans
la suite logique de ENFANTS (MALADIES DES).

EPILEPSIE

Cet article s'étend sur huit   colonnes et demie, soit quatre
pages un quart,   et comprend deux rubriques : "EPILEPSIE (Médecine)" et
"EPILEPSIE (Manege, Marechall[erie])". C'est évidemment la première qui est
la plus longue -sept   colonnes et demie- et la seule qui nous intéresse.
Elle est signée de D'Aumont qui l'a construite suivant le plan déjà vu. A
savoir : définition générale de l'affection (7 l.) ; inventaire de ses différentes modalités (58 l.) ; examen de ses causes (86 l., soit un peu plus d'une
colonne) ; description de ses divers symptomes (un peu plus d'une colonne et
demie) débouchant sur l'énoncé d'un pronostic (un peu moins d'une colonne :
65 l.) ; thérapeutique (la partie la plus longue : 3 colonnes). Il va de soi
que nous n'allons examiner dans chacune de ces parties que ce qui concerne
l'épilepsie chez les enfants. Au long de ces parties, notre encyclopédiste
cite les noms de ses sources, parmi lesquels il convient d'en retenir deux,
comme étant les plus importants : Sennert (1572-1637) et, encore une fois,
Boerhaave. C'est de Sennert, plus particulièrement du chapitre 31,

----

(263) Codex de 1758, p. XCVI.

(264) "Sous le nom de mucilages on comprend des médicaments liquides qui coulent lentement, et qui doivent leur consistance à la gomme ou à d'autres principes analogues tenus en dissolution ou rarement en suspension dans l'eau".
Codex de 1839, p. 263.

(265) Codex de 1758, p. VII.

(266) D'où la remarque d'ETTMULLER.- Ouvr. cité, Ibid. : "On doit prendre garde
de ne pas trop mettre des ramollissants ci-dessus, des mucilages et des graisses
trop abondamment dans la bouche de l'enfant pendant la diarrhée ; car, quoi
que cette pratique convienne aux dents, il est à craindre que la diarrhée ne
s'en augmente trop, l'enfant avalant successivement ces laxatifs.

"De Epilepsia", de la deuxième partie du livre I de la Medicina practica (267)
qu'est inspiré le premier point de l'inventaire des différentes modalités de
l'épilepsie, juste après la définition générale, elle-même d'ailleurs empruntée à ce même Sennert (268). En effet le premier paragraphe de ce chapître 31
est consacré à l'énumération des différents noms de l'épilepsie chez les grecs
et les romains -énumération que D'Aumont n'a fait que reprendre partiellement.
Ainsi a-t-il repris la référence à Hippocrate donnant à l'épilepsie le nom
de "morbus puerilis", "parce que les enfants sont très susceptibles d'être
attaqués de cette maladie" (V. 794 D. 69-70) (269). C'est de Boerhaave que
notre médecin valentinois a tiré son exposition des cinq grandes causes de
l'épilepsie et, en particulier, de la seconde qui touche directement les
enfants. L'Aphorisme 1075 distingue en effet six causes d'épilepsie (270) :
l'hérédité, le choc éprouvé par la mère enceinte à la vue d'un épileptique,
les affections en tout genre au cerveau, les atteintes au système nerveux, la
rétention de substances devant habituellement être évacuées (menstrues, pus,
urine), enfin, une vapeur atteignant le cerveau (271). De ces six causes,

----

(267) Bibliogr. n°70, pp. 724-794.

(268) Encyclopédie, V. 794 D. 34-40 : "EPILEPSIE, s.f. (Médecine) est une
espèce de maladie convulsive qui affecte toutes les parties du corps ou quelques unes en particulier, par accès périodique ou irréguliers pendant lesquels
le malade éprouve la privation ou une diminution notable de l'exercice de tous
ses sens et des mouvements volontaires". SENNERT (Daniel).- Ouvr. cité, p. 725:
"Est autem epilepsia actionum principum sensusque et motus voluntarii ablatio
et cessatio [..]".

(269) SENNERT (Daniel).- Ouvr. cité, p. 724 : "Hippocr. de Aere, aqua et locis,
quod pueris familiaris sit". HIPPOCRATE.-Oeuvres complètes (Bibliogr. n° 37),
T. II, p. 19 : "[..] le mal des enfants, c'est-à-dire l'épilepsie".

(270) BOERHAAVE (Hermann).- Aphorismi de cognoscendis... (Bibliogr. n° 11 ter),
p. 200.

(271) Ibid., p. 201 : "6. Fumis nonnullis paroxysmum integrantibus, fomite
alicubi haerente, unde sensu elevatae aurae adscendem cerebrum petit". Ce qui
est devenu sous la plume de D'Aumont : "... certaine vapeur dont le foyer a
ordinairement son siège dans quelque partie des extrémités du corps d'où elle
semble s'élever au commencement de l'accès, en excitant le sentiment d'une
espèce d'air ou vapeur qui monte vers les parties supérieures jusqu'à ce qu'il
soit parvenu au cerveau ; ce qui est souvent l'effet d'un nerf comprimé par
quelque cicatrice ou quelque tumeur, comme un skirrhe, un ganglion" (V. 795
G. 69 795 D. 3). La traduction n'est pas très littérale mais elle permet au
moins de comprendre "cette excitation vers le haut d'un air qui s'élève dans
n'importe quel sens pour chercher à atteindre le cerveau, excitation provoquée
par des vapeurs renouvelées par un foyer fixé en un endroit quelconque".

l'encyclopédiste n'a pas repris l'ordre, mettant en dernier -en cinquièmement-
les deux premières -l'hérédité et le choc éprouvé par la mère enceinte à la
vue d'un épileptique- regroupées en une seule, donnant en premier la troisième
de Boerhaave - les affections au cerveau, et plaçant en second la quatrième
du même Boerhaave : les atteintes au système nerveux qui concernent particulièrement les enfants. Le lecteur retrouve alors le schéma général d'explication des maladies des enfants par l'excitation du "genre nerveux" qui prédo-
mine chez eux. Pour l'explication de cette excitation, le lecteur retrouve
également un ensemble de phénomènes déjà vus : "les vers, les humeurs acres
ramassées dans les boyaux, la qualité acre-acide du lait , sa coagulation, le
méconium, la dentition difficile, le levain de la petite-vérole" (V. 795 G.52-
56) (272). L'acidité du lait et les vers se retrouvent encore comme explication de l'épilepsie sympathique que D'Aumont distingue de l'épilepsie idiopathique (273), lors de son analyse symptomatologique. Toute celle-ci vient
aussi de Sennert et plus particulièrement des passages de De Epilepsia (274)
où il donne les "signa diagnostica" de chaque type d'épilepsie suivant sa
cause. Ainsi, dans sa description des signes diagnostiques de l'"epilepsia
per consensum ventriculi", c'est-à-dire de l'epilepsie en communication avec
l'estomac (275), le médecin de Wittenberg écrit : "Et ce sont surtout les
enfants qui sont souvent atteints de l'épilepsie due à cette cause ; lorsque
le lait est corrompu dans l'estomac ou lorsqu'ils sont nourris d'un lait gâté,

----

(272) Ibid. pp. 200-201 : "[4. Omnes violentae affectiones generis nervosi, ut
sunt magni et periodici dolores, passio hysterica], erosiones et initationes à
lumbricis, dentitione, acri humore, lacte caseoso, acri, acido infantum, meco-
nio, contagio variolarum, [cardiogmo, ulcerosa materie alicubi hospitante, media,
crapula, acribus potulentis, esculentis, medicamentis, venerris]

(273) Encyclopédie, V. 795 G. 2-8 : "... la maladie peut être idiopathique,
c'est-à-dire que la cause réside dans la tête et affecte le cerveau immédiatement ; ou sympathique, dont la cause existe dans toute autre partie que le
cerveau et ne l'affecte que par communication, comme dans l'estomac, la matrice
ou dans toute autre partie du corps".

(274) cf. note 267 .

(275) SENNERT.- Ouvr. cité, p. 763.

alors, on constate des douleurs de ventre, tandis qu'apparaissent des excréments de couleur safran ou vert-de-gris" (276). Et l'épilepsie sympathique
est moins grave que l'idiopathique, ne serait-ce que "parce qu'il précède
ordinairement quelques signes qui [l']annoncent" (V. 796 G. 40-41) (277). Et
de toutes façons, lorsque "la cause de l'épilepsie a son siège dans l'estomac,
on aperçoit les signes qui annoncent la lésion de ce viscère, tels que le
défaut d'appétit, les digestions imparfaites, les rots" (V. 796 G. 54-57) (278).
Pour ce qui est de l'épilepsie due aux vers, D'Aumont ne reprend pas Sennert
(279) et se contente de renvoyer à l'article VERS. Ce qu'il fait aussi pour
l'épilepsie dont le siège de la cause est la matrice ; il renvoie à MATRICE.
Si, comme nous venons de le voir par les textes, la partie symptomatologique
d'EPILEPSIE vient principalement de Sennert, ce qui concerne son pronostic
vient pour partie de lui, pour partie d'Hippocrate. Au vrai, ce travail
d'attribution précise ne peut être mené rigoureusement à bien dans la mesure
où Sennert, comme les autres grands auteurs cités par D'Aumont : Boerhaave,
Hoffmann, cite un grand nombre d'auteurs -dont Hippocrate- qui font partie
du fonds de leur culture médicale. Ainsi Sennert écrit : "L'épilepsie qui
survient avant la puberté est guérissable ; celle qui survient après 25 ans
dure généralement jusqu'à la mort" (280), ajoutant explicitement sa source :

----

(276) Ibid.: "Et imprimis infantes saepe hac de causa epilepsia corripiuntur ;
cum lac ipsis in ventriculo corrumpitur, aut cum vitioso nutricis lacte nu-
triuntur. Et tum animadvertuntur ventris tormina, fecesque alui croceae aut
aerugini non absimiles apparent.
Encyclopédie, V. 796 G. 49-53 : "Lorsque la corruption du lait dans l'estomac
des enfants donne lieu à l'épilepsie, ils éprouvent auparavant des douleurs
d'entrailles et ils rendent des matières fécales saffranées et quelquefois
ressemblantes au vert-de-gris".

(277) Ibid. : "Aegri quoque morbi accessionem sentiunt, atque in epilepsiam
incidunt..." = "Les malades sentent monter l'accès du mal et tombent en
épilepsie...".

(278) Ibid.: "... dejectus appetitus, concoctionis debilitas, ructus et alia
ventriculi affecti signa adsunt" = "... la diminution de l'appétit, la difficulté à digérer, des rots sont autant de signes d'un estomac atteint".

(279) Id., p. 764 : "De epilepsia a vermibus". Id. p. 765 pour "De epilepsia
ab utero.

(280) Id., p. 729 : "Epilepsia ante pubertam eveniens, curabilis ; post annum
V. 25 fere usque ad mortem durat. 5 Aphor. 7".

l'aphorisme 7 de la 5e section des Aphorismes d'Hippocrate (281). Et D'Aumont
répète : "Selon Hippocrate, l'épilepsie qui survient avant l'âge de puberté
peut être guérie ; celle qui attaque après l'âge de vingt-cinq ne cesse guère
qu'avec la vie de produire ses effets" (V. 796 D. 29-32), donnant ainsi sa
source mais non la référence précise. Six lignes plus loin, il ajoute en
mettant des guillemets : "Les jeunes personnes attaquées de cette maladie en
sont guéries par le changement d'air, de résidence et de régime", dit encore
le père de la médecine" (V. 796 D. 35-38). Ce qui est à "air" près, l'aphorisme 45 de la 2e section (282), que Sennert cite à De Epilepsia (283). Le
remplacement d'"âge", par "air" fait que l'Encyclopédiste est obligé de reprendre le thème de la guérison de l'épilepsie par l'âge : "Rien ne dispose tant
les enfants qui en sont atteints à en guérir que d'avancer en âge, car les
garçons s'en délivrent par le coït et les filles par l'éruption des règles"
(V. 796 D. 49-52) (284). Tout cela concerne plus l'épilepsie non héréditaire
que l'héréditaire qui "est presque toujours incurable" (V. 796 D. 27) (285),
et plus la sympathique que l'idiopathique   qui "est toujours plus dangereuse et plus difficile à guérir" (V. 796 D. 59-60) que la précédente. La
dernière remarque concernant le pronostic de l'épilepsie infantile découle de
tout ce qui précède et est formulée ainsi : "Les enfants qui sont sujets à
l'épilepsie dès leur naissance sont plus en danger d'en périr, à proportion
qu'ils sont moins avancés en âge" (V. 796 D. 40-42) (286).

----

(281) HIPPOCRATE.- Oeuvres Complètes (Bibliogr. n° 37), T. IV, p. 535 :
"L'épilepsie qui survient avant la puberté est susceptible de guérison ; mais
celle qui survient à vingt-cinq ans ne finit ordinairement qu'avec la vie".

(282) Id., p. 483 : "Chez les jeunes gens épileptiques, la guérison s'opère
par les changements surtout d'âge, de lieu et de genre de vie".

(283) SENNERT.- Ouvr. cité, p. 729 : "Epilepsia laborantes juniores cum
aetatis mutatio tum loci et victus liberat, 2 Aphor. 25". En fait, c'est bien
l'aphorisme 45.

(284) Ibid.: "Sed et epilepsia quae cum aetatis flore evanescit..."

(285) Id., p. 728 : "Epilepsia haereditaria vel omnino numquam vel rarissime
curatur..."

(286) Id., p. 729 : "Infantes admodum parui, et mox post nativitatem epilepsia
correpti, raro evadunt" : "Il a toujours été patent que les enfants atteints
d'épilepsie juste après la naissance en réchappent rarement".

Le pronostic de l'épilepsie étant énoncé, après les causes et la symptomatologie, la thérapeutique peut être édictée. Comme nous l'avons déjà noté, c'est la partie la plus longue de l'article, ce qui prouve, une fois encore, le souci d'utilité pratique de l'Encyclopédie - souci qui s'incarne dans une volonté de précision et de détails, voire de nuances, que nous avons déjà perçue à ENFANTS (MALADIES DES). "Il est facile de conclure, écrit D'Aumont, de tout ce qui vient d'être dit de l'épilepsie, des différentes causes qui peuvent l'établir, de celles qui en déterminent les effets des diverses parties du corps où peut être fixé le siège du mal, que l'on ne peut pas proposer une méthode générale pour le traitement de cette maladie" (V. 796 D. 73 - 797 G. 4). Suivent huit lignes de précautions, de différenciations et de spécifications à prendre, à faire et à compter dans le traitement de l'épilepsie. Ensuite et après avoir indiqué les mesures à prendre au moment de la crise (étendre le malade et surtout le laisser tranquille), le professeur de Valence propose toute une panoplie de remèdes, depuis la saignée et le régime jusqu'aux médicaments choisis en fonction du caractère -idiopathique ou sympathique- et donc de la cause du mal. C'est au cours de cette longue énumération des remèdes spécifiques aux différents types d'épilepsie qu'apparaissent les lignes suivantes, concernant la thérapeutique de celle-ci chez les enfants, que nous avons retenues pour être notre texte 8 comme étant en quelque sorte la somme de la pensée de D'Aumont en matière de médecine pédiatrique.

TEXTE 8 : ÉQUILIBRE DES SOLIDES ET DES FLUIDES ET EPILEPSIE
INFANTILE

" Pour ce qui est des médicaments, ils doivent être choisis de nature à combattre le vice dominant des solides ou des fluides. Si les premiers pêchent par trop de rigidité, de sécheresse, on doit employer les relâchants, les humectants intérieurement, extérieurement, tels que les tisanes appropriées, les eaux minérales froides, les lavements, les bains tièdes. S'ils pêchent par trop de tension, d'érélisme, comme dans les douleurs quelconques, on doit faire usage des anodins, des narcotiques, des antispasmodiques, et travailler ensuite à emporter la cause connue ; si elle dépend des acres irritants, comme des matières pourries, des vers dans les premières voies, ce qui a presque toujours lieu dans les enfants épileptiques, les vomitifs, les purgatifs, les amers, les mercuriels, les authelminthiques sont les moyens que l'on doit employer pour la détruire".

(V. 797 D. 35-51) (287)

----

(287) BOERHAAVE.- Aphorismi (Bibliogr. n° 11 ter), p. 202 : Aphorisme 1075 :
"... hinc anodyna, paregorica, narcotica : antihysterica ; authelmintica ;
demulcentia et corrigentia acrium".

Dans notre corpus et dans lui seulement, EPILEPSIE est le dernier
article signé, donc officiellement reconnu, de D'Aumont, avant la cessation de
sa participation avouée à partir du tome VIII (288). Telle est la raison pour
laquelle nous considérons les lignes de notre texte 8 comme un échantillon
particulièrement représentatif de la pensée avouée de l'encyclopédiste valentinois en matière de médecine pédiatrique. Qu'y trouvons-nous en effet ? Une
physiologie de l'équilibre mécanique des solides et des fluides ; une étiologie de la rupture de cet équilibre par la prédominance de l'acide née de la
corruption des matières alimentaires ; une thérapeutique à la fois traditionnelle par la dureté de ses évacuants et de son mercure (289) et nouvelle par
la douceur de ses "humectants" émollients et justement adoucissants, les deux
concourrant à évacuer les acides et à rétablir l'équilibre mécanique solides-
fluides. L'usage des "anodins, narcotiques et antispasmodiques" n'étant en
quelque sorte que local, calmant et non curatif. A quoi renvoie tout cela
sinon à un mélange -compromis ou simple juxtaposition ?- d'iatromécanique et
d'iatrochimie, mélange tout à fait dans la lignée de Boerhaave et de son
"compromis mécanico-chimico-humoral" (290), le tout dans le langage de l'énergétique solides-fluides chère à Hoffmann (291). Ainsi notre encyclopédiste
fait bien son travail de présentateur de l'acquis médical de la première
moitié du XVIIIe siècle puisqu'il puise dans l'enseignement des grandes écoles
de la fin du XVIIe et du début du XVIIIe siècles : celles de Leyde et de Halle,
mais aussi celle de Londres avec Sydenham et Harris largement utilisés, tout
en recourant à l'apport de grands médecins antérieurs, toujours allemands
(Sennert, Ettmuller) mais jamais parisiens. Par parti-pris de montpellierain

----

(288) Car, d'après POIDEBARD (Bibliogr. n° 150), p. 9, la collaboration à
l'Encyclopédie du professeur de Valence a continué pour tous les volumes qui,
officiellement (= d'après la page de titre), ont été publiés en 1765 à
Neuchâtel -en fait, à Paris- : les tomes VIII à XVII inclus.

(289) Mais d'un traditionalisme nuancé, pourraît-on-dire, puisque dans les
évacuents ne figure pas la saignée que Sydenham par exemple (Médecine pratique,
p. 182) n'hésite pas à recommander pour les enfants convulsifs.

(290) L'expression est de DELAUNAY (Paul).- La vie médicale... (Bibliogr. n° 97),
p. 500.

(291) Id., p. 501.

ou parce que l'école de Paris n'a pas le rayonnement des trois autres déjà citées ? Peu importe ; ce qui compte, c'est que l'Encyclopédie assume ce parti-pris ou cette sanction, pour la plus grande gloire de la médecine savante qui semble bien être le but de ce dictionnaire ou du moins de ses auteurs médicaux. En effet, de même que de Vandenesse concluait CARDIALGIE par une sortie contre la médecine populaire, de même D'Aumont termine EPILEPSIE par une attaque contre "les charlatans qui disent donner de tels [médicaments assurés contre l'épilepsie], sans craindre la honte de manquer de succès..." (V. 798 G. 70-73). Ce que l'on retrouve derrière cette attaque, c'est ce qui motivait déjà la sortie de De Vandenesse dontre la médecine populaire : le refus du médicament universel, valable pour toutes les maladies ou absolument valable pour une seule ; la volonté de spécification dans la thérapeutique correspondant à la proclamation -non encore suivie de son effet : une nosologie rigoureuse- de la différenciation des maladies.

Nous conclurons l'examen de cet article par le constat de la carence suivante : jamais, dans l'analyse des causes de l'épilepsie, en parti-culier des causes de celle dont "la cause réside dans la tête et affecte le cerveau immédiatement"(V. 795 G. 3-4), l'épilepsie idiopathique, D'Aumont ne met en cause l'obstétrique de l'époque et tout ce qu'elle pouvait faire subir au crane de l'enfant en train de naître. Et pourtant notre encyclopédiste ne se prive pas de mettre en cause "les lésions du cerveau [...] par commotion, contu-sion, blessure [...], par enfoncement de quelques unes de ses parties [...]" (292) Et ces trois-là et celui-ci, a-t-on envie de questionner, par quoi sont-elles

----

(292) Cette première cause de l'épilepsie est la troisième de BOERHAAVE.- Aphorismi... (Bibliogr. n° 11ter) p. 200, Aphorisme 1075 : "Cerebrum in integu-mentis suis, superficie, substantia, Ventriculis male affectum, per vulnera, contusiones, abscessus, pus, saniem, ichorem, sanguinem, lympham acrem, foetidam, excrescentias osseas cranii interni, intropressiones ejus, cartilagineam sinnum venosorum naturam fragmenta, spmasve ossium, vel instrumentorum laeden-tium meningas, cerebrumve, argentum vivum ad cerebrum quacumque via delatum". = Encyclopédie, V. 795 G. 26-37 : "les lésions du cerveau dans ses enveloppes, sa surface, sa substance, ses cavités, par commotion, contusion, blessure, par abcès, effusion ou épanchement de sang, de sanie, de pus, d'ichorosité, de lymphe acrimonieuse, par quelque excroissance osseuse de la surface interne du crâne, par enfoncement de quelques unes de ses parties, par quelque fragment ou quelque esquille d'os ou quelque corps dur étranger qui blesse les méninges ou la substance de ce viscère ; par un amas de globules mercuriels qui soient portés, par quelque voie que ce soit, dans ses vaisseaux ou ses cavités".

provoquées ? Ni Boerhaave ni notre professeur de Valence ne le disent. Non
pas, sans doute, qu'ils ne connaissent pas de nombreux effets de l'art ou,
plutôt, de l'absence d'art des sage-femmes, mais ils livrent un donné, en
l'occurence les résultats de celle-ci. Leur silence n'est qu'une reconnaissance
du réel. De mères mal accouchées des enfants continueront à naître et à
grandir épileptiques.

MARASME

Pour notre corpus cet article marque notre entrée dans les tomes
d'après les mesures de 1758-1759 condamnant l'Encyclopédie. Aussi les articles
sont-ils souvent moins structurés -effet du ciseau de Le Breton- et rarement
signés. C'est ainsi que MARASME (Tome X, 1765) n'est pas signé, qui est enca-
dré de deux articles -MARASA et MARATHESIUM- de de Jaucourt. Est-ce à dire
qu'il est aussi du chevalier médecin ? D'après la règle fixée au tome I et que
nous avons vue plusieurs fois, la réponse devrait être positive. D'après le
contexte de l'ensemble des tomes parus en 1765, la réponse serait plutôt négative. En effet, pour tous ceux-ci, l'homme a tout faire de l'Encyclopédie a
signé ses articles du "D.J." habituel ; si donc MARASME était de lui, il
l'aurait signé, comme il a signé presque tous les articles qui l'encadrent aux
pages 67 et 69 de ce tome X. Or il n'est pas signé ; donc, il n'est pas de
lui... à moins qu'il n'ait pas voulu l'avouer ; mais il n'y a pas de raison,
le marasme n'étant pas un sujet qu'il serait plus prudent de traiter anonyme-
ment. Reste donc deux hypothèses ou, plutôt, trois : Diderot, D'Aumont ou un
troisième. Diderot, parce qu'il fait, à l'aide de de Jaucourt, son travail
d'éditeur ; D'Aumont, parce qu'il a continué, après 1757, à collaborer anonyme-
ment à l'Encyclopédie (293), un troisième, parce que, si ce n'est ni de Jaucourt
ni Diderot ni D'Aumont qui est l'auteur de MARASME, il faut bien qu'il y en
ait un ! Remarquons que, tout cela étant dit, nous ne sommes guère plus avancé
pour mettre un nom à la fin de cet article, d'autant qu'il se présente une
dernière hypothèse qui est loin d'être la moins invraisemblable, celle de
Diderot rédigeant celui-ci à partir d'un manuscrit de D'Aumont (294). Pourquoi
pas, quand on regarde de près ledit article ?

----

(293) POIDEBARD.- Ouvr. cité, p. 9.
(294) Id., p. 10

S'étendant sur près de quatre   colonnes (un peu moins de
2 pages) il peut être ordonné suivant le plan déjà rencontré : définition
(6 lignes) ; description symptomatologique (49 lignes) ; causes des deux types
de marasmes par confrontation de l'observation clinique et de l'observation
anatomique (presque 2 colonnes) ; pronostic (26 lignes) ; thérapeutique (49
lignes) ; soit les trois grandes parties -description, causes, curation-
que nous avons rencontrées à ENFANTS (MALADIES DES) à DENTITION ou à EPILEPSIE,
l'examen du pronostic venant toujours en transition de la seconde -sur les
causes- à la troisième partie sur la curation. Nous retrouvons donc le plan
cher à D'Aumont qui, après tout, est le plan classique d'exposition en médecine : celui d'un Sennert par exemple. L'autre constatation que nous pouvons
faire à propos de MARASME est qu'il est, plus que les précédents que nous
venons de citer, un article de compilation ; je veux dire par là que c'est une
juxtaposition d'observations dont l'accumulation laisse le lecteur quelque peu
abasourdi. Certes, la multiplication des données a vertu de barrage à l'objection ; mais n'a-t-elle pas surtout fonction d'étalage de connaissances. Quoi
qu'il en soit, l'article n'est pas riche sur le marasme chez les enfants. Dans
la description symptomatologique, rien qui le concerne particulièrement. Il
est vrai que les signes permettant de le diagnostiquer chez les enfants ne se
distinguent pas de ceux de marasme chez les adultes ; il reste toujours "un
dessèchement général et un amaigrissement extrême de tout le corps"(X. 67 D.
29-30). Suit la description de toutes les parties du corps de "ces squelettes
vivants" (X. 68 G. 1) que sont les individus atteints de marasme, qu'il soit
froid ou chaud. Si le premier est "propre aux vieillards [et] est une suite
assez ordinaire de la vieillesse" (X. 68 G. 7-8), le second -"ordinairement
accompagné d'une fièvre lente, hectique, avec ces redoublements sur le soir,
sueurs excessives, cours de ventre colliquatif, chaleur âcre dans la paume
de la main" (X. 68 G. 12-15)- est celui qui atteint les enfants. Cause immé-
diate de de dessèchement : "évidemment la non-nutrition, $\alpha-\tau\rho o\varphi\iota\alpha$ " (X.68
G. 19) (d'où le fait que MARASME est un renvoi d'ATROPHIE) ; mais ce n'est
que la cause immédiate. Or les cent-seize lignes d'examen des causes du
marasme ne portent pas sur celle-ci qui est vite énoncée mais sur les causes
médiates, c'est-à-dire sur les causes de cette cause immédiate du marasme
qu'est l'atrophie. En effet l'encyclopédiste passe en revue tout ce qui peut

troubler et/ou empêcher le processus de la nutrition. Cela va "des abstinences trop longues" (X. 68 G. 30) aux défauts dans les vaisseaux en passant par "le vice des sucs digestifs"(X. 68 G. 32), "le défaut de la bile" (X. 68 G. 46) l'obstruction des différents organes concourant à la digestion et à l'assimilation, la modification des tissus de ceux-ci par diverses "maladies aiguës, inflammatoires" (X. 68 G. 58), comme les fièvres lentes ou la phtisie, et enfin la trop grande dépense de sperme (295). Ainsi sont confondues l'anorexie, en particulier l'anorexie mentale, et les diverses cachexies endo-gènes et exogènes. L'enfant peut être atteint de toutes ces affections -si tant est que l'on puisse parler d'affection pour l'abstinence qu'un enfant ne peut que subir- et par conséquent peut tomber en marasme. Cependant, dans son deuxième point de l'analyse des causes de celui-ci qui apporte "les observa-tions anatomiques [qui] confirment et eclaircissent l'action [desdites] causes" (X. 68 D. 9-10), l'auteur ne donne qu'un fait se rapportant à un enfant. Il l'a emprunté à l'anatomiste hollandais du milieu du XVIIe siècle Fontanus ou Fonteyn. Assurément, mais de quelle manière ? Car le texte de l'Encyclopédie est : "Fontanus (respons. et curat. lib. I) trouva dans un enfant le foie prodigieusement gros et ulcéré, la rate naturelle, l'épiploon manquant tout à fait" (X. 68 D. 13-16), alors que l'anatomiste d'Amsterdam parle non seulement d'epiploon "manquant ou à peine visible" mais aussi , mais surtout, pourrait-on

----

(295) Encyclopédie, X. 68 G. 67-68 D. 2 :   "Mais il n'y a point d'évacuation qui devenant immodérée soit plus promptement suivie du marasme que celle de la semence ; comme ce sont les mêmes parties qui constituent cette liqueur pro-lifique et qui servent à la nutrition, il n'est pas étonnant que les personnes qui se livrent avec trop d'ardeur aux plaisirs de l'amour et qui dépensent beaucoup de semence, maigrissent d'abord, se dessèchent, tombent dans le marasme et dans cette espèce de consomption connue sous le nom de tabes dorsa-lis". Bien sûr, tout est dans le contenu que l'on donne à "immodéré" et à "trop d'ardeur", mais ce texte montre cependant que même l'Encyclopédie partage cette peur de l'épanchement du sperme qui règnera tout au long du XIXe et au début du XXe siècles et qui aidera grandement à la police sexuelle des adoles-cents et... des autres. Ne vous masturbez pas ni ne faites trop l'amour sinon vous deviendrez phtisique (pour "cachectique") !!!

dire, de "poumons manquant" (296) ; ce qui explique sans doute la cachexie
mortelle tout autant que le foie un peu gros avec abcès purulent ou l'absence
d'epiploon. Même si ce jeune enfant avait à la place des poumons un organe
en tenant lieu et donc empêchant l'étouffement, son alimentation en oxygène
devait être assez carencée ; la consomption profonde ne pouvait dont que suivre. On aurait donc affaire à une cachexie par malformation pulmonaire. Mais
il se peut également que l'on ait affaire à une cachexie par cancer du foie,
l'hépatomégalie pouvant être un signe de celui-ci.

On voit ainsi que le marasme ne pouvant être qu'une séquelle
d'une maladie grave, a un pronostic très défavorable ; ce dont l'encyclopédiste
est très conscient, puisqu'il écrit que "lorsque le marasme est bien décidé,
il est ordinairement incurable " (X. 68 D. 63-64). Dans ces conditions, les
enfants sont doublement victimes : d'abord, parce que "cette maladie est plus
fréquente et beaucoup plus mortelle chez [eux] que chez les adultes, parce
qu'ils ont besoin plus fréquemment de nourriture" (X. 68 D. 71-73) ; ensuite,
parce que, plus atteints, ils ont peu de chances d'être guéris. Après de telles
considérations, toute la partie concernant la thérapeutique du marasme ne peut
être que pessimiste -"Il est rare qu'on puisse donner des remèdes avec succès
dans le marasme parfait" (X. 69 G. 13-14)- ou hypothétique -"Dans des maladies
aussi désespérées, on peut sans crainte essayer toutes sortes de remèdes"
(X. 69 G. 30-31)-. Cette dernière notation permet à l'auteur de MARASME de
----

(296) FONTEYN (Nicolas).- Responsionum et curationum... (Bibliogr. n° 30),
p. 55 : "Quatuor annorum puer marasmo extructus obiit. Animi causa à me secatur
cadaver, cujus hepar dum inspicerem erat supra modum magnum, habebat abscessum
prope venam cavam, circa partem gibbosam pure circumquaque obductam, lienem
boni coloris et integrum ; omentum nullum, aut vix conspicuum ; pulmones,
mirum dictu, nullos, quorum loco erat vesicula membranoso statu repleta, venulis
exiguis munita, originem sumens ab ipsa aspera arteria ; quae refrigerium
adferre videbatur cordi".
= "Un enfant de quatre ans mourut consumé de marasme. Je dissèque le cadavre
pour en connaître la cause. Il avait le foie, à y regarder de près, plus gros
que la normale, avec un abcès près de la veine cave, autour d'une tumeur
recouverte de pus tout à l'entour, la rate en bon état et d'une belle couleur,
l'épiploon manquant ou à peine visible ; chose étonnante, il n'avait pas de
poumons mais à leur place une poche avec des membranes entre lesquelles se
trouvait de l'air, garnie de toutes petites veines - poche prenant son attache
à la trachée artère et apportant, semble-t-il, l'air frais au coeur".

conclure son article par une sortie -très "éclairée"-contre la routine qui
empêche justement les audaces thérapeutiques (297). Ainsi la curation du
marasme des enfants relève de l'essai, et encore faut-il que le mal ne soit
pas trop avancé : "lorsqu'on soupçonne qu'il dépend de l'obstruction des
glandes mésentériques, on peut essayer quelque léger apéritif stomachique :
les savonneux ont quelquefois réussi chez les enfants dans les premiers degrés
de marasme, de même que la rhubarbe, les martiaux pour ceux qui sont sevrés,
les frictions sur le bas-ventre" (X. 69 G. 17- 23). "On peut essayer",
"quelquefois", "dans les premiers degrés du marasme", autant d'expressions qui
confirment le caractère peu sûr d'elle-même de cette thérapeutique où l'on
retrouve des évacuants et des toniques. Toniques, mais plutôt astringents les
martiaux, c'est-à-dire les substances à base de fer ou d'oxyde de fer qui
"conviennent particulièrement aux individus épuisés par de longues maladies
ou par des évacuations excessives" (298). Tonique, mais aussi purgative notre
vieille connaissance pharmaceutique : la rhubarbe. Résolutives et excitantes
du système lymphatique les substances savonneuses, c'est-à-dire composées
d'acide, de base et de glycérine. Comme le montre bien l'exemple des martiaux
qui redonnent du tonus à un malade épuisé par un mal déjà passé, tous ces
remèdes s'attaquent plus aux séquelles du mal qu'au mal lui-même ; ils sont
à l'image du marasme lui-même qui est, comme nous l'avons vu, une suite de
quelque autre affection plus grave : maladie pulmonaire ou maladie du foie.
Ce que pressent l'encyclopédiste en les déclarant valides pour "les premiers
degrés du marasme", c'est-à-dire pour un marasme benin, c'est-à-dire dont la
maladie qui le cause n'est pas trop grave, est encore curable. Le marasme
prononcé, "parfait" comme dit l'auteur, relève, lui, de l'audace thérapeutique,
c'est-à-dire du hasard. Les enfants qui en sont atteints aussi. Ce qui est
normal en l'état de la pathologie du foie et de celle des poumons qui sont
celles de l'époque et que nous verrons, pour la deuxième, à PHTISIE.
----

(297) Encyclopédie, X. 69 G. 54-57 : "De pareils faits [= des traitements inha-
bituels comme l'ingurgitation de citrons ou d'huitres en abondance] assez fré-
quents, au grand déshonneur de la Médecine, devraient faire ouvrir les yeux
aux médecins routiniers et les convaincre de l'insuffisance de leur routine".
Cette sortie peut être un argument en faveur de l'attribution de MARASME à
De Jaucourt ou à Diderot.

(298) NYSTEN/LITTRE (Bibliogr. n° 147), T. I, p. 568 : Art. FERRUGINEUX, EUSE.

MECONIUM

        C'est un article de quinze lignes, composé de deux rubriques :
"MECONIUM (Pharmacie)" (X. 228 D. 30) et "MECONIUM, (Médec.)" (X. 228 D. 39),
dont chacune peut être assimilée à un article de simple définition comme il
en existe un très grand nombre dans l'Encyclopédie. Ce type d'article est
intermédiaire entre l'article de renvoi (299) et l'article contenant un développement dépassant précisément la simple définition. Pour l'analyse de contenu,
il n'apporte guère plus que l'article de renvoi. C'est particulièrement vrai
des six   lignes de MECONIUM (Médecine) qui se rapportent à notre propos.
Non signées -sont-elles de De Jaucourt ou de Diderot en tant qu'éditeur ?; à
la limite cela importe peu, vu leur peu d'importance-, elles se contentent de
donner la définition et l'explication -l'étymologie serait beaucoup dire- du
mot. La citation d'un tel article se suffit à soi-même.

        TEXTE 9 : L'ARTICLE MECONIUM : Un exemple d'article de définition

      " MECONIUM, (Médec.) est aussi un excrément noir et épais
qui s'amasse dans les intestins des enfants durant la grossesse.

      Il ressemble en couleur et en consistance à la pulpe
de casse. On trouve aussi qu'il ressemble au méconium
ou suc de pavot, d'ou lui vient son nom".

                            (X. 228 D. 39-44)

        Mis à part le terme d'excrément qui a quelque connotation néga-
tive, il y a là une définition qui en vaut bien une autre, par exemple celle
du Dictionnaire de Médecine de 1975 : "Matière contenue dans l'intestin du
foetus, analogue par sa couleur brunâtre et sa consistance pâteuse, au suc
de pavot" (300).

----

(299) Exemple déjà vu dans notre corpus : IV. 49 G. 58-59 : "CONSOMPTION
(Médecine), Voyez MARASME et PHTISIE.

(300) Dictionnaire de médecine (Bibliogr. n° 99), p. 460, La Casse dont
parle l'Encyclopédie est la pulpe des fruits du casséficier qui sont brun
foncé.

NOURRICE

        Cet article non signé se trouve au tome XI et compte quatre-
vingt-dix lignes,   soit un peu plus d'une colonne. Il peut être du même
auteur que NOURRICIER qui le suit et qui est signé "L" : Pierre Tarin (Vers
1700 ou 1725-1761) chargé des articles d'Anatomie dès le départ de l'Encyclopédie (301). Cependant, contre cette attribution possible il convient d'objecter
que, si ce dernier article relève dans l'ordre encyclopédique du savoir de
"l'anatomie" et appartient donc au champ de Tarin, NOURRICE relève de la
médecine qui n'entre pas dans le champ d'attribution de notre anatomiste.
Aussi peut-il être de D'Aumont, de de Jaucourt ou même de Diderot, surtout
si l'on considère son contenu. Quel est-il donc ? Après une définition de
trois lignes : "femme qui donne à têter à un enfant et qui a soin de l'élever
dans ses premières années" (XI. 260 D. 59-61),il se divise en deux parties
égales : une première (43 lignes) qui énonce "les conditions nécessaires à une
bonne nourrice" (XI. 260 D. 62); une seconde (44 lignes) qui est un plaidoyer
pour l'allaitement maternel et donc un réquisitoire contre l'allaitement
étranger.

        "Les conditions nécessaires à une bonne nourrice". Elles concer-
nent cinq points :   l'âge, le temps qui s'est écoulé depuis l'accouchement,
la constitution générale et surtout la particulière des seins, de "ses
mamelles" (XI. 260 D. 65), comme dit l'encyclopédiste, la nature du lait, les
"moeurs" (XI. 260 D. 66), c'est-à-dire la moralité stricto sensu et le style
de vie. Tout ce qu'écrit l'auteur de l'article à propos de ces cinq points
constitue une somme de l'acquis médical de la mi-XVIIIe siècle sur cette
question. Et pour certaines choses cet acquis est récent. En effet le texte
----

(301) Le fait qu'il soit mort quatre ans avant la parution du tome X de
l'Encyclopédie n'empêche pas qu'il soit l'auteur de NOURRICIER et qu'il puisse
être l'auteur de NOURRICE, puisque, après les condamnations de 1758-1759, les
articles ont continué à être écrits, envoyés à Diderot et accumulés. Pour
l'imprécision de la date de sa naissance à Courtenay, nous renvoyons au
DEZEIMERIS (Bibliogr. n° 98), T. IV, p, 249) qui donne vers 1725 et au HOEFER
(Bibliogr. n° 127), t. 44, col.88 qui donne vers 1700.

de cette première partie de NOURRICE se rapproche beaucoup des pages de
l'ouvrage du XVIIIe siècle bien connu des historiens actuels de l'enfance :
L'essai sur l'éducation médicinale des enfants et sur leurs maladies de
Brouzet (302) que Van Swieten cite dès 1759 dans ses commentaires des aphorismes
de Boerhaave concernant les maladies des enfants (303). Au vrai, le médecin
biterrois écrit que toutes ces pages concernant l'allaitement et le sevrage
viennent de "M. Marcot, premier médecin de Monseigneur le Duc de Bourgogne"
(304) à qui, semble-t-il, Brouzet a demandé "des éclaircissements au sujet du
régime qu'on fait observer aux enfants de France durant le temps qu'ils têtent
et lorsqu'on les sèvre" (305). Première condition pour qu'une nourrice soit
bonne : un âge pas trop avancé, du moins pour nous ; pour l'espérance de vie
de l'époque (autour de la trentaine) assez, puisqu'il doit tourner autour de
25 ans (306). La deuxième condition "nécessaire à une bonne nourrice" concerne
le temps écoulé depuis l'accouchement. "On doit préférer, écrit l'encyclopédiste,

(302) Edité à Paris onze ans avant la parution du tome XI de l'Encyclopédie,
soit en 1754. Pour la référence complète, cf. bibliogr. n° 15
Notice du Dezeimeris (Bibliogr. n°98), T.1, p. 525 concernant Brouzet :
"Brouzet (...), médecin assez distingué, était né à Béziers vers le commencement
du dernier siècle [le XVIIIe]. Il fut reçu docteur vers l'an 1736. Il vint ensuite à Paris, devint médecin des hopitaux de Fontainebleau, et mourut dans
cette ville en 177... Il était correspondant de l'Académie royale des Sciences,
et associé de celle de Béziers. "C'est peu, mais c'est suffisant pour pouvoir
ajouter ce commentaire de l'Essai :"Traité judicieux et complet".

(303) BOERHAAVE (H.).- Traité des maladies des enfants... (Bibliogr. n°13),p.98.

(304) BROUZET.- Ouvr. cité, T. I, p. 186. Eustache MARCOT est né en 1686 à
Montpellier. Successeur d'Astruc dans cette ville en 1732, il défend l'inoculation. En 1734, il est appelé à la Cour comme médecin ordinaire. Par la suite,
Premier médecin ordinaire du Roi et des Enfants de France, il meurt à Versailles
en 1755, selon la Biographie Médicale (Bibliogr. n° 102), T.6, p. 185, en 1759
selon le Dechambre (Bibliogr. n° 103), T. 4, de la 2e série, p. 733.

(305) Ibid.

(306) BROUZET.- Ouvr. cité, T. I, p. 188 : "On les choisit [les nourrices] ,
autant qu'il est possible, à l'âge de vingt-cinq ans...", l'Encyclopédie étant
nettement plus large, puisqu'il peut s'étendre "depuis vingt à vingt-cinq ans
jusqu'à trente cinq à quarante" (XI. 260 D. 68). Ce n'est pas les 52 ans d'une
nourrice clandestine de la région de Lyon (GARDEN (M.).- Lyon et les lyonnais...
(Bibliogr. n° 114 bis), p, 71, mais c'est déjà un âge avancé.

un lait nouveau de quinze ou vingt jours à celui de trois ou quatre mois"
(XI. 260 D. 70-71), laissant ainsi entendre quelque chose que Brouzet et
Marcot n'évoquent pas explicitement à savoir que les nourrices doivent être
recrutées parmi des femmes qui viennent d'être mères. Certes Brouzet et
Marcot suggèrent qu'il doit en être ainsi puisqu'ils excluent les femmes
"qui ont leurs règles tandis qu'elles nourrissent" (307), ajoutant cependant
quelque chose qui montre que les deux médecins languedociens ne sont pas
très stricts sur cette exclusive qui commence donc à être contestée : "Si
cependant la nourriture de l'enfant était avancée et qu'il se portât bien,
on lui laisserait finir sa nourriture quoique ses menstrues parussent" (308).
Comme nous l'avons vu, la troisième condition pour faire une bonne nourrice
concerne sa constitution générale et la particulière de ses seins. Sur ce
point, l'auteur de NOURRICE est très précis, bien plus que Brouzet et Marcot
qui se contentent de recommander que "le téton soit rebondi, finissant en
poire" -"parce que les enfants peuvent alors prendre dans leur bouche non
seulement le mamelon mais encore une partie même de l'extrémité de la mamelle"-
le mamelon bien conformé, de même que le reste de la personne" (309). En
effet, l'encyclopédiste prend dix lignes pour dire ce que doit être la qualité
des seins d'une nourrice, qui peut se résumer par ce mot : médiocre, qui
revient d'ailleurs deux fois dans ce passage. A prendre évidemment au sens
propre de moyen. "Médiocrement fermes et charnus" (XI. 261 G. 2-3) doivent
être les seins d'une bonne nourrice, également médiocres du point de vue
taille, puisqu'ils doivent être "assez ample pour contenir une suffisante
qualité de lait sans être néanmoins gros avec excès" (XI. 261 G. 3-5).

----

(307) Ibid.

(308) Ibid. Van Swieten, dans son commentaire de l'aphorisme de 1354 de
Boerhaave (Traité des maladies des enfants, p. 97) témoigne à la fois du main-
tien de l'opinion concernant cette exclusive et de sa contestation : "J'ai
vu dans une seule année changer six fois de nourrice pour cette raison [la
réapparition des règles] . En pareil cas, j'examine soigneusement la nourrice
et son lait : si je trouve que sa santé n'est point du tout altérée et que son
lait ne pêche par aucun endroit, ni par la quantité ni par la qualité, je ne
conseille jamais d'en changer".

(309) Ibid. La citation entre tirets vient d'une note du bas de la page 189.

La même qualité est requise pour les bouts de sein-mêmes qui doivent être "de grosseur et fermeté médiocre" (XI. 261 G. 8). Ainsi la constitution d'une bonne nourrice doit, comme son régime, suivre "les règles de la modération" (310). C'est elle que l'on retrouve pour qualifier la quatrième condition "nécessaire à une bonne nourrice" : le lait qui "ne doit être ni trop aqueux, ni trop épais" (XI. 261 G. 11). Et l'encyclopédiste reprend, cette fois en l'abrégeant, le développement de Brouzet et Marcot sur le moyen de contrôler la consistance adéquate du lait d'une nourrice ; il suffit qu'il aille "s'épanchant doucement à proportion qu'on incline la main, laissant la place d'où il s'écoule un peu teintée" (XI. 261 G. 12-13) (311). Pour le style de vie de la nourrice, les exigences sont grandes et pour le moins incompatibles avec ce que nous savons aujourd'hui de la vie de travail aux champs ou à la fabrique qui était celle des nourrices paysannes des enfants des familles urbaines de la seconde moitié du XVIIIe siècle (312). En effet, "il faut qu'elle [la nourrice] soit vigilante, sage, prudente, douce, joyeuse, gaie, sobre et modérée dans son penchant à l'amour" (XI. 261 G. 17-19) (313). Quelle nourrice pouvait être effectivement ainsi, à moins que de ne pas avoir d'autre occupation importante que celle de nourrir. Qui donc, sinon les nourrices de grande maison appointées uniquement pour ce rôle, pouvaient avoir cette "tranquillité d'esprit" et cette "gaieté" qui, selon Van Swieten, "contribuent encore infiniment à conserver la nourrice en santé" (314). Autrement dit,

----

(310) Ibid.

(311) Id., p. 190, la plus grande précision de Brouzet et Marcot donnant l'explication de cette méthode : "On s'assure de sa consistance [du lait] par les yeux, en en faisant couler dans la paume de la main et frappant ensuite une main contre l'autre; on connaît par là si le lait à une consistance convenable, c'est-à-dire s'il a ce degré de viscosité que l'on demande. On juge aussi par là s'il est frais ou chaud ; mais il est bon d'observer qu'il faut que la main soit bien proche du mamelon pour s'assurer du degré de la chaleur du lait, car si la main en est éloignée le lait se rafraîchit dans le trajet par l'attouchement de l'air. "Pour la teinte, Brouzet et Marcot écrivent, p. 189, que le lait "doit être blanc [..] et rayer en abondance".

(312) GARDEN (M.).- Ouvr. cité (Edition abrégée), pp. 65-67 sur les lieux -ruraux- de mise en nourrice de plus en plus éloignés de Lyon.

(313) BROUZET.- Ouvr. cité, p. 188 : "On cherche des nourrices qui aient de la gaieté". HOFFMANN (Fr.).- Médecine raisonnée (Bibliogr. n° 38), T. II, p. 338: "Il faut donc avoir soin de donner aux enfants des nourrices bien réglées et de bonnes moeurs, afin que la disposition du lait ne change pas".

(314) BOERHAAVE (H.).- Traité des maladies des enfants (Bibliogr. n° 13), p. 96.

pour qu'une nourrice soit bonne, il faut, certes, qu'elle soit en bonne santé physique, mais aussi qu'elle jouisse d'un bon équilibre psychologique. Il y a là une exigence nouvelle qui a plus d'importance que celle, ancienne et traditionnelle, d'une bonne moralité. Et c'est au nom de cet équilibre psychologique que l'amour n'est pas interdit à la nourrice, n'est plus interdit doit-on écrire. Et c'est sur ce point que Brouzet et l'Encyclopédie qui le suit innovent par rapport à tout ce que la médecine a pu prescrire sur ce point. En effet on trouve dans la traduction française de 1691 du chapitre de la Pratique de médecine spéciale d'Etmuller consacré aux maladies des enfants cette affirmation péremptoire "que le lait soit corrompu par le coît et par la grossesse de la nourrice, il est évident par l'expérience commune" (315). Plus même encore : on trouve dans l'édition française de 1739 de la Médecine raisonnée d'Hoffmann la recommandation suivante : "qu'elle [la nourrice] s'abstienne de tous acides, spiritueux et de tout ce qui est disposé à la corruption, des forts purgatifs, du sommeil pris le jour après les repas, des plaisirs de l'amour..." (316). C'est clair : des grands noms de la médecine du temps de "la crise de conscience" prescrivent l'abstinence sexuelle aux nourrices. Or Brouzet -et Brouzet sans Marcot- est contre ce "préjugé", cette "erreur" même qui, dit-il,"est aujourd'hui autant des médecins que du peuple" (317) et qui veut que "les nourrices doivent être absolument privées du commerce de leurs maris" (318). Il tire son argumentation d'un médecin bien antérieur à ceux que nous venons de citer qui sont pour l'abstinence, de Joubert (1529-1583) dont il cite longuement un passage des Erreurs populaires et propos vulgaires touchant la médecine et le régime de santé (319). Cette argumentation tourne autour de la préservation de ce que l'on appellerait aujourd'hui l'équilibre psycho-affectif de la nourrice. Que se passe-t-il en effet si l'on oblige les

----

(315) Bibliogr. n° 29, p. 367. C'est la traduction d'une partie de ses oeuvres parues en latin en 1685.

(316) Bibliogr. n° 38, T. II, pp. 338-339. Les oeuvres en latin d'Hoffmann d'où est tirée la Médecine raisonnée ont été publiées tout au long de sa vie, entre 1679 (il est né en 1660) et 1742 (il est mort en 1742).

(317) BROUZET.- Ouvr. cité, p. 205.

(318) Ibid.

(319) Pour la référence complète, cf. bibliogr. n° 42.   La première édition parut en français à Bordeaux en 1570.

nourrices à l'abstinence sexuelle ? Elles vont se "brûler à petit feu".
Alors, "vous les verrez quelquefois si troublées de passion amoureuse qu'elles
en perdent toute contenance, voire le manger et le dormir. Qui doute que pour
lors le lait ne soit troublé de même et les mamelles en danger de tarir ?"
(320). Ainsi l'équilibre de la femme qu'est la nourrice exige une certaine
activité sexuelle ; si celle-ci est empêchée, cet équilibre est menacé et
par conséquent son bon état général est atteint ; sa fonction nourricière est
compromise. Et cela d'autant plus que le régime optimal de la nourrice favorise le désir sexuel. En effet, "il faut que la nourrice soit bien nourrie,
qu'elle dorme la grasse matinée et ne travaille guère. Ce régime incite à
convoiter l'oeuvre de la chair, excitant ses aiguillons et provoquant à
luxure" (321). Mais "si la femme oisive, bien traitée et en bon point, tentée
de cette affection, est contrainte d'en abstenir totalement, [...] son lait
n'en sera pas meilleur, mais échauffé et trouble et sentira au bouquin, tout
ainsi que sa personne" (322). Conclusion : pour que le lait de la nourrice
ne soit pas ainsi troublé, il faut que la femme ne soit pas contrariée, en
particulier dans sa sexualité, donc "il vaut beaucoup mieux que la nourrice
ait la compagnie de son mari, sagement et modérément, que si elle brûle
d'amour" (323). Tout cela, Brouzet le résume en écrivant qu'"il est évident
que le désir excité et toujours augmenté par la privation sera plus nuisible
à la santé de la nourrice et à la bonté de son lait que l'usage modéré de la
compagnie de son mari" (324). Dans ces deux dernières citations, nous retrouvons l'adjectif "modéré" qui est celui de l'Encyclopédie pour qualifier non
seulement l'activité sexuelle -ainsi autorisée, pour ne pas dire prescrite-
mais encore, comme nous l'avons vu, toute la constitution de la nourrice.
Bien sûr, notre Dictionnaire raisonné... ne développe pas toute l'argumentation
----

(320) JOUBERT (Laurent).- Ouvr. cité, p. 525. Cité par BROUZET.- Ouvr. cité,
note p. 206.

(321) Ibid.

(322) Ibid.

(323) Id., p. 524. Joubert conclut toute sa démonstration par cet aveu à
tournure de provocation : "la femme de ce monde que je chéris le plus a nourri
tous mes enfants tant qu'elle a eu du lait et je n'ai pas laissé pour cela
de coucher avec elle et lui faire l'amour, comme un bon demi à sa bonne moitié,
suivant la conjonction de mariage ; et (Dieu merci) nos enfants ont été bien
nourris et sont bien advenus". Id., p. 533.

(324) BROUZET.- Ouvr. cité, pp. 208-209.

de Joubert repris par Brouzet, mais il en donne la conclusion : le droit à
l'amour, modéré certes, mais droit tout de même, pour les nourrices. Il y a
ici la reconnaissance d'une condition effective de l'équilibre psychique de
ces femmes qui a son importance puisqu'elle va contre une "erreur [..] autant
des médecins que du peuple" qui a des conséquences pratiques de deux types,
suivant le groupe social qui fait appel à la nourrice. Dans les familles
princières mais sans doute aussi dans les familles aristocratiques et bourgeoises riches qui ont des nourrices domestiques (= à demeure dans leurs
hotels ou résidences), on sépare la nourrice d'avec son mari "scrupuleusement"
(325). Dans les familles bourgeoises plus modestes, les boutiquières et même
les ouvrières qui ne peuvent ou ne veulent se permettre des nourrices domestiques et dont les femmes devraient par conséquent allaiter leurs enfants, la
séparation entre la nourrice et son mari serait donc la séparation entre la
mère de famille et son époux. Or le mariage interdit cela "de peur qu'il [le
mari] ne tombe en quelque pêché contraire à la pureté conjugale" (326) et,
après ce que nous avons vu, de peur que la femme ne soit dérangée par l'abstinence qui découle de cette séparation. Conséquence de l'impossibilité de cette
séparation et donc, d'une manière médiate, de cette "erreur" à propos de
l'activité sexuelle des nourrices : la mise en nourrice (327) chez quelque
couple de paysan à qui il est toujours possible de demander au départ -au
moment du contrat- l'abstinence sexuelle, mais auprès de qui il est bien
difficile de procéder à la vérification de la chose (328) que ces gens ne

----

(325) BROUZET, p. 211 : "S'il était pourtant nécessaire de ne pas risquer le
dernier inconvénient [la grossesse de la nourrice] et de séparer la nourrice
d'avec son mari comme on le fait pratiquer scrupuleusement à celles des
princes [..]" Et Van Swieten dans BOERHAAVE.- Traité des maladies des enfants
...-, p. 98 : "On est en usage chez les princes de séparer la nourrice de son
mari".

(326) FROMAGEAU.- Dictionnaire des cas de conscience, cité par FLANDRIN (Jean-
Louis).- Familles ... (Bibliogr. n° 111), p. 198.

(327) Ibid. : "La femme [qui vient d'avoir un enfant] doit, si elle peut,
mettre son enfant en nourrice, afin de pourvoir à l'infirmité de son mari en
lui rendant le devoir ... ".

(328) Encore que certains parents n'hésitent pas à changer de nourrice quand
ses règles reviennent : "Quand on choisit une nourrice, on lui demande communément si, quand elle a nourri, elle avait ses ordinaires ; si elle répond
qu'oui, on l'en estime moins. J'ai vu dans une seule année changer six fois de
nourrice pour cette seule raison". Van Swieten dans BOERHAAVE (H.).- Traité
des maladies des enfants (Bibliogr. n° 13), p. 97.

pratiquent d'ailleurs pas (329).

Ainsi nous voici amenés au problème de la mise en nourrice qui est une pratique générale au XVIIIe siècle, du moins en milieu urbain (330), précisément à cause du "préjugé" que nous venons d'examiner et que n'accepte pas l'Encyclopédie. En cela et comme nous l'avons vu, elle suit Brouzet. Ce qu'elle ne fait pas, nous le verrons, dans sa condamnation de cette pratique générale, qui fait l'objet de la seconde partie de NOURRICE venant juste après la dernière recommandation concernant celle-ci : "qu'elle soit exempte de toutes tristes maladies qui peuvent se communiquer à l'enfant" (XI. 261 G. 24-25). Car "on ne voit que trop d'exemples de la communication de ces maladies de la nourrice à l'enfant" (XI. 261 G. 25-27). Constatation qui explique toutes les mesures de contrôle sanitaire des nourrices qui iront se développant à la fin du XVIIIe siècle (331). Constatation qui n'aurait pas lieu d'être faite, semble sous-entendre l'auteur de l'article, "si les mères nourrissaient leurs enfants" (XI. 261 G. 31). L'argumentation en faveur de l'allaitement maternel est alors développée en deux points principaux et un subsidiaire qui pour être tel n'en est pas moins important.

TEXTE 10 : LES TROIS ARGUMENTS EN FAVEUR DE L'ALLAITEMENT MATERNEL.

" Indépendamment du rapport ordinaire du tempérament de l'enfant à celui de la mère, celle-ci est bien plus propre à prendre un tendre soin de son enfant

----

(329) JOUBERT.- Ouvr. cité, p. 526 (BROUZET, p. 207).- "Et quoi ? Les femmes des laboureurs, artisans, marchands et autres qui communément nourrissent leurs enfants, sont-elles pourtant excluses du lit de leur mari ? Ou si leurs maris ne les embrassent point tant qu'elles sont nourrices ? On voit bien qu'ils ne s'en gardent pas. Et leurs enfants sont-ils bien moins nourris ; sont-ils plus délicats ou maladifs que ceux des bourgeoises sucrées, des demoiselles affétées ou des grandes dames ; lesquelles ne se veulent tant abaisser que de rendre ce devoir à nature en nourrissant leurs enfants du lait que Dieu leur a donné pour être de tout mères. Tant s'en faut ; que, au contraire, les enfants des pauvres femmes, nourris de leurs mères, communément sont plus forts et gaillards".

(330) GARDEN (Maurice).- Ouvr. cité, pp. 80-81 de l'édition abrégée.

(331) Id., pp. 82-83. A Lyon, en 1779 : Bureau de placement pour nourrices ; en 1784 : Institut de Bienfaisance en faveur des pauvres mères nourrices.

qu'une femme empruntée qui n'est animée que par la
récompense d'un loyer mercenaire, souvent fort modique.
Concluons que la mère d'un enfant, quoique moins bonne
nourrice, est encore préférable à une étrangère. Plutarque
et Aulu-Gelle ont autrefois prouvé qu'il était fort rare
qu'une mère ne pût pas nourrir son fruit. Je ne
dirai point avec les pères de l'Eglise que toute mère qui
refuse d'allaiter est une marâtre barbare, mais je crois
qu'en se laissant entraîner aux exemples de luxe elle
prend le parti le moins avantageux au bien de son enfant".

(XI. 261 G. 47-61)

Trois arguments plaident en faveur de l'allaitement maternel,
chacun d'un ordre différent : un d'ordre physiologique ; un d'ordre affectif ;
un d'ordre moral ou, plus exactement, de l'ordre de la morale sociale. Tous
trois sont très anciens comme le montrent les noms des auteurs auxquels se
réfère notre texte 10. Sur ce point donc, l'Encyclopédie ne va pas contre les
croyances anciennes. Au contraire, celles-ci servent à aller contre le préjugé
de son temps qui veut que, pour les raisons évoquées plus haut, les mères
n'allaitent point leurs enfants. Il y a d'ailleurs une certaine cohérence
dans tout cela. En effet, si la femme qui nourrit un enfant peut avoir une
activité sexuelle, il n'y a plus de raison pour qu'elle se débarrasse de
l'enfant-gêneur dont l'allaitement aurait empêché celle-ci. N'ayant plus cette
interdiction ou, plutôt, cet interdit, la mère, le couple même n'a plus de
raison de faire allaiter son enfant par une autre. Au contraire, ils n'ont que
des raisons pour le faire allaiter pas sa mère. Première raison : l'analogie
physiologique entre la mère et l'enfant, "le rapport ordinaire du tempérament
de l'enfant à celui de la mère" précisé de la manière suivante dans ces lignes
qui précèdent celles de notre texte 10 : "le foetus se nourrit dans la matrice
d'une liqueur laiteuse qui est fort semblable au lait qui se forme dans les
mamelles" (XI. 261 G. 34-36). Cette continuité dans la nutrition constitue
une bonne partie de l'analogie physiologique et fait que "l'enfant est donc
déjà, pour ainsi dire, accoutumé au lait de sa mère" (XI. 261 G. 37-38). Avec
le lait d'une nourrice étrangère, il y a nouveauté dans la nutrition, rupture
dans le procès d'accoutumance. Tout cela semble tellement une évidence de la
nature, que les auteurs le répètent depuis l'antiquité. D'où la référence à
des auteurs anciens -ici Plutarque et Aulu-Gelle- qui, elle-même n'est pas

nouvelle. On trouve en effet dans Joubert (332) la citation complète du chapître I du Livre XII des Nuits Attiques (333) d'Aulu-Gelle donnant la tirade du philosophe gaulois de langue grecque, Favorinus, en faveur de l'allaitement maternel. Quant à la preuve apportée par Plutarque de la capacité de toute mère ou presque à nourrir son enfant, elle se trouve plutôt dans le traité De l'amour de la progéniture que dans Comment il faut nourrir les enfants. En effet, si, dans ce dernier, le contemporain de Favorinus donne "l'éternel" argument de "la nature même qui nous montre que les mères sont tenues d'allaiter et nourrir elles-mêmes ce qu'elles ont enfanté, car à cette fin a-t-elle donné à toute sorte de bêtes qui fait des petits la nourriture du lait" (334), c'est surtout dans l'autre qu'est "démontrée" la naturalité de
----

(332) JOUBERT (Laurent).- Ouvr. cité, Livre V, chap. I, pp. 176-180 de l'éd. de 1587.

(333) AULU-GELLE.- Nuits attiques... (Bibliogr. n° 5), pp. 617-619. Ce qui sera le point essentiel de l'argumentation de Rousseau en faveur de l'allaitement maternel, le devoir de ne pas "aliéner le droit de mère" (Emile, p. 257), se trouve déjà chez Aulu-Gelle dans la bouche de Favorinus : "Et praeter haec autem, quis illud etiam negligere aspernarique possit, quod, quae partus suos deserunt ablegantque a sese, et aliis nutriendos dedunt, vinculum illud coagulumque animi atque amoris, quo parentes cum filiis natura consociat, interscindunt, aut certe quidem diluunt deteruntque". Ce que Joubert (Erreurs populaires, p. 179 de l'éd. de 1587) traduit ainsi : "Davantage, qui pourrait oublier ou mépriser ce point : que les mères qui abandonnent ainsi et renvoient leurs enfants, les donnent aux autres à nourrir, retranchent ce lien et cette colle d'amitié de laquelle nature conjoint les pères et mères avec leurs enfants ; elles au moins la détrempent et l'empirent".
Rousseau écrira : "Si la voix du sang n'est fortifiée par l'habitude et les soins, elle s'éteint dans les premières années, et le coeur meurt, pour ainsi dire, avant que de naître. Nous voilà dès les premiers pas hors de la nature" (Emile, p. 259). Aulu-Gelle/Favorinus disait "Ac propterea, obliteratis et abolitis nativae pietatis elementis, quidquid ita educati libere amare patrem et matrem videntur, magnam fere partem non naturalis ille amor est, sed civilis et opinabilis". Joubert a traduit : "Dont ayant effacé et aboli totalement de son esprit les éléments de la piété naturelle, tout ce que les enfants ainsi nourris semblent aimer père et mère, la plupart de telle amitié est par opinion de civilité, non pas d'un amour naturel" (p. 180 de l'éd. de 1587).

(334) PLUTARQUE.-Oeuvres morales... (Bibliogr. n° 61), p. 2.

cette capacité (335). Plutarque ajoute à cette naturalité une autre : celle de la tendresse : "Cependant tous ces instruments de la génération, cette belle organisation, ce zèle, cette prévoyance n'auraient été d'aucune utilité, si la nature n'avait inspiré aux mères l'amour et la sollicitude" (336). Nous voici donc à la deuxième raison qui plaide en faveur de l'allaitement maternel, celle d'ordre affectif. Et si l'on doit chercher une preuve de la prise en considération de l'affectivité par la société européenne des Temps Modernes, c'est bien ici qu'il faut la trouver. Car enfin que nous dit notre texte 10 ? Que "la récompense d'un loyer mercenaire" autrement dit : l'incitation matérielle ne suffit pas pour élever un enfant ; qu'il y faut un "tendre soin", autrement dit : un stimulant psychologique, en l'occurence justement : la tendresse qu'une mère a pour son enfant. Ce qui présuppose précisément ce postulat : que la mère éprouve de la tendresse pour son enfant. La prise en

----

(335) PLUTARQUE.- De l'amour de la progéniture ... (Bibliogr. n° 62), p. 190 : "La formation du lait et sa distribution suffisent à manifester la prévoyance et le souci de la nature. Chez les femmes, tout le sang qui est en plus des besoins, à cause de leur respiration faible et courte, remonte à la surface, se diffuse et les accable : en temps ordinaire, il est entraîné, par une longue habitude, grâce aux canaux et aux ouvertures que la nature lui offre pour débouchés, à s'écouler lors des périodes menstruelles, et ainsi à alléger et purger le corps, tout en mettant la matrice en chaleur au moment opportun, telle une terre préparée pour le labour et les semailles [..]. La nature alors [après la fécondation] , avec plus de soin qu'aucun homme irriguant un jardin, détourne le sang dans une autre direction et l'emploie à un autre usage. Elle tient toute prête une sorte de fontaine à neuf bouches jaillissantes, qui le reçoit sans rester paresseuse et inerte, mais qui est capable, grâce à la douce chaleur et à la molle féminité de la respiration, de le digérer, de l'adoucir et de le transformer : telle est la disposition intérieure, tel est le tempérament de la mamelle". Par cette citation, nous avons la confirmation que ce que nous avons vu être la conception des grands médecins de la fin du XVIIe et du XVIIIe siècles -Boerhaave, Hoffmann- en matière de tempérament féminin -humide- et de cycle menstruel, vient de loin.

(336) Id. p. 191. Plutarque ajoutant ceci qui vaut bien le texte de Benedicti cité par J.L. Flandrin dans Familles (p. 199) sur "les deux mamelles comme deux petites bouteilles" : "Voilà pourquoi si les mamelles des autres animaux pendent sous le ventre, elles sont placées chez les femmes en haut, sur la poitrine, en un endroit qui permet de câliner, de donner des baisers et des caresses au tout petit, montrant que, en le mettant au monde et en le nourrissant, on n'a pas pour fin l'utilité mais l'affection "Ah ! La belle et bonne Nature !, ajouterons-nous, si l'on nous permet cette remarque ironique.

considération ou, si l'on préfère, la reconnaissance de l'affectivité est là :
dans la mise en avant de ce postulat ; allons plus loin : dans l'énoncé de
cette affirmation comme postulat. Rousseau lui-même fera de la tendresse naturelle de la mère un postulat : "la sollicitude maternelle ne se supplée point"
(337). Mais, pour suivre les pères de l'Eglise que, justement -et ce n'est
pas un hasard-, l'Encyclopédie ne veut pas suivre, il peut exister des
"marâtres barbares" chez qui "la sollicitude maternelle" peut et même doit
être suppléée, pour la simple raison qu'elles n'en ont pas. Mais ce sont "des
marâtres barbares", des femmes extra-ordinaires à la nature, bref : des mères
dé-naturées. Ainsi, pour une des rares fois que l'Encyclopédie emploie le
mot "tendre" et évoque la tendresse, elle le fait en la posant comme indiscutable : inhérente à la nature de la relation mère-enfant. Nous retrouvons la
loi, mieux : la constitution naturelle dont les exceptions -les mères déna-
turées- sont exorbitantes et, par conséquent, relèvent du pathologique, au
même titre que les enfants parricides. Le retranchement de ceux-ci et de
celles-là de l'ordre des hommes n'est que la suite logique de leur retranchement de l'ordre de la nature. Telle est la conséquence, normale si je puis
dire, de la mise en postulat de la tendresse maternelle. Mais si être mère,
c'est être naturellement tendre pour son enfant, c'est naturellement "prendre
un tendre soin de son enfant", comment expliquer que les mères ne veulent pas
donner à leurs enfants cette première marque de tendresse naturelle qu'est
l'allaitement ? Si l'on suit strictement la logique découlant du postulat posé :
être mère, c'est être naturellement tendre pour ses enfants ; et être naturellement tendre pour ses enfants, c'est se servir de ses deux instruments également naturels de tendresse que sont les seins, et par conséquent les allaiter_
si donc l'on suit cette logique plutarco-favorinienne, toutes les femmes ou
presque de la société du XVIIIe siècle qui n'allaitent pas leurs enfants sont
des mères non-naturelles, dénaturées, des "marâtres barbares". Mais une telle
suite logique ne se peut, puisque le naturel devient l'exceptionnel et l'exor-
bitant à la nature le commun (338). C'est la subversion totale de l'Ordre,

----

(337) ROUSSEAU.- Emile... (Bibliogr. n° 67), p. 257.

(338) Ce que semble prêt à faire Rousseau quand il écrit (Emile, p. 258) :
"Il se trouve pourtant quelquefois encore de jeunes personnes d'un bon naturel
qui sur ce point osant braver l'empire de la mode et les clameurs de leur sexe,
remplissent avec une vertueuse intrépidité ce devoir si doux que la nature
leur impose". Si le "bon naturel" est de l'ordre de "quelquefois", cela sous
entend que le mauvais naturel est de l'ordre du souvent.

justement dans son caractère naturel, c'est-à-dire universel. Donc : cette
exclusion générale des mères hors de la Nature ne se peut. Mais alors il faut
expliquer qu'elles restent mères tout en ne donnant pas la première preuve de
la tendresse inhérente à la nature de mère qu'est l'allaitement, ce qui devrait
les rejeter dans l'état de "marâtres barbares". C'est ici qu'intervient le
troisième argument en faveur de l'allaitement maternel, en forme d'explication
de la situation de fait présentée comme repoussoir. Il se résume dans ce mot :
"luxe". Sans doute convient-il de prendre ce mot, comme celui de "mode"
employé par Rousseau, dans un sens très large : celui d'état de civilisation,
d'état de société ; et de civilisation, de société avancée, et par conséquent,
dans la logique de la pensée de l'âge d'or primitif, corrompu. C'est d'ailleurs
le mot qu'emploie l'auteur de NOURRICE quand il écrit, quelques lignes après
celles de notre texte 10 : "l'abandon des enfants à des nourrices étrangères
ne doit son origine qu'à la corruption des moeurs" (XI. 261 G. 65-67). Si donc
les mères ne sont plus entièrement mères, ayant abandonné la première marque
de la tendresse naturelle à leur condition qu'est l'allaitement, c'est la
faute de la société. Qu'est-ce à dire ? L'Encyclopédie sur ce point n'est guère
précise, qui se contente de renvoyer à Cesar qui "a son retour des Gaules"
(XI. 261 G. 62), demandait si "les dames romaines n'ont plus d'enfants à
nourrir, ni à porter entre leurs bras" (XI. 261 G. 63), n'y voyant plus "que
des chiens et des singes" (XI. 261 G. 64) (339). Voilà donc un exemple et signe
de "corruption des moeurs". Bien sûr, celui-ci est un peu ridicule mais il
fait bien voir que c'est tout un style de vie qui est en cause (340).

----

(339) Cette image aussi est constante. Voir en effet Benedicti cité dans
FLANDRIN (J.-L.).- Familles (Bibliogr. n°111), p. 199 : "Il serait donc bien
meilleur et plus séant à ces jeunes dames, tant poupines, de tenir un enfant
entre les bras, fruit de leur mariage, que non pas un petit chien camus".
Flandrin ne cite pas les quelques lignes qui suivent et qui illustrent la permanence de l'assimilation sang-lait : "et se mirer à l'exemple de Sarra,
Rebecca, Rachel, Anne et autres matrones de l'ancien testament et même du paga-
nisme, comme à Hecuba, Reine de Troyes, lesquelles ont mieux aimé nourrir leurs
enfants que les bailler à nourrices mercenaires, connaissant fort bien que
jamais l'enfant n'est si bien nourri d'un lait étranger, comme de celui de sa
propre mère, lequel n'est autre chose (si nous croyons aux physiciens) que le
sang duquel enfant a été formé au ventre de sa mère, qui est cuit par la chaleur naturelle et converti en lait pour donner aliment au fruit". BENEDICTI
(F.I.).- La somme des pêchés... (bibliogr. n° 8), pp. 143-144.

(340) Rousseau, le regard plus ample, dénoncera "les sciences, les arts, la
philosophie et les moeurs qu'elle engendre". Emile, p. 256.

Et Brouzet l'a bien vu qui donne tous les arguments sociaux en faveur de la nourriture "mercenaire" que l'Encyclopédie n'a pas repris et qu'elle aurait pu reprendre, quitte à leur donner une connotation négative. Que dit en effet le médecin biterrois ? D'abord que la discussion "des avantages ou des inconvénients purement moraux" (341) de l'allaitement maternel ne relève pas "directement" de son propos qui est d'"exposer le pour et le contre médicinal" (342). Or le contre de l'allaitement maternel a nom "les passions". Nous avons vu que, pour Brouzet, l'activité sexuelle n'est pas interdite à une nourrice, à une condition : qu'elle soit "modérée". Si elle ne l'est pas, le lait est altéré, car la vivacité des sensations et des passions en général altèrent le lait. Or, si "la femme d'un rang élevé ne sera pas sujette aux vices honteux des femmes du Peuple,[...] ne sera ni débauchée, ni crapuleuse, ni colère, etc.", "la femme du Peuple ne sera pas aussi communément livrée à l'ambition, à l'amour, aux haines violentes, à la fureur du jeu, aux veilles, à l'ennui, etc. Or les dernières passions nuisent encore plus à la santé que les premières" (343). Donc : une paysanne -même "livrée à l'ivrognerie" (344)- offre plus de sécurité, pour l'allaitement, qu'une "femme exposée successivement à toute l'énergie des désirs, des regrets, des fantaisies, des caprices, des affections vives de l'âme, etc., objets qui n'existent point pour le Peuple" (345), puisque c'est "l'éducation [qui]multiplie les objets des sensations et par conséquent les causes des passions" (346). Aussi vaut-il mieux confier le nourrisson à une nourrice qu'à la mère "exposée [...]à mille fautes de régime qui sont, pour ainsi dire, d'état [...], comme la veille,

----

(341) BROUZET.- Education médicinale... T. I, p. 169.

(342) Ibid. On sait que les premices de Rousseau seront inverses : "Je tiens cette question, dont les médecins sont les juges, pour décidée au souhait des femmes ; et pour moi, je penserais bien aussi qu'il vaut mieux que l'enfant suce le lait d'une nourrice en santé que d'une mère gâtée, s'il avait quelque nouveau mal à craindre du même sang dont il est formé.
"Mais la question doit-elle s'envisager seulement par le côté physique, et l'enfant a-t-il moins besoin des soins d'une mère que de sa mamelle". Emile, pp. 256-257.

(343) BROUZET.- Id., p. 175.

(344) Ibid.

(345) Ibid.

(346) Id., p. 174. Nous retrouvons bien l'opposition ville-lieu d'éducation et de multiplication des passions ≠ campagne - lieu de simplicité et d'absence de passions.

le jeu, le défaut de sobriété, les excès, etc. (347). Avec cette dernière
phrase et en particulier le mot "etat", nous voyons très clairement que c'est
tout le style de vie d'une certaine société qui est en cause et qui justifie la nourriture mercenaire. Répétons que toute cette argumentation aurait
pu être reprise par l'Encyclopédie pour montrer que c'est bien le "luxe" qui
a fait renoncer à l'allaitement maternel ; ce qui aurait été la dénonciation
de ce style de vie, de cet "etat" fait de veille et d'excès en tout genre, en
particulier en "passions". Ce n'est pas que Brouzet approuve ceci, mais il
raisonne, comme nous avons vu qu'il le dit lui-même, en fonction "du pour et
du contre" de sa science. Or celle-ci le fait aller contre les deux premiers
arguments déjà examinés, développés dans les premières lignes de notre texte 10.
Cela explique sans doute que le médecin biterrois ne soit pas l'inspirateur
de cette deuxième partie de NOURRICE, comme il l'était de la première. En
effet, Brouzet écrit que "l'analogie que l'on a imaginée entre le lait de
chaque mère et l'enfant dont elle est accouchée" (348) doit être dit précisément "imaginée, car personne ne l'a prouvée, que je sache, ni même établie par
une présomption raisonnable" (349). Conséquence de cela : l'enfant peut très
bien être nourri par le lait d'une autre femme que sa mère, voire par celui de
bêtes : vache, chèvre, brebis, voire encore à l'aide de bouillies (350). Quant
à la tendresse naturelle de la mère pour son enfant, "on doit [la] lui suppo-
ser" (351) écrit Brouzet ; ce qui traduit une certaine prudence qui se change
en critique quand il s'agit de la croyance à la causalité matérielle de la
naturalité de cette tendresse. "L'on a pensé, écrit-il, que ce n'était pas à
la seule habitude de vivre ensemble, mais même à un effet matériel du lait que
cet attachement réciproque serait dû. Ce phénomène, s'il existait, serait,
sans contredit, de notre ressort [de médecin] ; mais cette prétention n'est

----

(347) Id., p. 173.

(348) Id., p. 176.

(349) Ibid. Et p. 162 : "Mais cette analogie n'est encore qu'un rapport énoncé
et point du tout prouvé, comme il y en a tant d'autres en médecine et surtout
dans la théorie des vertus et du choix des aliments et des médicaments".

(350) Id. p. 184 : "Nous ne penchons pas à lui donner la préférence [au lait de
femme] sur les deux autres méthodes dont nous avons fait mention, savoir la
nourriture par le lait de vache ou de chèvre et par la bouillie de Vanhelmont
[pain légèrement bouilli dans de la petite bière avec du miel ou du sucre];
nous répéterons même en faveur de ces deux méthodes que ce n'est que par respect
pour les droits de l'expérience que nous ne nous décidons pas hautement pour
l'une ou pour l'autre".

(351). Id., p. 182.

pas assez solidement établie ; elle paraît même l'effet d'un préjugé" (352).
Décidément, l'hostilité aux préjugés du médecin biterrois, si elle permet la
levée de l'interdit sexuel appliqué aux nourrices, va contre tout ce que
l'Encyclopédie défend dans la deuxième partie de NOURRICE : analogie physiologique du lait et du placenta ; naturalité de la tendresse maternelle ; dénonciation du style de vie qui empêche l'allaitement maternel. Sur tous ces
points, Brouzet, en quelque sorte, demande à voir.

      Pour l'encyclopédiste au contraire, c'est tout vu : puisque le lait
est analogue au placenta et que toute mère -sauf les dénaturées- est naturellement la plus apte à être tendre pour son enfant, l'allaitement maternel va
de soi. Et puisque c'est l'état social qui empêche sa généralisation, il faut
que ce soit la société qui favorise celle-ci. D'où les sept   lignes du
dernier paragraphe de NOURRICE sur une loi turque qui, dans les successions,
favorise "la veuve qui a allaité ses enfants elle-même" (XI. 261 G. 72) en
lui accordant le tiers des cinq parts dévolues aux enfants. Et Diderot ou
De Jaucourt -car on a bien envie de leur attribuer NOURRICE, à la seule lecture
de cette phrase- de conclure, au mépris de tout ce que la Turquie représente
usuellement de barbarie dans la pensée des Lumières : "Voilà une loi très
bonne à adopter dans nos pays policés" (XI. 261 G. 74). Sous entendu, d'une
manière pleine d'ironie critique : les Turcs barbares valent bien "nos pays
policés", du moins sur ce point. Cette recommandation d'un stimulant matériel
à l'allaitement maternel est bien un peu contradictoire avec l'argument du
stimulant psychologique que doit constituer la tendresse naturelle de la mère
et qui faisait condamner le "loyer mercenaire" au demeurant "souvent fort
modique" (353), mais il y va du retour à la pratique de l'allaitement maternel

----

(352) Id., p. 183.

(353) Effectivement, si on le compare au salaire moyen national du Journalier
agricole. En 1790, celui-ci est de 1 ₤ 6 d. (Histoire Economique et Sociale de
la France, T. II, p. 491), soit, pour 290 jours de travail : 297₤ par an. Consi-
dérant la hausse des salaires au XVIIIe siècle, qui se situe autour des 30 %
entre 1750 et 1789, on peut ramener ce chiffre à 208₤ par an dans les années
1750. Or à une nourrice de province les parents donnent, en 1756, 5 ₤ par mois
soit 60₤ par an (MERCIER.- L'enfant dans la société... (bibliogr. n°143), p.33)
qui donne les chiffres de Chamousset qui doivent être réels, puisque, à la
veille de la Révolution, l'Institut de bienfaisance en faveur des pauvres mères-
nourrices de Lyon attribue à chacune de celles-ci 9₤ par mois (GARDEN.- Ouvr.
cité, p. 83 de l'édition abrégée et p. 62 pour la confirmation des 60₤ par mois).
Ces 60₤ font donc moins du tiers du salaire du journalier agricole qui n'est
pourtant pas une merveille ! La nourriture d'un nourrisson par un couple de
paysan dans la France du XVIIIe n'est pas sans me rappeler le salaire tiré du
don du sang dans les classes populaires de certains pays du Tiers-Monde : salaire menu mais trop nécessaire pour être d'appoint.

confondu avec la restauration des moeurs, puisque son abandon se confond avec leur corruption (354). Ainsi NOURRICE se termine sur ce pessimisme historique et cette volonté de réforme de la morale sociale. Ce qui confirme ce que l'on savait déjà : qu'en ces années 1750-1760, Rousseau n'est pas tout seul. Il se retrouve d'ailleurs avec l'Encyclopédie -ce sera notre dernière remarque et non la moindre à propos de cet article- pour passer complètement sous silence l'argument contre la mise en nourrice que synthétisera Beaumarchais quelques années plus tard, en exagérant bien sûr (355),   et qui nous semble aujourd' hui être l'argument vrai parce que le plus tristement réel : la mise en nour- rice est une mise à mort pour les deux tiers des enfants qui la subissent (356). Cet argument de poids contre l'allaitement mercenaire, l'Encyclopédie ne l'avance pas, préférant l'argumentation psycho-morale. La réalité est-elle trop triste ? Ou le pessimisme historique évoqué comprend-il cette réalité au point qu'elle n'a pas à être dite ? Peut être tout simplement : la vision morale pour ne pas dire moralisatrice occulte le sens des réalités. N'est-il pas dans la nature de l'idéologie de dire ce qui doit être en dénonçant ce qui ne doit pas être afin de mieux voiler ce qui est. D'ailleurs, était-ce à l'Encyclopédie à dire à la société, à une certaine société -l'urbaine- : vous tuez vos enfants en les envoyant en nourrice ! ?

----

(354) Ce qu'explicitera Rousseau : "Tout vient successivement de cette pre- mière dépravation ; tout l'ordre moral s'altère, le naturel s'éteint dans tous les coeurs ; [..]. Mais que les mères daignent nourrir leurs enfants, les moeurs vont se réformer d'elles-mêmes, les sentiments de la nature se réveiller dans tous les coeurs, l'Etat va se repeupler" (Emile, p. 257 et p. 258).

(355)   "Sur 100 enfants qui naissent, le nourrissage étranger en emporte 80, le nourrissage maternel en conservera 90". Cité par GARDEN.- Ouvr. cité, p. 83 de l'édition abrégée.

(356)   GARDEN (M.).- Ouvr. cité, p. 63.

PHTISIE

      Relevant évidemment, dans l'ordre encyclopédique du savoir, de la
médecine, cet article compte trois rubriques : "PHTISIE (Médec.)" (XII. 532
G. 9) (quatre colonnes moins cinq lignes), "PHTISIE DORSALE (Médecine)" (XII.
534 G. 4) (presque une colonne et demie), "PHTISIE NERVEUSE" (XII. 534 D. 28)
(trente-neuf lignes, soit plus d'une demi-colonne). Le tout fait quasi trois
pages (= six colonnes moins dix-huit lignes). Aucune de ces trois n'est
signée. Aussi répèterons-nous rapidement les quatre hypothèses que nous avons
déjà faites pour l'attribution de MARASME et de NOURRICE : de Jaucourt qui
est l'auteur des deux articles qui encadrent PHTISIE : "PHTHIROPHAGIENS" et
"PHTOSE", mais pourquoi n'aurait-il pas signé celui du milieu ? ; D'Aumont ?
Diderot ou Diderot à partir de D'Aumont ? Quel qu'en soit l'auteur, l'article
ou, plus exactement, la rubrique principale : PHTISIE, sans qualificatif,
est structurée à peu près suivant le schéma général déjà rencontré. Définition (cinq lignes) ; causes médiates (quarante lignes) et immédiates (dix-
huit lignes) ; symptomatologie et pronostic (quarante-six lignes) ; thérapeutique qui comprend : "curation" + "remèdes" + "electuaire contre la
diarrhée" (ce qui fait encore une fois la partie la plus longue : trente-
cinq + vingt-six + cinquante et une lignes). "A peu près", venons nous de
dire. En effet, dans notre énumération il manque la partie concernant la
typologie de l'affection, habituellement en tête. En fait, et cela s'explique
par l'existence des deux rubriques suivantes sur la Phtisie dorsale et la
phtisie nerveuse, cette partie descriptive existe, mais à la fin de PHTISIE,
préparant en quelque sorte PHTISIE DORSALE et PHTISIE NERVEUSE qui sont deux
espèces particulières de phtisie ; elle compte cinquante-six lignes qui ne
sont qu'un catalogue.

      C'est d'ailleurs dans celui-ci que nous trouvons neuf lignes qui
peuvent se rapporter à notre sujet. Trois donnent les signes de "la phtisie
des nourrices" (XII. 533 D. 45) : "la diminution de l'appétit, la faiblesse
et le resserrement des hypocondres" (XII. 533 D.46-47). Deux ne font que renvoyer à CHARTRE -"La phtisie des enfants qui vient du carreau, et qui sont en
état de chartre. Voyez CHARTRE" (XII. 533 D.48-49)-, ce qui est une manière de
faire de la phtisie une conséquence du carreau, par permutation de la cause

et de l'effet, car c'est la tuberculose qui produit l'étisie (357) et non
l'inverse. Quatre lignes enfin lient la phtisie au rachitisme en parlant
"du virus rachitique" (XII. 533 D. 50) d'ou provient "la phtisie rachitique"
(ibid.), et en renvoyant le lecteur à "RACHITIS" (XII.533 D. 53). C'est donc
lors de l'examen de RACHITISME que nous verrons le problème que pose cette
affirmation de l'existence d'un virus rachitique. Pour le moment, contentons-
nous de constater que ces neuf   lignes font peu de choses sur la phtisie
chez les enfants. Mais est-elle véritablement une maladie infantile ?
Avant de et pour pouvoir répondre, question préjudicielle : de quelle maladie
s'agit-il ? Comme nous venons de le voir à propos de la phtisie rachitique,
l'article de l'Encyclopédie mêle l'examen de ce que Desault appelle "la phtisie
symptomatique qui dépend d'autres maux et qui se guérit à mesure qu'on les
détruit" (358) avec l'examen de ce que ce même nomme "la phtisie principale
et fameuse qui enlève tant de sujets de l'un et de l'autre sexe, que le vulgaire appelle les pulmoniques" (359). Et la définition donnée au début de
PHTISIE confirme ce mélange -"PHTISIE [..] se dit en général de toute exténua-
tion, consomption, amaigrissement, desséchement et marasme qui arrivent au
corps humain. Dans le langage ordinaire on n'entend par ce mot que la seule
consomption tabifique du poumon" (XII. 532 G. 9-13)- qui peut tourner à la
confusion (360). Au vrai, je suis tenté de faire de celle-ci un symptome. De
deux choses. D'abord, de ce donné de l'histoire de la phtisiologie : l'universalité pathologique en quelque sorte de la phtisie à la "grande époque" (361),

----

(357) Puisque d'après le NYSTEN/LITTRE.- (Bibliogr.n° 147), p. 254, chartre,
carreau et etisie sont synonymes : "CHARTRE, s.f. Nom vulgaire du carreau ou
atrophie mésentérique. Ce mot est synonyme aussi d'étisie, de consomption".

(358) DESAULT (Pierre).- Dissertation... (Bibliogr. n° 23), p. 335.

(359) Ibid.

(360) Comme dans les lignes suivantes : "Si les poumons ou quelqu'autre partie
noble sont réellement rongés par un ulcère, on appelle cette maladie consomption ; et celle qui attaque le poumon se nomme phtisie ; ce qui provient de
tout ulcère ou de toute autre cause de pareille nature qui, appliquée au poumon ou à une autre partie, le corrompt, le détruit et fait tomber cette partie
dans le marasme et le desséchement. Le foie, le pancréas, la rate, le mésentère, les reins, la matrice, la vessie peuvent être ulcérés et produire la
phtisie." Encyclopédie, XII. 532 G. 17-27. Le moins que l'on puisse dire, est
que le lecteur à peine attentif de ces lignes est en droit de dire : Alors,
finalement, la phtisie, qu'est-ce que c'est ?

(361) COURY (Charles).- Grandeur et déclin d'une maladie... (Bibliogr. n° 95)
p. 4.

au début de son acmé (autour de 1780, selon les pays). Ensuite, précisément
de cet acmé. C'est justement parce qu'elle est "la "peste blanche" du monde
civilisé" (362) que l'on en fait une affection protéiforme s'attaquant à tous
les organes ou presque, au point d'en donner cette définition particulière et
générale. A mal diffus, définition éclatée. J'ajouterai que celle-ci est
l'expression de la phtisiologie elle-même de cette époque qui continue à pro-
clamer la diversité des phtisies pulmonaire et extra-pulmonaire (voir le texte
cité à la note 360), alors que le soupçon de "l'unité lésionnelle de la tuberculose" (363) se fait jour (364) (même texte et en particulier : "ce qui provient de tout ulcère ou de toute autre cause de pareille nature qui, appliquée
au poumon ou à une autre partie..."). Conclusion de toutes ces considérations :
nous avons affaire à la tuberculose qui n'est pas, à rigoureusement parler,
une affection infantile, mais une maladie de la jeunesse : de l'adolescence
et du jeune âge adulte. L'Encyclopédie, après bien d'autres (365) et en particulier son inspirateur pour cet article, Morton (366), énonce cela avec
l'étiologie congruente admise à l'époque : "La phtisie se forme à l'âge que
les vaisseaux ne croissent plus et résistent par ce moyen à l'effort que font
les fluides pour les distendre, tandis que le sang augmente en impétuosité,
en acreté, ce qui provient de la plethore vraie ou fausse. Ceci arrive entre
l'âge de seize et trente-six ans" (XII. 532 G. 58-63). Ce qui, ajoute l'encyclopédiste, se produit "de meilleure heure dans les filles que dans les garçons,
parce que les premières sont plutôt formées" (XII. 532 G. 63-65). Voilà comment
s'expliquera à l'époque romantique la mort des jeunes êtres fauchés par la
tuberculose -le mot apparaît en 1834 (367)- dans leur fleur et leurs premières

----

(362) Ibid.

(363) Id., p. 6.

(364) DESAULT.- Ouvr. cité, p. 377 : Les tumeurs écrouelleuses du cou ne sont
qu'une "metastase ou transport de l'humeur qui faisait son jeu dans le poumon",
"de manière qu'on peut appeler la phtisie l'écrouelle du poumon".

(365) D'Hippocrate à Desault : "La Phtisie attaque la jeunesse plutôt que les
autres âges ; c'est depuis 18 jusqu'à 35 ans qu'elle fait la principale mois-
son : "Tabes praecipue contingit aetatibus quae sunt ab auno 18 ad 35". Hipp.
Aph. 9. Sect. 5". DESAULT.- Ouvr. cité, p. 336.

(366) MORTON (Richard).- Opera medico... (Bibliogr. n° 54), T. I, livre 2nd.

(367) COURY (Ch.).- Ouvr. cité, p. 8 : la chronologie.

amours. Desault lui-même, qui dénonce la croyance universelle -y compris chez des médecins- selon laquelle l'ulcère est la cause immédiate de la phtisie (368), est cependant du même avis que ses prédecesseurs et successeurs jusqu'à Villemin et Koch sur la cause médiate, "antécédente" comme il dit, de ce mal de la fleur de l'âge. C'est la mauvaise circulation du sang, en particulier dans les poumons, qui aboutit à une stagnation génératrice de "sucs aigres et coagulants" (369) donnant naissance aux fameuses tubercules s'ulcérant par la suite. Et, comme une théorie explicative, même fausse, est, se veut toujours complète, le fait que les jeunes personnes soient plus sujettes à la phtisie que les autres s'explique aisément à partir de ce qui vient d'être dit. En effet, l'adolescence est l'âge des amours et des passions ; or, "cette atten-tion continuelle de l'âme occupe les esprits dans le cerveau, en suspend la descente dans l'estomac, l'appétit disparaît, la digestion en souffre, le chyle gluant et mal digéré est fourni au sang propre à former des arrêts, des obs-tructions soit au poumon, soit au foie" (370). Voilà comment être amoureux, surtout d'un amour contrarié ou impossible, conduit à être phtisique. Etre mélancolique, de même. De même encore être de complexion naturelle phtisique, c'est-à-dire avoir un long cou, "peu de capacité de la poitrine", (XII. 532 G. 36), et les épaules étroites, "parce que le poumon se trouvant gêné et n'ayant pas un libre espace pour recevoir l'air et favoriser le brisement du sang, il est facile aux liqueurs de croupir et de s'arrêter" (371). Tout cela : la passion, la mélancolie, la complexion "phtisiogène", ne se trouve pas ou du moins pas encore arrêté chez les enfants. Donc la phtisie n'est pas une affec-tion infantile.

Mais alors qu'est-ce que c'est que cette "phtisie des enfants qui vient du carreau" ? En fonction de ce que nous avons vu sur l'universalité

----

(368) DESAULT (P.).- Ouvr. cité, p. 353 : "Les ulcères qui succèdent à l'inflam-mation, à la supuration des tubercules du poumon ne sont pas la cause de la phtisie et consomption, mais bien l'effet et les symptomes" ; ce sont les tu-bercules qui sont la "cause conjointe de la phtisie". (p. 343).

(369)Id., p. 370.

(370) Id., p. 365.

(371) Id., p. 370.

pathologique de la phtisie en ces temps de son acmé, ce peut-être beaucoup de choses. La tuberculose pulmonaire bien sûr, attrapée auprès d'un frère ou d'une d'une soeur aînés atteints -ce qu'on explique à l'époque soit par la contagion soit par l'hérédité (372)-, avec complications au niveau du mésentère. Dans ce cas, la tuberculose pulmonaire est toujours primitive, l'étisie n'étant, comme nous l'avons déjà dit, que secondaire. Cependant, s'il s'agit véritablement du carreau, nous sommes en face d'une tuberculose du mésentère primitive, autrement dit de la tuberculose péritonéale dont Hufeland reconnaîtra à l'extrême fin du XVIIIe siècle qu'elle "affecte ordinairement le mésentère chez les enfants de 2 ans" (373). Dans ce cas ce sont les ganglions lymphatiques qui sont atteints par le bacille de Koch et deviennent tuberculeux. Evidemment, le XVIIIe siècle ne sait pas que c'est un bacille qui produit le carreau, l'attribuant au "vice scrofuleux" (374). La logique de Desault dirait: le carreau est l'écrouelle des glandes mésentériques. En plaçant les deux lignes sur le carreau que nous avons citées dans PHTISIE, l'Encyclopédie suggère à sa manière peu explicite et bien rapide, car, entre ces deux lignes et les douze de CHARTRE, nous ne savons pas grand-chose du carreau (375) l'unité de la tuberculose.

Et les deux autres rubriques de PHTISIE ne constituent pas une infirmation de cela, puisque la PHTISIE DORSALE et la PHTISIE NERVEUSE sont bien présentées comme de simples modalités de la consomption produite par ulcère ou "par toute autre cause de pareille nature". En effet, la seconde est

----

(372) Encyclopédie XII. 532 G. 66-67 : "Le vice qui produit la phtisie vient d'une disposition héréditaire". Desault, lui, affirment les deux modes de propagation : "Ceux qui sont le malheur d'être nés de parents phtisiques y sont très enclins. [...] Ceux qui sont engagés à vivre avec les phtisiques, à les servir, peuvent prendre le mal, pour peu qu'ils y aient de disposition, car il est contagieux, comme nous le ferons voir dans la suite". Ouvr. cité, p. 336.

(373) Cité par COURY (Charles).- Ouvr. cité, p. 70.

(374) Ibid.

(375) Et il n'y a pas d'article le concernant ni dans le corps ni dans le supplément de l'Encyclopédie. Il est vrai que le Mémoire de Baumes (J.B. T. V) qui a remporté le prix au jugement de la Faculté de médecine de Paris, en 1787, sur cette question : décrire la maladie du mésentère propre aux enfants que l'on nomme vulgairement Carreau, date de 1788.

"une consomption tabide de tout le corps"(XII. 534 D. 28-29) dont "les causes primitives sont pour l'ordinaire les violentes passions de l'âme [les revoilà !], l'usage trop fréquent et trop abondant des liqueurs spiritueuses, le mauvais air et généralement tout ce qui peut produire les crudités" (XII. 534 D. 47-50) qui vont faire coaguler le sang et donc engendrer des tubercules. Tout cela concerne les adultes jeunes. En revanche, la phtisie dorsale -pour nous aujourd'hui : la carie vertébrale tuberculeuse ou mal de Pott (376)- intéresse notre objet : l'enfance. Plus exactement : l'adolescence, parce que la rubrique de l'Encyclopédie qui la concerne est l'occasion pour celle-ci de reprendre un thème tout particulièrement cher à la médecine des Lumières : la réprobation, plus : la condamnation de la masturbation, au nom de l'équilibre physiologique, de la santé. Car qu'est-ce qui cause cette "espèce de phtisie qui a été ainsi appelée, parce qu'outre les symptomes généraux, elle est accompagnée d'une démangeaison douloureuse et singulière le long de l'épine du dos" (XII. 534 G. 4-7) qui peut dégénérer en gibbosité ? "La dissipation excessive de la semence", la phtisie dorsale étant "la suite familière et la juste punition des débauches outrées, des excès dans les plaisirs vénériens" (XII. 534 G. 31-33), et particulièrement de la "MANUSTUPRATION [MASTURBATION] qui en est une des principales causes" (XII. 534 G. 55). Et ce n'est pas de Tissot (377) que l'auteur se réclame pour dénoncer les méfaits du plaisir solitaire, mais du père même de la médecine : "l'évacuation immodérée de la semence, dit Hippocrate, porte ses principaux coups sur le cerveau et sur la moëlle épinière qui n'en est qu'un prolongement" (XII. 534 G. 35-36). Et l'encyclopédiste d'énumérer les malheurs physiques qui atteignent ceux qui s'adonnent à de tels "excès" et qui, comme il vient d'être dit, n'en sont qu'une "juste punition" :'enflures des jambes [..], ulcères opiniatres et périodiques dans la région des lombes, cataractes épaisses sur les yeux" (XII. 534 G. 47-49), plus même : "il n'est pas rare d'en voir qui perdent tout-à-fait la vue" (XII. 534 G. 50). Et l'auteur ajoute, juste après avoir

----

(376) Qui d'ailleurs, comme le rappelle ch. COURY.- Ouvr. cité, p. 64, "n'a pas reconnu l'origine réelle [tuberculeuse] du mal qui porte universellement son nom", parce qu'il la décrite avec soin, en 1779, soit quatorze (14) ans après la parution de ce tome XII de l'Encyclopédie.

(377) Auteur, je le rappelle, de L'Onanisme, paru en 1706. cf. l'art. de Ph. LEJEUNE dans le numéro des Annales ESC sur "Histoire et Sexualité". Bibliogr. n° 125, pp. 1009-1022.

dénoncé la masturbation : "Les malades parvenus à ce point n'échappent presque
jamais à la mort" (XII. 534 G. 56-57). Si, après l'évocation de tels malheurs,
des jeunes gens ont encore l'audace, la témérité d'avoir des pratiques sexuel-
les solitaires, eh bien ! tant pis pour eux : la punition suprême viendra
d'elle-même, par la nature en quelque sorte dont la médecine ne fait qu'expliciter les mécanismes. Jeunes gens qui vous touchez, vous mourrez aveugles !
Ainsi la phtisie est la maladie des amoureux : la pulmonaire des transis ou
des contrariés ; la dorsale des trop fougueux ou des solitaires. Qui, après
cela, osera dire que les Lumières ne croient pas que l'on puisse mourir d'amour
ou de plaisir ? !

A ce mal si puissant quel est le remède et y a-t-il un remède ?
L'Encyclopédie répond à la question, certes en donnant toute une série de
julep (378)   électuaire (379), pilule (380) et autres remèdes (381), em-
pruntés à Morton, mais d'abord en prescrivant l'exercice. Parce que, dans la
phtisie dorsale, il est plus propre "à dissiper qu'à faire naître les idées
voluptueuses" (XII. 534 G. 65-66) (382), et dans la phtisie pulmonaire, il
permet de "rompre ou de procurer l'ouverture" (XII. 532 D. 61) de la vomique.
Pour cela "l'exercice du cheval" (XII. 532 D. 62) est explicitement recommandé.
Ce qui est très cohérent avec l'étiologie de la phtisie. En effet, que la
cause première de celle-ci soit l'ulcère ou, stade antérieur, les tubercules
ou, stade encore antérieur, les sucs acres et coagulants du sang stagnant, il
convient soit de rompre le premier, soit de concasser les secondes, soit
d'empêcher cette stagnation. Or, pour ces trois choses, l'exercice du cheval

----

(378)   Exemple : Eaux de tormentille [rosacée astringente] et de plantin
+ eau de canelle + eau admirable [avec du sulfate de soude] + perles préparées
et corail préparé + bol et sang dragon + cachou + sirop de myrthe + esprit de
vitriol dulcifié. A prendre toutes les deux ou trois heures, "après avoir
agité la fiole". Encyclopédie, XII.533 D. 21. Ce julep sert à diminuer "les
sueurs colliquatives. Id., XII. 533 D. 5.

(379) Exemple : Yeux d'écrevisse préparés + corail rouge préparé + nacre de
perle + perles préparées + poudres [?] + confection de Jacinthe + essence de
cannelle + gelée de coings + laudanum [opiat] dissous dans l'esprit de safran
+ sirop balsamique constituent un électuaire contre la diarrhée du tuberculeux
qui se vide.

(380) Pilules de cynoglosse [plante] ou de styrax [oliboufier] , à la fois narcotiques et purgatives.

(381) Saignées bien sûr, purgatifs, diurétiques, cautères, "vésicatoires à la
nuque entre les épaules, aux cuisses et aux jambes". Encyclopédie, XII.533.D.31.

(382) "Fais du sport" disait on encore naguère à l'adolescent chez qui on crai-
gnait une propension au plaisir solitaire ou simplement amoureux.

est ce qui convient (383). Tout cela concerne les adolescents ou les jeunes adultes ; mais qu'en est-il pour les enfants, quel remède faut-il contre la phtisie mésentérique, pour empêcher la formation d'adénopathies mésentériques ? L'Encyclopédie ne donne pas la thérapeutique du carreau. En vérité, tout ce que nous avons déjà vu à ENFANTS (MALADIES DES) concernant le régime à suivre pour éviter aux enfants l'accumulation d'acide dans le chyle, constitue cette thérapeutique, au demeurant cohérente avec tout ce que nous venons de voir sur l'étiologie de la phtisie dans ces années cinquante du dix-huitième siècle.

RACHITIS[ME] (384)

Cet article se trouve au tome XIII et relève, dans l'organisation encyclopédique du savoir, de la "médecine pratique" et non de la "médecine" tout court. Si le lecteur se réfère au "Système figuré des connaissances humaines", se trouvant en tête du tome I, il constate qu'il y a la "médecine" -qui dépend, comme nous l'avons vu, de la "zoologie"- mais point du tout de "médecine pratique". Est ce que ce dernier adjectif sert à marquer que cette maladie dépend plus de la chirurgie, voire de l'orthopédie que de la médecine ? A moins qu'il n'ait pour fonction que de qualifier cette dernière : clinique et non théorique, l'article (cinq colonnes moins deux lignes, soit deux pages et demie) se voulant descriptif et thérapeutique ? En fait, il ne se différencie pas des articles déjà vus concernant des maladies. Ce qui confirme que son auteur -car il n'est pas signé- doit être ou de Jaucourt -mais une fois de plus : pourquoi n'aurait-il pas signé ?- ou D'Aumont ou Diderot ou Diderot travaillant sur des papiers de D'Aumont. En effet, nous retrouvons : définition (quinze lignes) ; description symptomatologique (trente neuf lignes ; étiologie (deux colonnes et douze lignes : cent soixante lignes) (385) ; pronostic (cinquante et une lignes) et traitement (cent deux lignes). Notons que
----

(383) DESAULT.- Ouvr. cité, p. 363 écrit : "Quelle concrétion dans le poumon, quel tubercule peut-on imaginer qu'un million de secousses excitées par le mouvement du cheval dans un même jour, ne soient capable de briser et de détruire, surtout quand elles sont redoublées le lendemain et jours suivants, sans relâche".

(384) L'Encyclopédie écrit "RACHITIS ou RHACHITIS" ; d'autres, Levacher de la Feutrie, Magny (cf. Bibliogr.) , diront "RAKITIS". Nous choisissons, une bonne fois pour toutes, de dire RACHITISME.

(385) Pour l'histoire du vocabulaire, il est intéressant de noter que l'auteur de l'article emploie le mot, orthographié à partir du grec, avec un "h" en plus : "aithiologie" (XII. 743 D. 8).

RACHITISME a sa partie étiologique (160 1) aussi longue que la partie thérapeutique (Pronostic + traitement = 153 1) ; ce qui indique que les causes de
cette affection font problème. C'est d'ailleurs ce que souligne l'auteur de
l'article au début de la partie étiologique, en partant de cet autre problème
que pose cette affection : son apparition récente.

Car il entre dans la définition du rachitisme, et d'être une maladie
infantile ("Les enfants sont les seules victimes que le rachitisme immole à
ses fureurs ; elle les prend au berceau depuis le sixième mois environ de leur
naissance, jusqu'à l'âge d'un an et demi" (XIII. 743 G. 14-17)), et d'être
d'apparition récente ("elle n'a point été connue avant le milieu du seizième
siècle, où elle commença ses ravages par les provinces occidentales de
l'Angleterre" (XIII. 743 G. 11-12)) (386). Cette dernière caractéristique fait
d'ailleurs problème pour l'Encyclopédie qui se demande, au début de la partie
étiologique, si la cause qui produit le rachitisme "ne produisait pas cet
effet" (XIII. 743 G. 65) avant le seizième siècle, "ou si cet effet produit
n'était pas observé, ce qui n'est guère vraisemblable" (XIII. 743 G. 65-66),
les auteurs antérieurs en auraient parlé. Il ne reste donc que la première
hypothèse qui fait donc conjecturer, et conjecturer seulement qu'il y "aurait
eu dans ce temps-là une disposition singulière dans l'air qui dirigeât à cet
effet particulier les causes générales d'atrophie, de consomption ou d'autres
maladies ?" (XIII. 743 D. 2-4). En fait, la réponse se trouve dans la question:
le rachitisme n'a pas été distingué pendant longtemps de toutes les sortes
d'affections étiques et autres tuberculoses osseuses. Les trois dernières
lignes de CHARTRE déjà vu le confirme, qui dénoncent cette confusion (387).
----

(386) D'où son autre nom de "mal anglais". cf. NYSTEN/LITTRE (Bibliogr.n° 147)?
p. 1051.

(387) Encyclopédie, III, 223 G. 29-31. (cf. ci-dessus, notes 240 et 241. Le
Le Vacher de la Feutrie dans son Traité du rachitisme, p. 20, trouve cette
distinction juste même si, ensuite, il critique Duverney) Exemple de cette
confusion, à l'époque même de l'Encyclopédie : le Traité des maladies des os
de Jean-Louis PETIT dont le chapître XVII du tome second a pour titre : "De
la charte ou Rakitis" (Bibliogr. n° 164, pp. 395-432). Cette édition est la
5e, la première datant de 1705. Et pourtant, comme nous l'allons voir, l'ouvrage
du célèbre chirurgien (1674-1750) n'est pas du tout dépassé par rapport à
l'article RACHITISME de l'Encyclopédie.

Levacher de la Feutrie (388) qui, dans son Traité du Rachitisme, veut remet-
tre beaucoup de choses en question, refuse cette idée du caractère récent de
ce mal, avec une argumentation que nous pouvons résumer ainsi : les enfants
et les adultes bossus, tordus, faibles ou contrefaits ne datent pas du XVIe
siècle. Il refuse également de suivre Glisson que, dit-il, il a trouvé partout ; "partout ses assertions, ses hypothèses, ses comparaisons, ses observations, sa pratique, et conséquemment partout une théorie fastidieuse et
fausse du rachitisme ; partout une curation mal ordonnée de cette maladie"
(389). Ces mots ont été publiés en 1772 ; s'ils sont exacts, RACHITISME de
l'Encyclopédie doit suivre ce que Glisson a écrit et développé - et constituer le résumé ou la somme de la théorie de l'anatomiste anglais sur cette
maladie, qui n'est autre, d'après Levacher de la Feutrie, que la théorie du
rachitisme. En fait, il n'en est rien, le Dictionnaire raisonné ... ne suivant Glisson que là où tout le monde le suit. C'est-à-dire pour la symptomatologie, pour l'inventaire des causes générales, pour le pronostic et pour la
thérapeutique. Mais s'il y a accord sur ces quatre points, que reste-t-il
comme point de divergence ? Un, essentiel, celui de la causalité immédiate :
le mécanisme explicatif de la courbure des os et de l'épine dorsale. Voyons
donc ces différents points.

   Et tout d'abord l'acquis à peu près général depuis Glisson, principale source de l'Encyclopédie avec, en partie, Petit dont le Traité des
maladies des os est antérieur de près de cinquante ans à l'ouvrage de Duverney,
publié par Senac en 1751 (390). Pour ce qui est des symptomes, ils sont de
deux sortes : physiques et psychologiques. Les enfants rachitiques ont une
grosse tête, les "parties musculeuses [...]grêles et décharnées" (XIII. 743
G. 23-24) et des os courbes. "Ce vice très considérable dans l'épine du dos
et dans les côtés rétrécit la poitrine par derrière et la porte en pointe sur

----

(388) "Docteur en Médecine de l'Université de Caen et Docteur-Régent en la
même Faculté de l'Université de Paris" dit la page de titre du Traité du
Rachitisme (Bibliogr. n° 47). A.F. Thomas LEVACHER DE LA FEUTRIE est né à
Evreux en 1739 et est mort en 1824. Il est le fondateur de la Société médicale d'émulation de Paris.

(389) GLISSON (François).- De rachitide, sive morbo puerili... (Bibliogr.
n° 33). Il est né à Rampisham (Dorsetshire) en 1596 et mort à Londres en 1677.

(390) cf. ci-dessous notes 240 et 387.

le devant" (XIII. 743 G. 31-34). Voilà en gros pour les symptomes physiques.
Symptome psychologique : "ces malades [ont] un développement plus prompt de
l'esprit et beaucoup plus de vivacité qu'à l'ordinaire" (XIII. 743 G. 39-40).
Pour ce qui est des causes générales "qu'une observation constante a démontré
concourir plus efficacement à la production du rachitisme (XIII. 743 D. 10-11),
elles sont au nombre.de quatre : "l'air froid et nébuleux chargé de mauvaises
exhalaisons" (XIII. 743 D. 12-13) ; "la mauvaise constitution des parents"
(XIII. 743 D. 18) ; "le défaut d'une bonne nourrice" (XIII. 743 D. 25), qui
donne à l'enfant un lait vicié ou le fait vivre emmailloté "pendant des journées entières [...] dans une situation gênée" (XIII. 743 D. 44-45) ; un mauvais régime alimentaire. Même Levacher de la Feutrie reconnait ces causes (391).
La première cause explique la géographie du mal qui sévit surtout dans les
pays du nord-ouest de l'Europe. Mais par une logique circulaire, cette géographie prouve cette cause : "la preuve en est [de ce que "l'air froid et
nébuleux chargé de mauvaises exhalaisons" est cause de rachitisme] que cette
maladie est très fréquente à Londres où l'air est un espèce de cloaque épais,
rempli d'exhalaisons et des vapeurs du charbon de terre" (XIII. 743 D. 13-16).
L'énoncé de la seconde cause -"la mauvaise constitution des parents"- est
l'occasion d'une mise en cause d'un certain genre de vie fait "d'oisiveté et
de mollesse" (XIII. 743 D. 21), "d'excès en différents genres" (XIII. 743 D.24),
en particulier sexuels qui peuvent aboutir à "des maladies chroniques, surtout
vénériennes" (XIII. 743 D. 23-24). Avec cette affirmation de Glisson (392)
reprise par l'Encyclopédie, Levacher de la Feutrie ne sera pas d'accord, soute-
nant "qu'il se rencontre tous les jours des rikets dont les parents et les
nourrices sont entièrement irréprochables du côté du mal vénérien", tandis que

----

(391) LEVACHER DE LA FEUTRIE.- Ouvr. cité, Chap. VIII : Art. II : Des causes
prédisposantes du rachitisme, p. 154 "Un sperme imbécile et mal élaboré par
les organes des parents est visiblement peu propre à former un corps sain et
robuste" ; p. 157 : "rien n'est mieux démontré que le mal que font les bandes
du maillot appliquées sans intelligence et sans précaution, rien n'est plus
généralement reconnu" ; p. 158 : "la mauvaise qualité du lait ajoute à ces
maux." Voilà pour les deuxième et troisième causes. Ibid. Art. III : Des causes
procatarctiques du rachitisme, p. 166 : "On sait qu'en général l'air humide et
froid ou humide et chaud en même temps, est très malsain" ; p. 168 : "Rien,
après l'air, ne mérite plus d'attention relativement au rachitisme que les
aliments dont on nourrit les enfants".

(392) GLISSON.- Ouvr. cité, p. 164 : "Porro ad hunc titulum [pour la formation
d'un sperme humide et froid générateur d'enfant rachitique] revocare forte
licet scorbutum, strumosam affectionem [les ecrouelles], luem veneream..."

"quantité de vérolés ont des enfants de même vérolés, pour qui cependant l'on ne craint absolument point le rachitisme" (393). La présentation de la troisième cause -"le défaut d'une bonne nourrice"- permet de tonner une nouvelle fois contre cette "coutume barbare introduite par la mollesse" (XIII. 743 D. 34) qu'est la mise en nourrice. Tout ce qui est dit autour de cette dernière citation confirme ce que nous avons vu à propos de notre texte 10, en particulier, l'ignorance de Brouzet et de son refus de faire de la grossesse de la nourrice une cause de lait vicié et donc de maladies. Le texte 11 que nous donnons ci-dessous fait en quelque sorte la somme de tout ce qui est reproché aux nourrices mercenaires. Nous demanderons d'en excuser sa longueur au nom justement de cela ; il confirme mais aussi complète ce qui a été dit sur l'allaitement mercenaire.

TEXTE 11: MOLLESSE DES MOEURS → COUTUME BARBARE → AVARICE DES NOURRICES → ENFANTS VICTIMES.

"Ces tendres victimes susceptibles des moindres impressions ne tardent pas à se ressentir des qualités pernicieuses d'un lait fourni par une nourrice colère, ivrogne, intempérante, vérolée, phtisique, scrophuleuse ou attaquée de quelque autre maladie, ou enfin enceinte ; et c'est, à ce que l'on prétend, le vice du lait le plus propre à produire le rachitisme et celui qui doit en favoriser le progrès. Des nourrices mercenaires à qui, par une coutume barbare introduite par la mollesse, on confie les enfants, se gardent bien de déclarer aux parents leur grossesse dans la crainte qu'on ne retire avec les enfants le salaire qu'on leur payait ; elles font par une punissable avarice avaler à ces pauvres innocents un lait empoisonné, germe fécond d'un grand nombre de maladies et principalement du rachitisme. J'ai vu plusieurs enfants attaqués de cette maladie, qui le devaient à une semblable cause. Les nourrices sont encore en faute, lorsqu'elles portent entre les bras, pendant des journées entières, ces enfants emmaillotés dans une situation gênée qui leur tient l'épine du dos courbé et les jambes inégalement tendues, de même aussi lorsque, par défaut d'attention elles leur laissent faire des chûtes sur le dos".

(XIII. 743 D. 25-48)

----

(393) LEVACHER DE LA FEUTRIE.- Ouvr. cité, p. 165.

Si, après avoir lu ces lignes, des parents avaient encore le courage
de mettre leur enfant en nourrice, c'est qu'ils étaient véritablement sans
coeur, à l'image de la coutume qui les pousse : barbares, étrangers à l'humaine
nature ! Tout y est en effet. La croyance dans le mauvais effet de la grossesse sur le lait -croyance qui bloque tout, puisque c'est elle qui, d'une
part, pousse les mères à mettre leurs enfants en nourrice, ne serait-ce que
pour "rendre le devoir à leurs époux", et que, d'autre part et contradictoirement, fait condamner les nourrices enceintes comme porteuses de lait vicié
donc de maladies, et, par conséquent, pousse à l'allaitement maternel contraire
au devoir d'épouse. Donc : présence dans ce texte du blocage qui fait du
problème du choix entre allaitement maternel et mise en nourrice un cercle
vicieux. Présente également, la logique morale, voire moralisante et même
moralisatrice qui part de "la mollesse" des moeurs pour aboutir aux "pauvres
innocents", aux "tendres victimes" en passant par la "coutume barbare" et la
"punissable avarice". Un état de civilisation produit une certaine pathologie
dont les premières victimes sont les enfants, parce qu'il instaure une pratique inhumaine dans laquelle le rapport monétaire -"le salaire" (394)- se
substitue à la tendresse qui est le rapport naturel devant exister entre
l'enfant et celle qui le nourrit. Que dit encore ce texte ? Que, dans un tel
état de civilisation, l'enfance, caractérisée par la tendresse et l'innocence
-les contraires de la dureté et de la méchanceté de l'enfant bossuetien-, est
vouée à être victime et malheureuse. Ainsi, non seulement l'Encyclopédie ne
parle pas souvent de la tendresse à propos de l'enfance, mais quand elle en
parle, c'est pour la dire non pas véritablement impossible mais entravée,
contrainte. C'est une conséquence du pessimisme historique déjà évoqué dans
l'analyse de NOURRICE. A "mollesse" des moeurs, "tendres victimes". Ce qui
a contrario veut dire : ayez des moeurs non pas dures mais fermes et vous aurez
des tendres innocents qui ne seront pas de pauvres victimes. Nous retrouvons
la volonté, à tout le moins, le désir de changement de la morale sociale. Pour
ce qui est du contenu médical de ce texte, étroitement lié d'ailleurs à son
----
(394) Qui, si l'on peut dire, rime encore avec "mercenaire". Ce qui en dit
long sur tout le mépris qui s'attache, que les Lumières attachent au salariat.
Ce qui, à son tour, explique beaucoup de choses, en particulier la modélisation
du producteur, de l'entrepreneur, fût-il petit. Cela dit en passant, car ce
n'est pas notre propos.

contenu moralisateur, comme si la santé passait par l'amélioration des moeurs, retenons les points suivants. D'abord, ce que nous avons déjà dit : le refus de Brouzet et de Joubert et de leur idée que la grossesse ne vicie pas le lait d'une femme ; pour l'auteur de RACHITISME, "c'est, à ce que l'on prétend, le vice du lait le plus propre à produire le rachitisme". Il y a bien cette incise -"à ce que l'on prétend"- apparemment restrictive, mais elle renforce l'affirmation, en en faisant une vérité générale admise par tous, plutôt qu'elle ne la nuance ou qu'elle ne la nie. Ensuite, et ceci explique cela, la grossesse est mise sur le même plan que des maladies physiques et des vices moraux ; ce qui est quand même significatif de l'assimilation de cet état à un mal. Certes, cela n'est le cas que quand il s'agit d'une nourrice. Il n'empêche ; la femme enceinte est considérée comme une femme à tout le moins différente : a-normale. Ce qui est une confirmation de ce que nous avons déjà vu et dit sur la médicalisation de la femme enceinte : elle doit être objet de traitement, comme les malades physiques ou mentaux. Ce que je n'hésiterai pas pour ma part à mettre en relation avec ce que j'appellerai le désir de contraception. En effet, si être enceinte, c'est être comme malade, le meilleur moyen de supprimer cette quasi-maladie, c'est d'en supprimer la cause, c'est-à-dire de ne plus être enceinte. A contrario, dans le régime démographique dit naturel -le "toujours coucher, toujours accoucher" de Marie Leczinska-, quand la femme est grosse (395) autant qu'elle peut l'être, cet état est naturel et, j'ajouterai, naturellement risqué; il ne relève donc pas de "l'art" du corps : la médecine. Du jour où la femme grosse n'a plus relevé de la sage-femme au seul moment d'ailleurs de son accouchement, mais a été la femme enceinte sur laquelle veille le médecin tout au long de sa grossesse, de ce jour le désir

----

(395) Il y aurait beaucoup à dire sur le remplacement de "grosse" par "enceinte". Aujourd'hui, une femme ne dira jamais : "je suis grosse", mais : "je suis enceinte" ; au XVIIe, c'est l'inverse : une femme se dit "grosse" mais jamais "enceinte" ; ce sont les villes qui sont "enceintes". N'y a-t-il pas là le signe sémantique du passage de l'idée que cet état est naturel à celle qu'il est construit, artificiel en quelque sorte. Alors il relève de "l'art" du corps : la médecine.

de contraception a été irréfragable (396). Autre point confirmé par ce
texte 11 : le continuum biologique entre le lait et la nourrice que nous
avons vu récusé par Brouzet. Dernière chose apportée par ce même texte et qui
est nouvelle par rapport à ce que nous avons déjà vu à propos du texte 10 et
que le lecteur pouvait s'étonner de ne pas avoir encore vu, étant donné l'air
rousseauiste ambiant : la dénonciation du maillot, plus exactement de l'emmaillotement. La volonté qu'a visiblement l'Encyclopédie de dénoncer celui-ci, en
la rendant responsable du rachitisme, aboutit à une argumentation impertinente,
puisqu'elle consiste à justifier le non-emmaillotement par la même finalité
qui sert de justification aux partisans de l'emmaillotement. Que nous dit-on
en effet ? Que le maillot gêne, "qui tient [...]l'épine du dos courbé et les
jambes inégalement tendues" ; autrement dit : puisque l'emmaillotement courbe,
le non-emmaillotement permet de tenir droit. Mais justement, répondent les
tenants de l'emmaillotement, c'est le maillot qui aide à tenir droit un corps
naturellement mou. L'observateur neutre est alors fort perplexe : faudrait
savoir, est-il tenté de s'exclamer. En fait, derrière ces deux argumentations,
c'est l'opposition du redressement et du dressement de l'enfant. Si l'argumentation de l'Encyclopédie est impertinente, si celle-ci soutient que le maillot
courbe -ce qui est un peu de mauvaise foi, puisqu'il est fait pour tenir droit-
c'est qu'elle veut à toute force l'abolir. Pourquoi ? Tout simplement parce
que l'enfant n'a pas a être redressé, qu'il n'a qu'à se dresser et que ce
dressement se fera par cette évolution naturelle qu'est la croissance (397).
Au contraire, les tenants de l'emmaillotement pensent que le dressement de la
croissance ne va pas de soi, bref qu'il n'y a pas de croissance sans
redressement. "De peur que les corps ne se déforment par des mouvements libres

----

(396) ROUSSEAU.- Emile, p. 256 écrira : "Dès que l'état de mère est onéreux, on
trouve bientôt le moyen de s'en délivrer tout à fait". La médicalisation de la
femme enceinte est le dire du caractère onéreux de son état. Ce qui prouve que
le processus du refus de l'enfant dénoncé par Pierre Chaunu ne peut pas être
inversé sans une mise en cause radicale de la place des sciences de la vie et en
particulier de la médecine dans notre société et notre conception de la vie.
En vérité, celle-là serait-elle faite que rien ne garantit que l'on retournerait
à la situation antérieure de "toujours coucher, toujours accoucher", car, alors,
on trouverait l'autre cause du refus de l'enfant : le crépuscule du dieu-mâle
répandant sa semence, concomitant de l'aurore de la femme n'acceptant plus
d'être le vase de celle-ci, pour parler comme les théologiens classiques.

(397) ROUSSEAU.- Id., p. 254 parle de "l'impulsion des parties internes d'un
corps qui tend à l'accroissement...".

on se hâte de les déformer en les mettant en presse", écrira Rousseau (398),
touchant ainsi du doigt la divergence fondamentale qui sépare ceux qui laissent faire, qui font confiance à la croissance de ceux qui ne lui font pas
confiance. Au fond de cette divergence, nous retrouvons bien sûr l'opposition
entre tenants de l'enfance-devenir et tenants de l'enfance-non-être, l'enfant-
être autonome et l'enfant-référé à l'adulte. Pour le respect de celui-là,
l'auteur de RACHITISME ne fait pas confiance à une nourrice salariée, l'inat-
tention étant son lot. Ce qui confirme un autre point déjà vu, à savoir que
la mère est seule constamment attentive, précisément parce qu'elle n'est pas
une nourrice mercenaire : son attention est de tous les instants parce qu'elle
est dans sa nature de mère.

La quatrième cause générale du rachitisme réside dans "un mauvais
régime" (XIII. 743 D. 50). Ce qui est l'occasion pour l'encyclopédiste de se
prononcer contre une certaine alimentation des enfants faite de "fruits d'été
crus, [de] poissons, [de] pain non levé et [de] toutes ces panades indigestes
dont on engorge les enfants à Paris, et qu'un homme fait a de la peine à soutenir" (XIII. 743 D. 52-55).Ces lignes font se poser deux problèmes : celui
de la pertinence de ces proscriptions alimentaires et celui, plus général,
du rapport entre histoire du rachitisme et histoire de la nutrition. En ce qui
concerne celui-ci, nous savons que le long sombre XVIIe siècle -qui donc
commence au XVIe siècle- est marqué, du moins en France, par un appauvrissement
du régime nutritionnel. N'y aurait-il pas là l'explication non pas de l'apparition mais du moins de l'extension du rachitisme qui, ainsi plus apparent,
aurait frappé les contemporains au point que ceux-ci en auraient fait une
maladie nouvelle. En effet cet appauvrissement se traduit par la carence d'à
peu près toutes les vitamines. Or, parmi celles-ci, se trouve la vitamine D
et, plus précisément, la D 2 ou calciférol dont la carence est responsable du
rachitisme. Et qu'est-ce qui apporte cette vitamine ? Soit le rayonnement
solaire, soit l'huile de foie de poisson. Donc : proscrire le poisson aux
enfants ne semble pas très pertinent à la lutte contre le rachitisme. Par
ailleurs, proscrire les fruits frais, c'est enlever aux enfants l'aliment qui
apporte la vitamine C, c'est-à-dire la substance antiscorbutique. Autrement
dit, les interdictions alimentaires avancées par l'auteur de RACHITISME

---

(398) Ibid.

risquent de favoriser le rachitisme et accessoirement le scorbut plutôt que de les endiguer. Quant aux panades dénoncées pour leur caractère indigeste, nous pouvons très bien y voir le signe et résultat du processus d'appauvrissement nutritionnel du long XVIIe siècle ; elles sont l'exemple même de ces nourritures pauvres en substances nutritives mais cependant suffisamment lourdes pour calmer la faim ; le type même d'aliment trompe-la-faim (399). Tout cela montre que, en matière de "diète", comme dit précisément l'Encyclopédie à PANADE, la médecine du XVIIIe peut tout aussi bien être dans le vrai que dans le faux, tout simplement parce que la notion de métabolisme, ou simplement d'échange d'énergie n'existe pas ; Lavoisier n'a pas encore paru et Berthelot est loin. Ce qui en tient lieu, c'est la notion de fermentation, mieux : d'aigrissement comme le montre tout ce que nous ne cessons de retrouver tout au long des articles sur la corruption, la viciation du lait des nourrices. C'est dans un tel cadre que doivent prendre place les divergences existant à l'époque sur le mécanisme causal du rachitisme.

Cependant, avant d'en venir à ce point, terminons-en avec l'acquis général sur le rachitisme depuis Glisson. Après la description symptomatologique et la présentation des quatre grandes causes de cette affection, nous avons l'examen du pronostic et le développement du traitement. L'examen du pronostic. Une phrase le résume : "elle [cette maladie] est en général d'autant plus dangereuse qu'elle a commencé plutôt" (XII. 744 D. 35-36). A partir de ce principe, deux possibilités se présentent. La guérison qui "n'est pas éloignée dès que les symptômes commencent à diminuer" (XIII. 744 D. 38-39), ou à l'arrivée d'une de ces "résolutions générales qui arrivent fréquemment aux enfants" (XIII. 744 D. 46-47), ne serait-ce que celle "qui est plus remarquable à l'âge de puberté" (XIII. 744 D. 47-48). Ne revenons pas sur cette manière déjà rencontrée d'ériger la puberté en crise thérapeutique -elle élimine en quelque sorte- et voyons la deuxième possibilité : l'aggravation,

----

(399) PANADE dans l'Encyclopédie même (XI. 807 D. 43-50) : "(Diète) pain cuit et imbibé de jus de viande ou de bouillon. On donne le même nom à une tisane faite d'une croute de pain brulée et mise à tremper dans l'eau. La première panade est une soupe. La seconde une tisane. Ceux qui sauront avec quelle facilité la panade doit entrer en fermentation et par conséquent se corrompre dans l'estomac, seront très circonspects sur son usage". Assurément, pourraient ajouter ceux qui en font, mais "elle tient au corps" ; ce à quoi nous sommes tenté d'ajouter : surtout quand on a rien ou pas grand-chose d'autre.

la complication du mal, "s'il n'est pas terminé et détruit entièrement à l'âge de cinq ans" (XIII. 744 D. 28-29). "La mort est à craindre s'il a dégénéré en phtisie, en fièvre lente, en hydropisie de poitrine ou de bas ventre" (XIII. 744 D. 29-31) -notation qui montre que la médecine des Lumières établit une continuité entre rachitisme, tuberculoses du poumon et séreuses et diathese aqueuse. Cette difficulté à distinguer le rachitisme de la tuberculose est clairement manifestée par cette interrogation montrant qu'il est difficile de différencier le bossu par rachitisme du bossu par mal de Pott (ostéoarthrite tuberculeuse du rachis) : "peut-être que la gibbosite et le rachitisme ne sont que les diverses périodes d'une même maladie dépendante d'une cause commune" (XIII. 744 D. 25-27). Car de deux choses l'une : ou un bossu est tel par rachitisme, et alors il n'y a pas à distinguer la gibbosité du rachitisme, les deux choses se confondant (400) ; ou un bossu est tel pour une autre raison -le mal de Pott- et, dans ce cas, la gibbosité n'a rien à voir avec le rachitisme. Cette alternative n'est pas posée dans l'Encyclopédie, ne peut l'être (401), précisément parce qu'elle ignore qu'une gibbosité est le résultat de maladies différentes. Quoi qu'il en soit de l'explication des complications du rachitisme, elle conduit au pronostic très pessimiste que nous avons vu. L'énoncé de celui-ci est l'occasion, une nouvelle fois, de considérations moralisatrices sur les enfants rachitiques, "victimes infortunées [qui] commencent à souffrir en naissant et sont destinées à des souffrances presque continuelles" (XIII. 744 D. 11-13). En effet, quelle "est l'horrible perspective qui se présenterait à leurs regards, si leur vue pouvait percer dans l'avenir" (XIII. 744 D. 13-15) ? "La mort d'un côté, et de l'autre la vie la plus désagréable, cent fois plus à craindre que la mort" (XIII. 744 D. 15-17). Et pourquoi tout cela ? "Pour expier innocemment les crimes et les débauches de leurs parents, ou l'intempérance et les vices d'une malheureuse nourrice" (XIII. 744 D. 17-20). Nous y voilà ou, plutôt, nous y revoilà ! Les pauvres victimes innocentes n'ont l'infortune qu'égale au malheur de leurs nourrices vicieuses et donc viciées ou à la criminalité de leurs parents débauchés.

----

(400) "Je ne connais point de bosse sans courbure de l'épine" dit LEVACHER DE LA FEUTRIE.- Ouvr. cité, p. 20.

(401) La première édition des recherches de Pott, qui n'a d'ailleurs pas vu le caractère tuberculeux de l'affection qui porte son nom, date de 1779 ; la traduction française de 1783. COURY (Ch.).- La tuberculose..., p. 64.

Ces lignes confirment notre texte 11 en y ajoutant une plainte disculpatrice
à l'égard des nourrices. Après tout, ne sont-elles pas simplement les instruments de parents qui leur abandonnent leurs enfants. Elles sont plus à plain-
dre qu'à condamner, au contraire des parents qui, eux, sont criminels. A
parents criminels enfants victimes, par l'intermédiaire de nourrices malheu-
reuses ; la trilogie est complète. De plus, cette phrase constitue une confirmation de ce que nous avons dit un peu plus haut du lien indiscutable qui est
fait entre considérations médicales et considérations morales, voire moralisatrices. Quel est en effet le sens de tout cela ? Sinon que la santé des
enfants passe par, exige même une vie saine de la part des parents ou de la
nourrice, autrement dit : une vie morale. La santé passe par la moralité. Etre
sain, c'est être en bonne santé physique mais aussi vivre moralement. Ce discours des Lumières génère un ordre médical en étroite relation avec l'ordre
moral. L'Ordre des corps est aussi ordre des âmes. Pour ce qui est du traitement du rachitisme, l'exposé se divise en trois parties. La première concerne
le régime. Si un mauvais peut causer le rachitisme, un bon doit l'éviter.
Comme les nourrices ont été mises en cause pour celui-là, elles sont évidemment concernées quand il s'agit de celui-ci. "En conséquence, si l'enfant est
encore en nourrice, [il faut] lui en procurer une bien portante et qui ait
le moins de mauvaises qualités" (XIII. 744 D. 61-63). Le lecteur notera le
relativisme contenu dans ce dernier membre de phrase, comme si le moindre mal
suffisait pour la santé de l'enfant, à défaut du plus grand bien que serait
la non-mise en nourrice, l'allaitement maternel. Il y a là un souci de tenir
compte du réel, de la pratique générale de la mise en nourrice et des nourrices telles qu'elles sont qui corrige un peu ce que les proclamations moralisatrices contre les nourrices et la mise en nourrice pouvaient avoir de trop
absolu : il faut faire ce que l'on peut avec ce que l'on a, pour le moindre
mal de l'enfant. L'Ordre médicalo-moral se fait plus réaliste. Ce réalisme va
d'ailleurs jusqu'à accepter ce que nous avons vu que Brouzet accepte : la
substitution "du lait de chèvre ou de vache" (XIII. 744 D. 65) à celui de
femme, s'il n'est pas bon. Certes, celui-là, "trop épais, a besoin d'être
coupé avec de l'eau (XIII. 744 D. 65-66), mais il est acceptable. Comme l'est
d'ailleurs -que de réalisme tout d'un coup- cette autre nourriture de substitution qu'est "la décoction de quelque plante appropriée, mais qui n'ait point
de goût désagréable, telle qu'est le chiendent" (XIII. 744 D. 66-68).

"Decoctum aperiens" commente le Codex de 1758, et Lemery écrit que cette
décoction "est propre pour fortifier le coeur, pour résister à la malignité
des humeurs" (402). Quelle que soit la nourriture de l'enfant, ce qui importe,
c'est qu'elle n'ait pas une propension à se corrompre rapidement, ne serait-ce
que par un séjour prolongé dans l'estomac. Ainsi, "si l'enfant peut supporter
des aliments plus solides, on aura soin de ne lui en présenter que de facile
digestion, secs et sans graisses" (XIII. 744 D. 70-72). Nous retrouvons ici
la hantise de corruption confondue avec la notion d'aigrissement, car ce qui
est difficile à digérer, humide et gras est voué à s'aigrir par stagnation.
Et l'aigreur ne caractérise pas seulement les substances nutritives ; elle
peut être dans l'air. D'où cette autre partie du régime des enfants concernant
leur habillement, leur environnement même : "on doit tâcher de les tenir dans
un endroit sec, bien aéré et modérément chaud ; il faut aussi que leurs linges
ne soient ni humides ni froids" (XIII. 745 G. 3-5). Sachant que le rachitisme
peut provenir d'une carence en rayonnement solaire, nous voyons que ces prescriptions ne sont pas complètement impertinentes, dans la mesure où, si elles
n'ordonnent pas explicitement l'air ensoleillé, elles ordonnent d'éviter son
contraire : l'air froid et humide. La deuxième partie du traitement du rachitisme est constituée par l'exposé des "remèdes intérieurs par lesquels on peut
seconder l'effet de ces secours diététiques, [et qui] sont les purgatifs, les
extraits amers, les préparations de mars et les absorbants" (XIII. 745 G. 13-
16). Cette ordonnance peut être complétée avec des "opiates ou [des] poudres
stomachiques, toniques, absorbantes" (XIII. 745 G. 29-30). A la lecture de ces
prescriptions, nous ne pouvons que nous dire que la pharmacopée de l'Encyclopédie n'est décidément pas variée. Nous y retrouvons en effet la trilogie évacuants + absorbants + toniques, avec une dominance des premiers qui, en cette
occurrence sont loin d'être doux, qu'il s'agisse des opiats électulaires à
base d'opium, ou "des préparations de mars" qui sont à base d'esprit de sel,
c'est-à-dire d'acide chlorhydrique. En vérité, l'importance de ces médicaments
que nous sommes tentés d'appeler décapants, même si les substances qui y
entrent sont en solution, est congruente à la théorie de l'aigrissement qui
préside à l'explication de beaucoup de maladies et ici du rachitisme. En effet,

----

(402) LEMERY (Nicolas).- Pharmacie universelle... (Bibliogr. n° 46), p. 70.

si celui-ci n'est pas héréditaire -le plus grave, celui que l'on ne peut guérir- mais vient du lait vicié d'une nourrice ou d'une alimentation difficile à digérer, donc, dans les deux cas, de la présence dans l'estomac de matières corrompues, aigres, il faut en débarasser l'organisme soit en les évacuant soit en les réduisant par des absorbants. Les toniques venant ensuite pour redonner vigueur à la machine, et, plus particulièrement, à l'estomac -d'ou les stomachiques. De ce point de vue, la rhubarbe, qui apparaît une nouvelle fois, est tout à fait de circonstance, puisque elle est, selon la dose, ou tonique (petite dose) ou purgative (dose plus forte) (403). Quant à la fougère "que l'observation ou le préjugé (404) ont consacré particulièrement dans ce cas, et qu'on regarde comme éminemment anti-rachitique" (XIII. 745 G. 32-34), la racine entre dans différents types de confection d'Hamec -où entre d'ailleurs de la rhubarbe- qui sont autant de purgatifs vigoureux (405). Et "si l'engourdissement était considérable et que l'effet des remèdes précédents ne fût pas assez sensible" (XIII. 745 G. 34-36), il faut prendre "des médicaments un peu plus actifs" (XIII. 745 G. 37), comme par exemple -autre retrouvaille- l'"esprit volatif de corne de cerf succiné" (XIII. 745 G. 39-40), plus actif même que l'"elixir de propriété de Paracelse" (ibid.). Avec ceux-ci nous changeons de catégorie de médicaments, puisqu'ils sont à base non plus de plantes mais de minéraux, surtout le premier. En effet, si dans l'elixir de propriété dit de Paracelse -parce qu'il est le premier à l'avoir décrit (406)-, il entre encore des plantes : de la myrrhe, de l'aloès et du safran, aux côtés de l'alcool et de l'acide sulfureux, en revanche, l'"esprit volatif de corne de cerf succiné" est uniquement composé de minéraux : phosphate de chaux et ambre jaune, c'est-à-dire acide succinique (407), le mélange faisant un succinate d'ammoniaque impur (408) qui a pour vertus "d'adoucir les acides de l'estomac (409) en même temps que d'être évacuant et tonifiant. Il se présente

----

(403) NYSTEN/LITTRE.- Dictionnaire ..., p. 1083 : 20 à 40 centigrammes comme tonique ; 4 grammes comme purgatif.

(404) Décidément, dans cette partie thérapeutique de RACHITISME, l'Encyclopédie est en veine de prudence voire de restriction mentale.

(405) Codex de 1758, p. XCV : "POLYPODIUM". Et LEMERY (Nicolas).- Pharmacopée universelle... pp. 700-702.

(406) LEMERY (Nicolas).- Ouvr. cité, p. 856.

(407) NYSTEN/LITTRE, p. 1194.

(408) Codex de 1837, p. 183.

(409) LEMERY.- Ouvr. cité, p. 130.

généralement sous forme d'huile dite "liqueur de corne de cerf succiné" (410).
La troisième partie du traitement du rachitisme est constituée par l'exposé
des remèdes extérieurs. Ils peuvent être regroupés en trois catégories.
La première est composé de toutes les médications applicables "sur les différentes parties du corps exténuées et surtout sur l'épine du dos" (XIII. 745 G.
51-52) : frictions, liniments, douches, bains, fomentations. Toutes ont la
caractéristique commune de devoir être faites avec des substances "aromatiques",
ce dernier terme revenant deux   fois en cinq   lignes. Si nous considérons que celles-ci ont déjà été préconisées et pour accompagner la nourriture
du jeune enfant et pour imprégner ses vêtements et mêms son lit, nous devons
en conclure que la thérapeutique de l'époque leur attribue une grande importance, en particulier pour les médicaments externes. Pourquoi ? La réponse
nous est donnée au chapître XVIII, "Des Fomentations", de la Pharmacopée
Universelle de Lemery (411) : les plantes aromatiques y sont prescrites comme
servant à faire soit des décoctions émollientes et rafraîchissantes, soit des
liqueurs astringentes, soit des fortifiants, en particulier des os. La deuxième catégorie de remèdes externes contre le rachitisme est composée des exutoires de toutes sortes : depuis les "vésicatoires derrière les oreilles ou
à la nuque du cou" (XIII. 745 G. 55-56) Jusqu'aux "scarifications des oreilles"
(XIII. 745 G. 63), en passant par "les cautères, les setons" (XIII. 745 G. 57)
et "les sangsues" (XIII. 745 G. 60). Nous retrouvons ici le remède par excellence de la thérapeutique traditionnelle : la saignée ; en cette occurrence,
très localisée. Cependant -signe de temps nouveaux ! ?-, l'auteur de RACHITISME
est très sceptique à propos de tous ces exutoires, soit qu'il doute du "bien
incertain qui pourrait en résulter [et qui] ne saurait compenser le désagré-
ment, les douleurs et l'incommodité qu'ils occasionnent" (XIII. 745 G. 57-59),
soit qu'il fasse de ce type de thérapeutique le propre des "charlatants
anglais [... qui] prétendent qu'on ne peut guérir aucun rachitique sans cette
opération [la scarification des oreilles]" (XIII. 745 G. 62 et 64) ; "ce qui
est démontré faux par l'expérience journalière" (XIII. 745 G. 65). Autrement
dit, les exutoires constituent une thérapeutique soit inutile soit fausse :
"ce remède n'est approprié ni à la maladie ni à l'âge du sujet" (XIII. 745 G.61).
---

(410) Codex de 1837, loc. cit.
(411) LEMERY.- Ouvr. cité, pp. 99-101.

On ne peut être plus expéditif. Néanmoins, on veut bien accorder quelque
utilité à cette saignée localisée : "cependant ce secours peut avoir
l'avantage d'évacuer quelques humeurs de la tête" (XIII. 745 G. 66-67). Ainsi,
les exutoires constituent une thérapeutique inadéquate et impertinente au
rachitisme ; elles peuvent cependant servir à autre chose. On ne peut être
plus expéditif et... sceptique. Troisième catégorie de remèdes externes contre
le rachitisme : les appareils mécaniques. L'atticle RACHITISME se termine par
l'évocation "des ligatures, des bandages, des corps, des bottines, etc.
convenables à la partie pour laquelle ils sont destinés et à la gravité du
mal" (XIII. 745 G. 74 ; 745 D. 1 et 2). A voir les planches hors-texte de
l'ouvrage de Levacher de la Feutrie sur le rachitisme (412), certains de ces
appareils tiennent plus du tourniquet de torture que du "REDRESSEUR DE TORDS",
pour reprendre le titre d'un article de Louis consacré au traitement d'un
enfant rachitique (413). En vérité, l'Encyclopédie n'insiste pas sur ces moyens
mécaniques de guérir le rachitisme.

Tel est l'acquis général depuis Glisson sur la symptomatologie, les
causes générales, le pronostic et les divers modes de traitement du rachitisme.
Nous avons vu que Levacher de la Feutrie reproche à tous ses prédécesseurs
d'avoir suivi le médecin anglais, mettant en quelque sorte dans le même sac
les deux grandes théories explicatives du rachitisme qui divisent les médecins
depuis 1668, date de parution du Tractatus de Rachitide de John Mayow (414).
Le nom de celui-ci est d'ailleurs cité par l'auteur de RACHITISME avec ceux
de Glisson et d'Hoffmann, comme auteurs de référence sur cette affection. La
question qui se pose à nous est de savoir à laquelle de ces deux théories se
rallie l'Encyclopédie pour l'explication du rachitisme, elle qui, pour le reste

----

(412) Auxquelles nous renvoyons parce que nous n'en avons pas trouvé dans les
volumes de planches de l'Encyclopédie elle-même qui sont   consacrées à l'orthopédie. "La machine pour redresser les enfants bossus "illustrée par la
figure 2 de la planche VI des planches de la Chirurgie (T. III des planches)
n'est pas bien méchante à côté de celles de Levacher de la Feutrie.

(413) Encyclopédie, XIII. 879 D. 23-53. Ce traitement se compose de bains,
d'applications de pommades et "de compresses, éclisses et bandages assez serrés
pour rétablir le membre dans sa rectitude naturelle".

(414) MAYOW (John).- Tractatus de Rachitide... (Bibliogr. n° 51). La première
édition du De Rachitide de Glisson date, elle, de 1650.

et comme nous l'avons vu, fait son travail de somme de l'acquis scientifique
concernant cette maladie. Car il faut bien choisir entre deux mécanismes
explicatifs, ou, troisième hypothèse, en créer un autre, comme le fera
Levacher de la Feutrie. Pour répondre à cette question, il convient d'abord
de voir comment s'articulent ces différents schémas explicatifs avec le fonds
commun que nous avons explicité dans les pages précédentes. Ce qui fait problème, c'est uniquement, rappelons-le, le mécanisme causal du rachitisme ; la
symptomatologie et la cure ne sont donc pas en cause. Nous avons vu que nos
auteurs, Levacher de la Feutrie compris, reconnaissent au rachitisme quatre
grandes causes générales : le mauvais air, une hérédité déficiente, une
mauvaise nourrice, un régime inadéquat. Mais, comme le dit Levacher de la
Feutrie, ce sont les "causes éloignées" (415) ; ce ne sont pas elles qui expliquent le processus matériel ou, plus exactement, qui rendent compte du
processus mécanique de la courbure des os et du rachis : la "cause prochaine"
(416) du rachitisme. Celles-la aident cependant à trouver celle-ci. En effet,
à quoi aboutissent les quatre grandes causes lointaines, sinon, comme nous
l'avons vu, à une viciation de la nourriture perturbatrice du système nutritionnel : "L'action de ces différentes causes tend à déranger la nutrition,
à la distribuer inégalement dans les diverses parties du corps, de façon que
quelques unes regorgent de parties nutritives tandis que d'autres en sont
dépourvues ; de là vient l'inégalité d'accroissement" (XIII. 745 D. 61-65).
Toute l'explication de la courbure anormale des os se trouve dans cette théorie
du dérangement de la nutrition. Si nous considérons ce que nous savons
aujourd'hui de la cause du rachitisme : "trouble du métabolisme du calcium et
du phosphore dans l'organisme" (417), nous devons reconnaître que cette théorie d'il y a trois cents ans n'est pas très éloignée de la nôtre. Compte
tenu de l'absence des notions de métabolisme et d'échange énergétique, elle
est pertinente à ce dont elle a à rendre compte. Je veux dire par là qu'elle
est plus limitée que fausse, au contraire de la théorie explicative de la
phtisie, pour prendre l'exemple de quelque chose que nous avons déjà vu. La

----

(415) LEVACHER DE LA FEUTRIE.- Ouvr. cité, p. 131.

(416) Ibid.

(417) BARIETY/COURY.- Histoire de la Médecine... (Bibliogr.n° 81), p. 1189.
"à la suite d'une insuffisance alimentaire en vitamine D ou d'un défaut
d'insolation".

découverte de l'existence du bacille de Koch détruit le système d'explication antérieur, tandis que "l'invention" des notions d'échange énergétique et de métabolisme n'est qu'une explication de la notion de nutrition. Cela dit, cette inégalité de nutrition admise par tous (418) produit des effets différents selon les auteurs. C'est ici que nous trouvons les divergences ou, plutôt, la divergence entre Glisson et Mayow. Soit donc, au départ, l'inégalité de nutrition ; reste à savoir, ensuite, quel organe est touché. Première solution, celle de Glisson : les os. Seconde solution, celle de Mayow : les muscles. Pour le premier, le suc nourricier se répand davantage dans un côté de l'os que dans l'autre, jouant ainsi comme une série de coins que l'on placerait tous du même côté d'une colonne, à la jointure des diverses pierres qui la composent ; cette dernière ne manquerait pas de s'incurver du côté opposé à celui où l'on aurait placé les coins (419). Telle est, selon Glisson, l'explication de la courbure des os. Pour Mayow, l'inégalité de distribution de suc nourricier touche les muscles ou, plus exactement, l'ensemble os plus muscles, ceux-là étant alimentés normalement et ceux-ci non ; d'où il résulte ce phénomène mécanique bien connu de la courbure de l'arc. Car, la pièce de bois de celui-ci est incurvée parce que le fil qui joint ses deux extrémités est plus court que ladite pièce. Mayow ne prend pas cette comparaison mais une toute proche : celle du jeune arbre dont on joindrait les deux extrémités par une corde de dimension fixe ; en croissant l'arbre se courberait, retenu qu'il serait par la corde qui ne grandirait pas (420). Chez un enfant rachitique, l'inégalité de distribution du suc nourricier fait que l'os est l'arbre ou la tige de l'arc qui se courbe en grandissant, parce que ses deux extrémités sont attachées au muscle qui ne se développe pas, jouant ainsi le rôle de la corde de dimension fixe. Telles sont les deux explications de la courbure

----

(418) Même LEVACHER DE LA FEUTRIE qui n'en fait pas la cause prochaine du rachitisme la reconnaît comme inhérente à celui-ci : "l'inégalité de nutrition que ces auteurs ont voulu donner pour cause du rachitisme est, au contraire, un effet de cette maladie" (Ouvr. cité, p. 145), "la cause prochaine du rachitisme" lui paraissant "consister essentiellement dans la faiblesse des fibres osseuses" (Ouvr. cité, p. 152) engendrée par les causes générales lointaines déjà vues.

(419) GLISSON.- De Rachitide... (Bibliogr. n° 33), p. 125.

(420) MAYOW.- Tractatus de Rachitide... (Bibliogr. n° 51), p. 88.

mécanique des os des rachitiques (421). L'Encyclopédie choisit celle de
Mayow en reprenant mot pour mot l'image de l'"arbre qui serait tiré par une
corde [et qui] serait obligé en croissant d'obéir à cette action et de se
courber" (XIII. 744 G. 57-59). Notre Dictionnaire raisonné appelle à la res-
cousse et la géométrie et l'observation anatomique. La Géométrie : c'est un
théorème qui veut "que toute ligne posée entre deux points fixes ne saurait
l'allonger sans devenir oblique ou courbe" (XIII. 744 G. 60-61). L'observation
d'anatomie : c'est elle "qui fait voir que les os ne se plient que du côté
où il y a des muscles qui tirent" (XIII. 744 G. 63-64). Ce qui débouche sur
la reconnaissance d'une médication "de bonnes femmes" qui mérite d'être notée
tant elle est extra-ordinaire dans notre corpus. "Les bonnes femmes qui se
mêlent de traiter les enfants rachitiques, dit l'encyclopédiste, ont toujours
soin d'appliquer les remèdes, de faire les frictions du côté concave, et le
succès justifie la bonté de leur méthode" (XIII. 744 G. 68-71). Ainsi la
thérapie populaire, non seulement est reconnue comme efficace, mais encore
sert de preuve à une observation de la science anatomique. L'auteur de
RACHITISME accorde-t-il tant à la médecine populaire, parce qu'il en a besoin
pour appuyer sa démonstration de la justesse du schéma explicatif de Mayow ?
Peut-être, car il n'est pas sans connaître l'objection faite à celui-ci sur
ce point particulier de la concavité de l'os du côté du muscle. Jean-Louis
Petit, pourtant adepte de ce schéma, la formule ainsi : "il y a des os qui,
étant recouverts de toutes parts [de muscles], doivent être tirés également
et ne devraient pas se courber ; ce qui arrive pourtant à ceux du bras et des

----

(421) LEVACHER DE LA FEUTRIE.- Ouvr. cité, p. 137, les résume très clairement :
"Cet auteur [Mayow] admet, comme GLISSON, de l'inégalité dans la distribution
du suc nourricier, non pas à la vérité comme lui, dans un même os ou dans une
seule et même partie ; il [Mayow] pense que les os croissent et se nourrissent
chez les rickets comme chez tous les autres enfants, mais il prétend que les
muscles, faute de fluide animal, de suc nerveux, ne se nourrissent pas et qu'ils
se flétrissent chez eux". Nous voyons par cette longue phrase que contrairement
à ce qu'il dit plus haut et que nous avons cité ("j'ai trouvé partout Glisson")
Levacher de la Feutrie sait très bien ce qui distingue Mayow de Glisson. En
vérité, si notre docteur de Caen a vu celui-ci partout, c'est que, effectivement, tout les auteurs qui ont écrit sur le rachitisme partent de Glisson,
même Mayow qui ne cesse dans son traité de l'appeler "vir clarissumus".

cuisses qui sont également recouverts de muscles" (422). L'Encyclopédie ne
mentionne nullement ni l'objection ni la réponse à celle-ci, en restant donc
à l'observation des "bonnes femmes" confortant celle de l'anatomie qui veut
que, chez un enfant rachitique, "la jambe est convexe par devant et courbée
en arrière du côté qui donne attache au solaire, aux gastronumières [= gastro-
cnémiens]" (XIII. 744 G. 65-57). En revanche, notre Dictionnaire raisonné est
plus long sur le problème même que pose le mécanisme qui est au centre du
schéma explicatif de Mayow comme de celui de Glisson : l'inégalité de nutrition. Comment s'explique-t-elle précisément ? Quel est le processus matériel
qui fait que le suc nourricier va moins là qu'ici ou plus de tel côté que de
tel autre ? Levacher de la Feutrie qui, décidément, a bien lu ses prédécesseurs écrit que Glisson, Mayow, Hoffmann -les trois noms cités par l'encyclo-
pédiste- pensent qu'"une obstruction qui vient de compression ou d'obturation,
empêche le suc nerveux de couler dans la moëlle épinière" (423) et est ainsi
à l'origine de l'inégalité de la nutrition. Et c'est bien ce que dit l'Encyclopédie qui explique précisément beaucoup de symptômes du rachitisme
-gonflement du foie, engorgement du mesentère, rétrécissement du thorax, volume
important de la tête, faiblesse de toutes les extrémités- par "un engorgement
dans la moëlle épinière qui empêche la distribution du suc nourricier par les
nerfs auxquels elle donne naissance ; [lequel suc] doit donc refluer dans les
nerfs que fournit le cerveau absolument libre ; de là le prompt accroissement
de cet organe et de tous ceux qui en dépendent" (XIII. 744 G. 15-20) (424),

----

(422) PETIT (Jean-Louis).- Traité des maladies des os... (Bibliogr. n° 60),
T. II, p. 410. La réponse à l'objection se trouve p. 411 : "quoique certains
os soient recouverts de muscle dans toute leur étendue, on ne doit pas cependant conclure qu'ils aient des forces égales ; les plus forts doivent l'emporter
sur les plus faibles et obliger l'os à se courber".

(423) LEVACHER DE LA FEUTRIE.- Ouvr. cité, p. 133.

(424) GLISSON.- Ouvr. cité, p. 114 et MAYOW, dont l'Encyclopédie s'inspire
directement. Ouvr. cité, p. 72-73. L'encyclopédiste poursuit : "de là aussi le
développement de l'esprit, sa vivacité prématurée proportionnée à la force des
nerfs, à la facilité avec laquelle ils reçoivent et retiennent les impressions
et forment les idées, tant le matériel influe sur le spirituel des opérations
de l'âme" (XIII. 744 G. 21-25). Cette remarque de psychologie empiriste dou-
blée d'une proclamation matérialiste (l'âme et les idées dans les nerfs ; pas
moins !) pourrait bien être signée de Diderot.

et le dépérissement des autres. Or c'est cela justement qui pose problème :
cette nutrition par les nerfs que l'encyclopédiste reprend de Mayow. Ce qui
a pour conséquence de "priver de cette fonction les extrémités capillaires
des vaisseaux sanguins ou lymphatiques que la théorie ordinaire leur avait
accordée" (XIII. 744 G. 28-30). L'auteur de RACHITISME lève cette objection
en rappelant cette "expérience connue que la section totale d'un nerf fait
tomber dans l'atrophie la partie dans laquelle il se distribuait" (XIII. 744
G. 34-36) (425). Ce qui implique, bien sûr, que les nerfs véhiculent quelque
"humeur" (XIII. 744 G. 37) et ne soient pas seulement des fibres "solides"
(XIII. 744 G. 39). Nous retrouvons là toute la problématique de la nature du
nerf, mise en place par la reconnaissance en 1718 par Van Leeuwenhoek des
tubes nerveux, première étape de la neurohistologie. L'Encyclopédie ne manque
d'ailleurs pas d'ouvrir des perspectives en écrivant que, "en creusant cette
opinion [sur les nerfs] , on y trouverait la solution satisfaisante de plusieurs phénomènes regardés comme inexplicables" (XIII. 744 G. 40-42).

Par là nous voyons que RACHITISME apparaît comme un article non
seulement de somme du savoir médical, concernant cette maladie, des cent
dernières années précédant le Dictionnaire raisonné des Sciences -avec la
théorie admise du dérèglement de la nutrition et non du "virus rachitique"
évoqué rapidement à PHTISIE-, mais encore d'ouverture de perspectives pour
rendre compte de l'"inexplicable"-sans autre précision, il est vrai. Si nous
ajoutons qu'il ne vitupère pas la médecine de "bonnes femmes", nous pouvons
conclure à son caractère quelque peu différent par rapport aux autres articles-
renvois de ENFANTS (MALADIES DES) déja vus.

----

(425) MAYOW.- Ouvr. cité, p. 73 : "Ne tamen cuivis dubium sit quin succus
nervorum ad nutritionem necessarius sit. Experimentum nemini non notum proferam,
neque si nervus parti cuivis inserviens praecidatur, partis ejusdem non tantum
sensus sed etiam nutritio quaevis omnino cessat ita ut dicta pars ni futurum
marcescat". "Cependant, pour qu'il n'y ait de doute pour personne que le suc
des nerfs est nécessaire à la nutrition, j'avancerai cette expérience inconnue
de personne : si le nerf d'une quelconque partie est coupée, ce n'est pas
seulement le sens de cette partie qui cesse complètement mais bien sa nutrition au point que ladite partie tombe en décrépitude."

ROUGEOLE

        Et ce n'est pas ROUGEOLE qui va apporter plus que RACHITISME.
Bien au contraire, puisqu'il ne compte que vingt-neuf lignes réparties entre
deux rubriques, toutes deux relevant de la médecine, dans l'ordre encyclopédique du savoir. En fait, l'une -non signée- est bien de médecine, mais
l'autre -signée de de Jaucourt- est plutôt historique. La première compte
dix-neuf lignes : quatre de définition, cinq de renvoi à PETITE VEROLE, sept
de description symptomatologique, trois de pronostic. Que retenir de ce
petit ensemble ? D'abord, que la rougeole est définie comme "une maladie
cutanée" (XIV. 404 D. 64-65) dont on ne nous dit pas si elle est "générale"
(426) ; ce qui montre, une fois de plus, que la médecine du temps se polarise,
je serais tenté de dire se fixe, au sens psychanalytique du terme, sur les
symptomes, au point de réduire l'affection à eux et, par conséquent, de faire
de ceux-ci plus que des signes. Nous savons bien pourquoi. Parce que, l'étiologie -un paramyxovirus à acide ribonucléique- étant inconnue, l'essence
du mal est sa manifestation. Du coup, comme "cette maladie paraît avoir
beaucoup de ressemblance avec la petite vérole, les symptomes étant les mêmes
à plusieurs égards" (XIV.404 D. 68-70), on raisonne par rapprochement. Ainsi
s'explique le renvoi à PETITE VEROLE. Mais comme ce rapprochement est approximation, il faut bien quand même dire en quoi la rougeole se distingue de la
variole. C'est le rôle des sept   lignes de description symptomatologique
qui se réduit -nouvelle confirmation de la réduction de la maladie à ses
signes et à ses signes les plus manifestes- à la description de l'évolution
des "boutons ou grains de rougeole" (XIV. 404 D. 73). Sur l'autre signe de
celle-ci qui nous a été donnée dans la définition, la fièvre, rien n'est dit.
Le lecteur saura donc seulement que lesdits boutons ou grains "sont plus épais,
plus rouges et plus enflammés que ceux de la petite vérole" (XIV. 405 G. 2-3).
Les deux maladies infantiles ne sont donc pas complètement assimilables ; le
pronostic de la rougeole est donc autonome par rapport à celui de la variole.
"Plus fâcheuse que dangereuse" (XIV.405 G. 6), celle-là "tend souvent à la
consomption par le moyen de la toux qu'elle laisse après elle" (XIV. 405 G.7-8).
Par l'énoncé de ce pronostic, l'encyclopédiste témoigne de ce que la médecine
de son époque sait que la gravité de la rougeole réside surtout dans ses
----

(426) NYSTEN/LITTRE.- Dictionnaire... p. 1091.

complications. En particulier dans les complications respiratoires que l'on sait aujourd'hui être dues à la surinfection bactérienne. La toux dégénérant en consomption, dénoncée par l'auteur de cet article, s'appelle pour nous la broncho-pneumonie, complication respiratoire par excellence de la rougeole chez les sujets mal ou peu nourris ou vivant dans de mauvaises conditions d'hygiène. Le fait que l'Encyclopédie ait retenue cette complication témoigne d'une certaine importance de celle-ci qui témoigne à son tour de ces mauvaises conditions d'hygiène et d'alimentation.

L'autre cause de la gravité de la rougeole est son caractère contagieux et donc épidémique. C'est surtout ce dernier aspect que de Jaucourt retient dans sa rubrique médicale à contenu historique, qui apparaît comme un démenti de la phrase déjà citée de la rubrique précédente, sur la rougeole "plus fâcheuse que dangereuse. En effet, Le Chevalier médecin souligne que cette maladie, en devenant "épidémique dans un pays" (XIV. 405 G. 10), "y cause de très grands ravages" (XIV. 405 G. 11). Ce qui veut bien dire qu'elle est tout autant dangereuse que fâcheuse. Et, évidemment, de Jaucourt donne en exemple l'épidémie de rougeole de l'hiver 1712 qui "fit périr à Paris [...], dans moins d'un mois, plus de 500 personnes" (XIV. 405 G. 12-13), dont "entr'autres M. le Duc de Bourgogne, sa femme et son fils" (XIV. 405 G.14) (427). Ce que n'ajoute pas notre chevalier, c'est que le troisième fils du Duc de Bourgogne et de Marie-Adélaïde de Savoie, le frère du second Duc de Bretagne, en un mot le futur Louis XV, fut atteint aussi, au point qu'on le baptisa à la hâte dans son lit le même jour que son frère -le 8 mars 1712-. Et le futur "bien aimé" dut de ne pas laisser sa vie dans l'épidémie et à la maladie de son frère et à son jeune âge -il avait deux ans- qui firent que les médecins ne s'occupèrent pas de lui et ne lui appliquèrent ni purges ni saignées, le laissant à Madame de Ventadour, sa gouvernante, qui se borna à bien le tenir au chaud jusqu'à sa guérison. Cela, notre érudit Chevalier

----

(427) C'est-à-dire les héritiers et successeurs de Louis XIV. Il s'agit de : Louis, fils du Grand Dauphin et petit-fils de Louis XIV, devenu Dauphin le 14 avril 1711 et qui mourut à 30 ans le 18 février 1712 ; Marie-Adélaïde de Savoie, petite-belle-fille préférée de Louis XIV, morte à 26 ans le 12 février 1712 ; Louis, Duc de Bretagne, fils des deux précédents, mort à 5 ans le 8 mars 1712. Ce dernier était le deuxième Duc de Bretagne, un fils portant déjà ce titre étant né en 1704 du mariage du Duc de Bourgogne et de Marie-Adélaïde de Savoie, aîné qui mourut à 1 an en 1705.

ne le dit pas, tout simplement parce que ce serait dire ce que nous savons, nous, aujourd'hui : que la gravité de la rougeole à l'époque moderne vient en grande partie de la thérapeutique qui lui est appliquée et qui est, encore une fois, à base d'évacuants de toutes sortes qui affaiblissent l'organisme qui n'est plus à même de produire les anticorps spécifiques manifestés précisément dans l'éruption exanthémique. En revanche, notre encyclopédiste suit cette épidémie de 1712 -à la trace, suis-je tenté de dire- jusqu'en Lorraine où elle "coucha dans le tombeau les ainés du Duc de Lorraine, François, destiné à être un jour empereur et relever la maison d'Autriche" (XIV. 405 G.16). Ce qui est étonnant, car François-Etienne, François III comme Duc de Lorraine et François Ier comme Empereur, est né à la fin de 1708 et a épousé Marie-Thérèse d'Autriche en 1736 qui lui a donné seize enfants dont dix seulement ont survécu. Entre 1712 et 1736 il y a vingt-quatre années qui constituent un délai bien long pour l'extension d'une épidémie. Certes, de Jaucourt écrit que, entre le moment où elle frappa Versailles et celui ou elle "vint en Lorraine" (XIV. 405 G. 15), elle "parcourut toute la France" (Ibid.) ; mais nous avons peine à croire qu'il s'agisse de la même épidémie. Donc, de deux choses l'une : ou il ne s'agit pas de François III de Lorraine mais de son père Léopold Ie de Lorraine (1679-1729) qui, effectivement, ne garda que quatre enfants des quatorze qu'il eut d'Elisabeth d'Orléans ; ou il ne s'agit pas de la même épidémie de "rougeole maligne" (XIV. 405 G. 15). Dans ce cas, la notation de l'encyclopédiste est cependant intéressante car elle révèle une caractéristique bien connue de cette maladie : son caractère endémique.

Nous conclurons cet examen de ROUGEOLE en constatant un autre silence, toujours le même : celui du mot "virus", comme si son apparition à PHTISIE ("virus rachitique") n'avait été qu'un éclair tout-à-fait instantané. Il est évident que ce silence est à relier à l'absence d'étiologie ou, plus exactement, à la réduction déjà évoquée plusieurs fois de la maladie à ses signes manifestes.

TEIGNE

Situé au tome XVI, cet article se décompose en quatre rubriques. La première -57 lignes- relève de l'histoire naturelle et n'est pas signée, pour la simple raison qu'elle se donne explicitement comme la copie d'un passage du tome III du Mémoire pour servir à l'histoire des insectes de Réaumur ; elle traite de la chenille de papillon dont la mite est un exemple et un cas particuliers. La troisième -3 lignes- relève de la maréchallerie et définit simplement cette maladie des chevaux qui "consiste dans une pourriture puante qui leur vient à la fourchette" (XVI. 7 D. 44-45) ; elle est sans doute de De Jaucourt. Comme la quatrième -4 lignes- qui relève de la charpenterie et traite de cette "manière de gale qui vient sur l'écorce du bois" (XVI. 7 D. 47). La deuxième est celle qui nous intéresse, puisqu'elle traite de la maladie qui porte ce nom : "une sorte de lèpre" (XVI. 7 G. 37) écrit Louis, l'auteur des soixante-et-onze   des quatre-vingt-trois lignes que compte cette rubrique. Car celle-ci appartient au genre particulier et caractéristique d'articles de l'Encyclopédie que j'appellerais volontiers les articles à codicille. Leur particularité consiste en effet à avoir deux auteurs : un principal -du moins par la quantité de lignes-, technicien dirions-nous aujourd'hui, et un second -mais non secondaire car il est de l'équipe dirigeante du dictionnaire- qui rajoute quelques lignes à la suite du texte du précédent -lignes de codicille qui ne peuvent que modifier, voire transformer le sens de celui-là. La rubrique de TEIGNE qui nous intéresse en est un exemple.

En effet, comme nous venons de le dire, la plus grande partie de la rubrique est signée d'Antoine Louis (1723-1792), le grand chirurgien de la mi-XVIIIe siècle qui, au moment où paraît ce tome XVI de l'Encyclopédie, vient d'être choisi comme secrétaire perpétuel de l'Académie de Chirurgie (428).

----

(428) Ce qui ne veut pas dire que la collaboration de Louis à l'Encyclopédie commence avec ce tome XVI. En effet, son nom apparaît dès le tome I, dans la table des auteurs figurant dans "l'avertissement" (I. p. XLVI). Il est d'ailleurs présenté en ces termes à la fin du "Discours préliminaire" : "Chirurgien gradué, démonstrateur royal au Collège de Saint-Côme et Conseiller Commissaire pour les extraits de l'Académie royale de Chirurgie. M. Louis, déjà très estimé, quoique fort jeune [en 1751, au moment ou paraît ce premier tome, il a 28 ans], par les plus habiles de ses confrères, avait été chargé de la partie chirurgicale de ce Dictionnaire par le choix de M. de la Peyronie, à qui la Chirurgie doit tant et qui a bien mérité d'elle et de l'Encyclopédie en procurant M. Louis à l'une et à l'autre". (I. p. XLII). D'après LAIGNEL-LAVASTINE (Maxime) (Bibliogr. n° 129) suivant ZEILER (Henri) (Bibliogr. n° 160), Louis aurait donné soixante-dix articles à l'Encyclopédie.

Ces soixante et onze lignes de Louis sont organisées de la manière suivante : définition (12 l.) ; diagnostic (6 l.) ; thérapeutique ou, plutôt, thérapeutiques (53 l.). Cette structuration peut s'expliquer de la manière suivante. La longueur -toute relative- de la définition vient de ce que le chirurgien-major de l'armée du Haut-Rhin donne celle des "auteurs arabes" (XVI. 7 G. 35) qui la nomme "Sahafati" (Ibid), une générale -la "sorte de lèpre" déjà vue-, et enfin celle de Turner, auteur d'un Traité des maladies de la peau en général dont le chapître II de la seconde partie traite de la teigne (429). La brieveté de la partie concernant le diagnostic de celle-ci vient de ce que, comme l'écrit justement Turner, celui-ci "est évident, puisqu' on découvre par la vue à quelle espèce la teigne appartient le plus proprement" (430), si elle est "sèche, humide ou lupineuse" (XVI. 7 G. 39), "dans le premier état la peau [étant] couverte d'une matière blanche, sèche, crouteuse ou écailleuse, dans le second état, [paraissant] grenue [et] dans le troisième, [étant] ulcérée" (XVI. 7 G. 48-51). L'ampleur de la partie thérapeutique provient, d'abord du souci général déjà rencontré que l'Encyclopédie a d'être utile en insistant sur cette partie, ensuite de ce que Louis énonce plusieurs traitements : un général, un pratiqué à la Salpétrière, un donné par Ambroise Paré suivant Vigo. Et le texte de Louis s'arrête sur la présentation de cet onguent. Vient ensuite le codicille, sans doute de de Jaucourt qui a signé la dernière rubrique de TEIGNE, présentant un dernier remède "fort simple" (XVI. 7 D. 32) : celui du "Docteur Cook, médecin anglais" (XVI. 7 D. 31) (431).

----

(429) Bibliogr. n° 74, pp. 278-308. La Biographie médicale (Bibliogr. n° 218 T. II, p. 398) donne Turner comme un chirurgien devenu médecin, né aux environs de 1714.

(430) TURNER (Daniel).- Ouvr. cité, p. 279.

(431) Qu'il est bien difficile d'identifier. Nous avons trouvé dans le CALLISEN (Bibliogr. n°89 T. IV, p. 315), sous le n° 807 un William COOKE, de Brentford, chirurgien, auteur d'un "Practical treatise on tinea capitis contagiosa and its cure, with an attempt to distinguish this disease from other affections of the scalp and a plan for the arrangement of Cutaneous appearances according to their origin and treatment ; including an inquiry into the nature and cure of fungi hematodes and naevi materni. The whole exemplified with cases". Le titre du traité sur la teigne contagieuse de la tête nous fait penser que le COOK de de Jaucourt et le William COOKE du Callisen ne font qu'un. Le fait que celui-ci donne 1810 comme date de parution dudit Traité ne constitue pas une objection dirimante. William Cooke peut très bien avoir couché par écrit ses découvertes sur le tard, de Jaucourt en ayant eu connaissance avant. Sans compter que cette édition de 1810 peut très bien ne pas être la première.

Ce qui montre bien que ces douze lignes du chevalier médecin et encyclopédiste ne constituent pas véritablement une autre partie de la rubrique, mais
qu'elles ne forment qu'un complément de la partie thérapeutique écrite par
Louis. Mais alors pourquoi ce rajout ? L'analyse plus détaillée de la rubrique
et plus spécialement de cette troisième partie thérapeutique va nous aider à
répondre à cette question.

Premier point de Louis : la définition de la Teigne. Certes, notre
chirurgien donne,   comme nous l'avons vu, le nom arabe de cette maladie,
mais, pour le reste, il emprunte à Turner dont le nom est d'ailleurs avancé
explicitement. "Turner définit la teigne, un ulcère qui vient à la tête des
enfants par une humeur vicieuse, corrosive ou saline, et qui rongeant les
glandes cutanées, en détruit le tissu" (XVI. 7 G. 42-43) (432). De cette
manière, le lecteur est fixé : la teigne est une maladie infantile. Passons sur
le deuxième : le diagnostic ; nous avons vu qu'il est évident, comme est évident l'emprunt fait à Turner de la distinction des trois espèces de teigne(433).
Venons-en donc aux trois thérapeutiques exposées par Louis sans marque de préférence, comme si le chirurgien se refusait à choisir, à dire quelle est la
meilleure. La première vient de Turner sans que celui-ci cite quelqu'un, comme
ce sera le cas pour la troisième, donnée également par Turner mais venant de
Paré. Elle est double : interne et externe (434). Les "remèdes internes" (XVI.
7 G 52) que "sont les mercuriaux, les purgatifs convenables, les adoucissants"
(XVI. 7 G. 53), voire la simple "salivation [...] par onctions mercurielles"
(ibid.) sont destinés à évacuer, à corrompre ou à adoucir "l'humeur vicieuse,
corrosive ou saline" que l'étiologie du temps considère être à l'origine de la
teigne, comme le montre la définition citée plus haut (435). Quant aux remèdes

----

(432) TURNER (Daniel).- Ouvr. cité, p. 279 : "D'autres divisent la teigne en
sèche, en humide et en lupineuse [...] Comme toutes ces espèces ne diffèrent que
selon le degré de virulence de l'humeur qui les produit, nous les comprendrons
toutes sous le nom de petits ulcères faits sur la tête des enfants par un suc
corrosif ou salin qui ronge plus ou moins les glandes cutanées".

(433)cf. citation référencée à la note 430.

(434) Pour cette double thérapeutique, cf. : TURNER.- Ouvr. cité, pp. 280-281.
Pour les médications internes à base de mercure : id. p. 107.

(435) Rappelons que la découverte du caractère parasitaire des teignes (épider-
mophyties) date des années quarante du XIXe siècle. La reconnaissance générale
de ce caractère date, lui, des années soixante de ce même siècle.

externes, ce sont des "fomentations" (XVI. 7 G. 57), c'est-à-dire des épithèmes chauds, des "liniments" (XVI. 7 G. 61) et autre onguents. Les premières sont à base de plantes, comme par exemple le raifort-sauvage ("raphanus rusticanus" (XVI. 7 G. 58)) qui est un rubéfiant ou vésicatoire doux qui aide à évacuer les secrétions séreuses. Les liniments faits "avec le lard" (XVI. 7 G. 61) servent d'adoucissants, tandis que les onguents au "soufre pulvérisé" [ou à] la poudre de vitriol romain et de vitriol blanc" (XVI. 7 G. 62-63) attaquent la méchante humeur à l'origine de la teigne. La deuxième thérapeutique est donnée dans le texte suivant que nous avons choisi pour ce qu'il constitue un exemple des soins pratiqués sur les enfants dans un grand hopital parisien du XVIIIe siècle.

TEXTE 12 : LA CURE DE LA TEIGNE A LA SALPETRIERE

"On traite de la teigne, et avec succès, une quantité de pauvres enfants à l'hopital de la Salpêtrière ; on ne fait point ou fort peu d'usage de remèdes intérieurs : on emploie un emplâtre très agglutinatif qui ne s'arrache qu'avec peine et qui enlève la racine des cheveux. Lorsqu'on a empoté les cheveux des endroits affectés, on guérit les malades avec un dessicatif doux.

" Par ce traitement on déracine le mal avec sureté. L'extraction des cheveux déchire la bulbe et laisse couler l'humeur âcre qui y séjourne et qui est la cause du mal. Il est assez ordinaire que les malades guérissent avec une dépilation ; ce qui attire quelquefois des reproches au chirurgien, de sorte, dit Paré, que plusieurs ont laissé la cure aux empiriques et aux femmes".

                                        (XVI. 7 G. 65 ; 7 D 6.)

Avec ces lignes, Louis ne fait pas oeuvre de compilateur de Turner ; c'est le gagnant-maîtrise de la Salpêtrière qui parle (436). Responsable du service, il sait donc de quoi il parle. L'ennui pour le lecteur de l'Encyclopédie avide d'être utile, c'est qu'il le fait sans précision : quel est cet "emplâtre très agglutinatif", sa composition ? Notre gagnant-maîtrise ne le

----

(436)"Le chirurgien gagnant-maîtrise ne peut sous aucun prétexte exercer en dehors de la Salpêtrière ; c'est à lui qu'incombe toute la responsabilité du service, il doit rendre compte de son fonctionnement lors des visites du médecin et du chirurgien en chef [de l'Hopital Général]". GUILLAIN (G.)/MATHIEU (P.).- (Bibliogr. n°120), p. 57. La brillante réussite de Louis au concours de recrutement de gagnant-maîtrise de la Salpêtrière date de 1745, alors qu'il n'a que 22 ans. Son attachement à cet hopital où il exerça pendant cinq ans était tel qu'il demanda d'être enterré, et le fut effectivement, dans le cimetière des pauvres de la Salpêtrière. cf. DUBOIS (F.).- (Bibliogr. n°106), p. XX.

dit pas. Nous savons simplement le processus par lequel opère ce remède :
l'éradication des cheveux qui entraîne l'épanchement de "l'humeur âcre qui séjourne" dans le bulbe. Là aussi, il y a congruence entre l'étiologie du mal et
sa thérapeutique. Au vrai, cette manière forte de guérir la teigne en enlevant
son vecteur, le cheveu, a été, jusqu'à la découverte récente de l'antibiotique
qu'est la griseofulvine, la seule efficace. Et ce, même quand on a connu le
caractère parasitaire de cette affection, puisque l'on a continué à la traiter
par l'épilation, soit par emplâtre, soit, plus tard, par radiothérapie. Le
premier membre de la dernière phrase de notre texte 12 constitue une reconnaissance de la validité de cette manière forte de guérir la teigne, en dehors de
toute considération étiologique la concernant. Cette manière forte n'est évidemment pas très esthétique suggère Louis, en reprenant à Paré le regret que
la considération de l'esthétique fasse abandonner la "cure aux empiriques et
aux femmes" (437). Ce n'est pas que le secrétaire perpétuel de l'Académie de
Chirurgie ne reconnaisse pas que ceux-ci n'arrivent pas "quelquefois à détruire en apparence cette maladie par les remèdes dessicatifs" (XVI. 7 D. 6-7),
mais, d'abord, c'est seulement "en apparence" et, ensuite c'est sans "prendre
[les] précautions pour éviter la suppression indiscrète de l'humeur de la
teigne" (XVI. 7 D. 11-12)? Nous retrouvons ici Turner (438) et l'étiologie de
la teigne que se fait la médecine du temps. Ainsi, la médecine empirique est

----

(437) PARE (Ambroise).- Oeuvre... (Bibliogr. n° 56), p. 602 : "Elle [la teigne]
délaisse souvent après être curée une dépilation, et reproche au chirurgien,
et partant ont laissé la cure aux empiriques et aux femmes". Nous voyons par
cette citation que le premier membre de la dernière phrase de notre texte 12
n'a pas le même sens que la première partie de la phrase de Paré : pour celui-
ci la dépilation est une conséquence de la cure, alors que Louis en fait un
moyen. Cette idée de l'abandon des soins de la teigne "aux empiriques et aux
femmes" se trouve également chez : TURNER.- Ouvr. cité, p. 280 : "La grande
peine qu'il y a à conduire cette maladie [fait] éviter aux médecins et aux chirurgiens, soigneux de leur réputation, de s'engager dans ces espèces de cures ;
on s'adresse communément aujourd'hui dans ces sortes de cas aux empiriques et
aux femmelettes". Décidément, à entendre tous ces chirurgiens, "la médecine de
bonnes femmes" n'est pas qu'une vaine expression.

(438) TURNER.- Ouvr. cité, p. 280 : "Il est difficile de déraciner le mal avec
sûreté, et dangereux d'en entreprendre la cure, si l'on n'a un soin infini de
rectifier en même temps les sucs corrompus et de garantir la lymphe nervale du
virus que la suppression de l'humeur de la teigne pourrait lui imprimer. Le
défaut de ces précautions a coûté la vie à plusieurs enfants, comme il est
démontré par une infinité d'exemples rapportés, entr'autres, par Forestus,
Here. Saxon. Amat, etc.".

condamnée par la médecine savante non pas au nom de son inefficacité mais bien
de son irrespect des procédures dictées par une étiologie... fausse ! C'est
cela la présomption de la médecine savante. Elle juge -et condamne- la médecine
empirique et populaire sur un savoir que celle-ci n'a pas -et qui lui est in-
différent-, et, de plus, au nom d'un savoir faux. La troisième thérapeutique
est, comme nous l'avons déjà vu, directement et intégralement emprunté à Paré.
Il s'agit d'un onguent qu'il dit "souverain pour la teigne" (439) et déclare
"avoir pris mot à mot de Vigo" (440). Il est composé de plantes à fort pouvoir
purgatif comme l'"ellébore blanc et noir" (XVI. 7 D. 18), de substances minérales ou détersives, voire corrosives comme "orpiment [sulfure d'arsenic] ,
litharge d'or [oxyde de plomb], chaux-vive, vitriol, alun, noix de galle [qui
est un végétal], suie et cendres gravelées, de chacune demi-once [16 g.] ;
vif-argent éteint avec un peu de térébenthine et d'axonge [graisse], trois onces
[96 g.] ; vert-de-gris, deux gros [8 g.]" (XVI. 7 D. 19-23) et d'extraits de
plantes évacuantes (bourrache, fumeterre) et astringentes (scabieuse, lapathum
ou oseille aquatique, vinaigre). On ajoute à tout cela de l'huile (350 g.), de
la "poix liquide [16 g.] et autant de cire qu'il en faudra pour donner la
consistance d'onguent" (XVI. 7 D. 28-30). Vu sa composition, un tel emplâtre
ne devait pas manquer d'avoir le même effet que celui utilisé à la Salpêtrière :
arracher les cheveux, leurs racines en déchirant ou, du moins, en curant le
bulbe. Le champignon parasite du cuir chevelu (dermatophyte) qui est à l'ogi-
gine de la teigne ne pouvait qu'être enlevé.

Sauf celui de la Salpêtrière dont Louis ne nous livre pas la composition, ces remèdes sont d'une certaine complexité. Au contraire, celui de
Cooke donné par De Jaucourt dans le rajout qu'il a fait au texte du chirurgien
de la Salpêtrière, est "fort simple", pour reprendre les termes mêmes du Chevalier médecin et encyclopédiste. "Quatre once [128 g] de vif-argent [mercure]
très pur dans deux pintes [2 l.] d'eau" (XVI. 7 D 33-34) à "faire bouillir [...]
dans un pot vernissé jusqu'à réduction de la moitié d'eau" (XVI. 7 D. 35-36),
fera non seulement un médicament externe contre la teigne mais aussi une

----

(439) PARE (Ambroise).- Ouvr. cité, p. 601.

(440) Ibid. Malgaigne, dans son édition "monumentale" (DOE.- (Bibliogr. n° 272),
p. 152) de PARE (Bibliogr. n° 57, T. II, p. 408, n° 1), dit qu'il a "en vain
cherché cet onguent dans Vigo, et, généralement, Vigo est assez fécond en for-
mules pour ne pas copier celles des autres. Celle-ci se trouve dans Guy de
Chauliac, qui l'emprunte à Gordon, et dit l'avoir trouvée très efficace".

médication générale tant interne qu'externe, puisqu'elle peut "détruire les vers, [...] faire passer toutes les éruptions de la peau, [...] guérir les ulcères et [...] purifier le sang" (XVI. 7 D. 39-41). Un commencement de remède universel, quoi ! La raison du rajout de Jaucourt se trouve sans doute dans cette double caractéristique du remède du chirurgien anglais : simplicité de fabrication et généralité de prescription. Après la double thérapeutique inspirée de Turner et la complexité de composition de l'onguent de Paré, développées par Louis, la simplicité et la généralité du remède de Cooke présentées par De Jaucourt apparaissent comme quelque chose de facile. Autrement dit, le codicille de notre chevalier au texte de Louis est plus que correcteur : oppositionnel, sans pour autant être destructeur. Sous couvert d'agrandir le choix proposé au lecteur de l'Encyclopédie en matière de remèdes contre la teigne, il est une manière de dire : il y a des remèdes compliqués et un remède simple ; choisissez. La question qui se pose alors au lecteur est celle de savoir si le remède simple et général est plus efficace que les deux médications complexes. Tout ce que l'on peut répondre, c'est que le mercure en solution de Cooke devait être aussi peu doux pour le cuir chevelu que l'onguent de Paré.

VEROLE, PETITE [= VARIOLE]

Contrairement à celui de "VEROLE, grosse" qui n'en compte qu'une, l'article "VEROLE, PETITE" a deux rubriques : une explicitement d'"Histoire de la médecine" (XVII. 79 D. 53) signée de de Jaucourt ; l'autre de "médecine" (XVII. 81 G. 1), non signée. L'ensemble s'étend sur plus de trois pages : six colonnes et cinquante-huit lignes. L'importance de la rubrique d'histoire de la médecine -deux colonnes et vingt-deux lignes- est à souligner car elle n'est pas habituelle. Le lecteur de l'Encyclopédie peut alors se demander la raison de cette présence inhabituelle et ce, d'autant plus qu'une grande partie de cet historique consiste à reproduire l'essentiel du traité de la variole et de la rougeole du médecin arabe du IXe-Xe siècle : Rhazès, ou pour mieux dire : l'essentiel de ce traité tel qu'en parle John Freind dans la deuxième partie de son Histoire de la médecine consacrée aux auteurs arabes (441). Le lecteur est d'autant plus fondé à s'étonner de la présence de cette longue rubrique historique que de Jaucourt écrit lui-même que la description du médecin arabe

----

(441) FREIND (John).- Histoire de la médecine (Bibliogr. n° 31). 2e partie, pp. 99-108.

"est si fidèle que depuis le temps de Rhazès jusqu'au nôtre on n'a presque
rien découvert de nouveau à ajouter à la bonne pratique des arabes" (XVIII.
80 D. 16-19). S'il en est ainsi, pourquoi être redondant et doubler l'analyse
de Rhazès par la deuxième rubrique de VEROLE, PETITE qui reprend tout l'examen
de la variole ? La réponse se trouve dans les premières lignes de la rubrique
signée de de Jaucourt qui évoquent "cette étrange maladie qui est aujourd'hui
répandue dans tout le monde connu et qui saisit tôt ou tard toutes sortes de
personnes, sans avoir égard au climat, à l'âge, au sexe ni au tempérament du
malade" (XVII. 79 D. 55-58). L'universalité géographique et la généralité
humaine de cette maladie sont des faits suffisamment importants pour être expliqués, pour devoir être expliqués, au sens premier d'expliquer, celui de
déployer. L'histoire est ce qui permet ce déploiement ; l'historique est ce
déploiement, l'historicité est explicative, pour les Lumières du moins. Et
"l'historique de cette étrange maladie" est d'autant plus nécessaire que
celle-ci -et c'est ce qui fait son étrangeté- est "nouvelle" (442). Donc :
retracer son apparition, c'est-à-dire reformuler sa première description et
suivre son extension, c'est déployer le cours de cette maladie : expliquer
sa nouveauté.

   La rubrique d'histoire de la médecine concernant la petite vérole
écrite par De Jaucourt étant ainsi justifiée, comment celle-ci est-elle
composée ? En trois   parties. La première (41 1.) constate trois choses :
l'universalité actuelle du mal, son inexistence chez les Grecs et les Romains
(443), son extension à partir de la conquête de l'Egypte par les arabes d'Omar.
Trois observations sont à faire à propos de cette première partie de l'historique de la variole. La première est celle-ci : de Jaucourt n'en fait pas
   une maladie spécifiquement infantile, comme le montre la citation donnée
plus haut sur la maladie qui n'a égard ni à l'âge ni au tempérament du malade.
----

(442) Id., p. 99, col. g. "Car, depuis le temps d'Hippocrate jusqu'à celui où
nous sommes, il n'est jamais rien arrivé de si remarquable dans la médecine que
la communication de cette nouvelle et surprenante maladie".

(443) Ce que Rhazès n'admet pas. cf. son Traité sur la petite vérole in PAULET.-
Histoire de la petite vérole (Bibliogr. n° 59), T. 2, pp. 17-19. Mais en note
Paulet écrit que Rhazès "a été trompé par une mauvaise traduction". Quand
Jaucourt a rédigé son article pour l'Encyclopédie, le livre de Paulet n'est pas
encore paru, puisqu'il date de 1768. Le Chevalier suit donc Freind qui, malgré
Rhazès, écrit : "Mais il est certain de plus que les grecs n'en avaient aucune
connaissance". FREIND (J.).- Ouvr. cité, p. 100, col. g.

La seconde est la suivante : le chevalier profite de son allusion aux anciens
pour faire de ceux-ci un éloge qui a une résonnance que je qualifierais plus
de néo-classique que d'anti-modernes. La troisième observation est que c'est
à partir du point sur l'extension de la variole par la conquête arabe que
notre chevalier suit Freind quasi mot à mot. La deuxième partie de cet historique de la petite vérole (81 l.) est justement "le précis le plus abrégé"
(XVII. 80 G. 11) qu'"a fait l'illustre Freind" (XVII. 80 G. 18) de la description de la petite vérole par Rhazès. Ainsi le "moulinage" de de Jaucourt est-
il un travail au troisième degré, puisqu'il a consisté en une retranscription
sélective de Freind qui, lui-même, travaille sur Rhazès. Cela donne un texte
de quatre-vingt-une lignes, formant un tout, dont nous avons renoncé à faire
la citation : elle eût été trop longue. Cela étant dit, un certain nombre de
remarques peuvent être faites au sujet de ce texte. La première consiste à
constater qu'il suit le plan habituel : présentation, symptomatologie, pronostic, thérapeutique. La deuxième est la suivante : dans ce plan manque
l'étiologie. Et en effet, de Jaucourt n'a pas repris le texte de Freind-Rhazès
sur le levain qui serait dans le sang et causerait la variole (444). La troisième remarque est la constatation réitérée que ce mal n'est pas spécifiquement ni même spécialement infantile : "les enfants et les adultes y sont les
plus sujets" (XVII. 80 G. 23). Autrement dit : un mal qui ne sélectionne pas
ses victimes. On comprend, dans ces conditions, que l'encyclopédiste le compare à cet autre mal qui répandait naguère la terreur : la peste. "Elle [la
petite vérole] ne cède point à la peste par les désastres qu'elle cause" (XVII
79 D. 61-62), écrit-il au début de son historique. Elle terrorise d'autant
plus qu'elle peut être mortelle, en particulier si elle est confluente, c'est-
à dire si les pustules se joignent, le chevalier médecin ne faisant pas du
tout allusion à la prévention que constitue l'inoculation (445). Il s'en tient
-et ce sera notre dernière remarque sur cette seconde partie de l'historique
de la variole-à Rhazès et à "la bonne pratique des Arabes" (XVII. 80 D.19), le
millier d'auteurs qui ont publié des ouvrages sur cette maladie" (XVII. 80 D.
19-20) ayant tué nombre de malades "par les cordiaux et les irritants qui ont

----

(444) FREIND (J.).- Ouvr. cité, p. 100 D : "cette contagion est une espèce de
levain dans le sang, semblable à celui qui est dans le vin nouveau".
(445) Sur l'art. INOCULATION, cf. notre introduction, p. 19.

été mis en usage, soit pour accélérer l'éruption, soit pour l'amener à suppuration après qu'elle était faite" (XVII. 8L D. 23-26). A cette thérapeutique
de forçage du mal, de Jaucourt préfère, plus douce, des rafraîchissants "pro-
portionnés à l'ardeur plus ou moins grande de la maladie" (XVII. 80 G. 70).
Rien dans tout cela qui ressemble aux considérations attendries de D'Aumont
sur les enfants malades que nous avons vu par exemple à (MALADIES DES) ENFANTS.
La troisième partie de cet historique (48 1.) présente les apports dans la
connaissance ou le traitement de la variole de trois quasi-contemporains :
Sydenham, Helvetius, Boerhaave, sans que, encore une fois, l'apport décisif de
l'inoculation soit présenté. Et loin de terminer son historique sur ce commencement d'espoir que représente celle-ci, l'encyclopédiste conclut par une note
pleine de scepticisme sur la capacité de la médecine à guérir la variole.
Certes, il voit une progression dans la succession des apports respectifs des
trois médecins cités, mais c'est pour dire que cela ne change rien pour ce qui
est de la guérison. Bien sûr, Sydenham a fait une "description de la maladie
[qui] est d'une vérité et d'une élégance qu'on ne saurait trop admirer"
(XVII. 80 D. 29-30), et "gouvernait très bien son malade jusqu'à l'approche
de la fièvre secondaire" (XVII. 80 D. 48-49) (446). Bien sûr, Helvetius prit
en quelque sorte le relais en prenant le malade et en introduisant "la purgation dans le dernier état de la petite vérole" (XVII. 80 D. 56-57) (447). Bien
sûr, Boerhaave "écrivit expressément sur cette maladie avec sa sagacité

----

(446) En regardant "cette maladie comme une vraie fièvre inflammatoire et chaque
pustule comme un phlegmon" (XVII. 80 D. 47-48). Effectivement ; cf. SYDENHAM.-
Médecine pratique... (Bibliogr. n° 71), p. 360 : "L'essence de la petite vérole,
autant que nous pouvons connaître ces sortes de choses, me paraît consister dans
une inflammation particulière du sang". D'où son traitement antiphlogistique :
"Je soutiens, après une infinité d'expériences, que le danger est beaucoup
moindre lorsque, dès le premier commencement de la petite vérole, le malade est
levé pendant le jour, s'est abstenu entièrement de viande et s'est contenté
d'une boisson légère, que lorsqu'il a gardé le lit et qu'on lui a donné, outre
cela, des cordiaux" (Id. p. 369). Par ailleurs, notons que de Jaucourt profite
encore de l'éloge qu'il fait de Sydenham pour faire une fois plus celui de Lord
Verulam, c'est-à-dire de Bacon.

(447) En effet, HELVETIUS (Jean-Claude).- Idée générale... (Bibliogr. n° 36),
p. 251, insiste sur la saignée du pied dans cette maladie au cours de laquelle
le sang et la lymphe se gonflent considérablement en deux temps différents" :
celui de l'éruption et surtout celui de la suppuration. L'Helvetius dont il
s'agit ici est le père de l'auteur de De L'esprit.

ordinaire, [et] en développe la nature et le traitement qui lui convient"
(XVII. 80 D. 63-65). Mais tout cela n'empêche pas que, comme le suggère précisément Boerhaave, "si quelqu'un échappe par la méthode que l'on suit ordinairement, c'est plutôt à la nature qu'il en est redevable qu'aux efforts de
celui qui le traite" (XVII. 80 D. 68-70) (448). Les médecins soignent, la
nature guérit. C'est la formule -laïcisée- de Paré : Je le soigne, Dieu le
guérit. C'est la formule de la médecine empirique : accompagnatrice de la
nature. En cette époque de médecine à systèmes, le rappel de celle-ci par
de Jaucourt a valeur critique.

Tout cela constaté, nous pouvons en venir à la rubrique "VEROLE,
PETITE, (Médec.)" (XVII. 81 G. 1). Comme nous l'avons déjà vu, elle n'est pas
signée. Cependant, son plan est le même que celui des articles signés de
D'Aumont : définition et diagnostic (96 l.), "causes" (XVII. 81 D. 23) (41 l.),
"symptomes" (XVII. 81 D. 64) (22 l.), "prognostic" (XVII. 82 G. 13) (26 l.),
"traitement" (XVII. 82 G. 39) (79 l.) avec un paragraphe de neuf lignes
intitulé "inoculation" (XVII. 82 D. 36) -parties auxquelles s'ajoute une
dernière de trente-six lignes sur la "petite vérole volante" (XVII. 82 D. 45),
c'est-à-dire la varicelle. Pour l'attribution, nous renouvelons dons les
hypothèses déjà formulées : D'Aumont, de Jaucourt seul -mais il aurait signé-,
encore lui ou Diderot reprenant un papier du premier. Nous allons procéder à
l'analyse de ces diverses parties assez rapidement, car notre objet -l'enfant
et l'enfance- n'y est guère présent, la variole, comme la varicelle d'ailleurs,
n'étant pas considérées comme nous l'avons déjà remarqué, comme des affections
spécifiquement ou spécialement infantiles. En effet, si l'encyclopédiste la
définit comme "une maladie fort commune parmi les enfants" (XVII. 81 G. 1-2),
il ajoute aussitôt : "et qui attaque aussi les adultes dans tous les âges"
(XVII. 81 G. 2-3). Autre caractéristique : "elle est ordinaire en France, en
Angleterre et dans d'autres pays" (XVII. 81 G. 3-4) ; c'est le moins qu'on
puisse dire, puisque La Condamine commence son Mémoire de 1754 en écrivant que

----

(448) Et de Jaucourt de citer la dernière phrase de l'aphorisme 1403 : "vulgata
quippe methodo nullus nisi sponte emergit". BOERHAAVE (Hermann).- Aphorismi
(Bibliogr. n° 11 ter), p. 266. L'Analyse de la variole va de l'aphorisme
1379 à 1403 (p. 259) p. 266).

la variole "détruit, mutile ou défigure un quart du genre humain" (449).
L'encyclopédiste apporte sa pierre à ces considérations statistiques en forçant un peu la note, déclarant "que presque tous les hommes ont la petite
vérole et qu'il n'y en a peut être pas un entre mille qui lui échappe" (XVII.
81 G. 21-23). Toujours dans cette présentation générale, deux auteurs :
"Olaeus" (XVII. 81 G. 18) -sans doute Joachim Oelhaf dont le nom latin est
Olhavius (450)- et "Drak" (XVII. 81 G. 24) -Jacob Drake (1667-1707) (451)-,
sont cités pour ce qu'ils ont dit de la nature de la variole : affection héréditaire ou, plus exactement, native (452) et sanguine. Qu'elle "procède d'un
sang impur et chargé de miasme putride" (XVII. 81 G. 11-12), tous les auteurs,
depuis Rhazès, sont d'accord, les divergences commençant quand il s'agit de
savoir si le levain "empoisonnant" le sang vient "ab impuro sanguine materno"
(453) ou de l'air "quod etiam sentio de omnibus morbis", dit Drake (454). Entre
ces deux conceptions, l'auteur ne choisit aucune, et passe tout de suite à la
description empruntée à Sydenham (455) des deux grands types de variole que
l'on distingue depuis Rhazès : la distincte et la confluente. La différence

----

(449) LA CONDAMINE.- Mémoire sur l'inoculation de la petite vérole (Bibliogr.
n° 45), p. 1. CAILLODS (Jean-Georges) dans sa thèse (Bibliogr. n° 88), p. 27,
dit qu'"un varioleux sur 6 mourait dans les épidémies ordinaires et 1 sur 3
dans les épidémies graves". Il parle aussi (id., p. 29) de vingt-mille morts
pour l'épidémie de 1723 à Paris. MOLINA (Henri), également dans sa thèse
(Bibliogr.n° 144), p. 23, écrit qu'"en 1754, on pouvait dire qu'un décès sur
dix en Europe était attribuable à la variole". Dans l'Histoire de l'inoculation
et de la vaccination (Bibliogr. n° 122), p. XII, "le taux moyen annuel des
décès dans toute l'Europe" dus à la variole à la fin du XVIIIe siècle est fixé
à 210 pour 1000 ; ce qui fait bien plus d'un décès sur dix : plus de deux sur
dix. Au vu de tous ces chiffres, disons que le chiffre de la mortalité par
variole se situe entre 10 et 20 pour cent ; ce qui correspond au chiffre de
25 % de gens atteints donné par La Condamine. Rappelons que le Grand Dauphin
en est mort en 1711 et que Louis XV, après en avoir réchappé en 1744, en
mourra, la famille royale, Louis XVI en tête, se faisant alors inoculé.

(450) Né à Dantzig à la fin du XVIe, docteur à Montpellier en 1600, mort en
1630.

(451) Auteur d'une De variolis et morbillis Oratio (Bibliogr. n° 26).

(452) Comme l'exprime bien le titre de l'ouvrage d'Oelhaf : De seminario pes-
tilenti intra corpus vivum latitante -De la source pestilentielle cachée dans
le corps vivant-, Dantzig, 1626.

(453) DRAKE (J.).- Ouvr. cité, p. 28. L'auteur rapportant l'opinion des
médecins arabes.

(454) Id., p. 29.

(455) SYDENHAM.- Médecine pratique... (Bibliogr. n° 71), pp. 107-113.

entre le médecin anglais et l'encyclopédiste réside dans le fait que celui-là essaie de bien cerner ce qui distingue la variole chez les enfants et chez les adultes, alors que celui-ci se contente de noter que la variole confluente "est accompagnée dans les adultes de salivation et de diarrhée chez les enfants" (XVII. 81 G. 61-62). Comme considération de médecine différentielle, c'est peu, même si elle est complétée par cette constatation que "la salivation vient souvent immédiatement après l'éruption, mais la diarrhée vient plutôt" (XVII. 81 G. 63-64). Ensuite, sont présentés, d'après Morton, les quatre moments de l'évolution du mal et les "quatre degrés de malignité" (XVII. 81 D. 16) (456), suivant le degré de confluence des pustules (457). Viennent ensuite les considérations étiologiques, avec la répétition que "cette maladie attaque dans tous les âges les hommes et les femmes, les enfants et les vieillards, et qu'elle survient dans différentes pays tout à la fois" (XVII. 81 D. 23-25). Universelle géographiquement et humainement, sa cause ne peut être que générale, résidant dans une "infection" (XVII. 81 D. 37) -c'est vague- "qui nous est transmise ou qui est développée en nous-mêmes" (XVII. 81 D. 38), l'auteur présentant une nouvelle fois les deux opinions -contagion ou hérédité/innéité- sans en choisir aucune. "Est-ce une humeur analogue à la lèpre ? Est-ce un virus que nous apportons en naissant ? ; c'est ce qu'on ne peut décider" (XVII. 81 D. 41-43). Au passage, retenons de cette phrase que l'indécision qu'elle exprime n'empêche pas l'apparition du mot et donc de la notion -même vague- de "virus" que nous avons déjà rencontrés à PHTISIE pour évoquer simplement le "virus rachitique". Ce qui montre que, en cette mi-XVIIIe siècle, l'étiologie de la variole approche de la vérité, puisque nous savons aujourd'hui que cette affection est due justement à un virus qui se présente au microscope électronique "sous forme de masses rectangulaires de 200 à 300 mµ " (458). Bien sûr, dans l'Encyclopédie, il s'agit d'une approximation, puisque nous ne savons pas trop ce que recouvre

----

(456) MORTON (Richard).- Opera Medica (Bibliogr. n° 54) : Tractatus de febribus inflammatorüs universalibus, p. 36 : Apparatum, Eruptio, Maturatio, Declinatio. Pour l'Encyclopédie, 81 G - 81 D : " Couve ou ebullition", "eruption", "suppuration, "dessèchement".

(457) Id., pp. 39-40 : Confluentes et cohérentes, confluentes ou cohérentes, plus ou moins discrètes. Encyclopédie, 81 D : "universellement confluentes", "particulièrement confluentes", "distinctes mais très petites et cohérentes", "distinctes".

(458) Larousse de la médecine ... (Bibliogr. n° 132)T. III, p. 494.

ce mot de "virus", ce que contient la notion, sinon qu'elle est liée à l'idée d'hérédité ou d'innéité, ce qui n'entre pas dans notre définition du virus comme "entité infectieuse se reproduisant à partir de son seul matériel géné- tique" (459). Nous le savons d'autant moins qu'il n'y a pas d'article sous ce terme dans le principal de l'Encyclopédie, et que l'article VIRUS VENERIEN du tome IV du supplément ne donne aucune définition générale du premier mot (460). Si la variole a pour "cause éloignée" (XVII. 81 D. 37) "une humeur" ou "un virus", il faut pour la déclencher que ceux-ci soient avivés par des "causes occasionnelles" (XVII. 81 D. 45). Suit alors l'énumération de celles-ci qui constitue le troisième point de cette partie étiologique. Par elle, le lecteur apprend que tout ce qui peut modifier les humeurs peut pousser le "levain contraire" (XVII. 81 D. 63) -voilà le virus- "à produire son effet et à se développer" (Ibid.). C'est dans cette partie qu'est énoncé le caractère saison- nier de l'endémie variolique qui est "plus épidermique et plus mortelle dans des temps particuliers et surtout vers le printemps" (XVII. 81 D. 49-50). Après l'analyse des "causes", l'auteur passe à la description des symptomes au cours de laquelle est faite la seconde et dernière remarque de médecine différentielle de cette rubrique. Elle consiste à dire que dans les douleurs qui accompagnent la variole, les vomissements sont "surtout ordinaires aux enfants" (XVII. 81 D. 72-73). Cette faible importance des considérations de médecine pédiatrique est une nouvelle confirmation de ce que la variole n'est pas considérée comme étant spécialement une maladie infantile. Ce que vérifie une dernière fois cet- te phrase empruntée à la partie de la rubrique suivant la symptomatologie, celle du pronostic : "la confluente est dangereuse tant dans les enfants que dans les adultes, et plus dans ceux-ci que dans ceux-là" (XVII.82 G. 16-17). Dans ces conditions, on peut se demander pourquoi MALADIES DES ENFANTS renvoie à PETITE VEROLE alors qu'elle ne renvoie pas par exemple à cette maladie de la deuxième enfance qu'est la scarlatine. Mais il n'y a pas d'article SCARLATINE dans

----

(459) Dictionnaire français de médecine et de biologie... (Bibliogr. n° 104), T. III, p. 1154.

(460) A titre indicatif, le Dictionnaire de médecine de Capuron (Bibliogr. n° 90) de 1806, écrit, p. 361 que le mot signifie "vice caché, d'une nature inconnue". Et le Dictionnaire de Col de Vilars (Bibliogr. n° 20) qui date de 1741 donne p. 468 : "Venin, qualité maligne, pernicieuse, venimeuse, ennemie de la nature". Ce qui montre à l'évidence que la notion est bien vague.

l'Encyclopédie (461), mais, au temps de celle-ci, les ravages causés par la
variole n'ont aucune commune mesure avec les conséquences de la scarlatine.
D'où l'importance de cette rubrique consacrée à la variole -bien plus grande,
par exemple, que l'article ROUGEOLE déjà vu- et, dans celle-ci, de la partie
thérapeutique, une nouvelle fois la plus longue. Et sans aucune considération
particulière concernant le traitement des enfants varioleux. Ce qui s'explique
justement par la généralité de ce mal : si la petite vérole ne distingue pas
les âges dans ses attaques, il n'y a pas à distinguer les âges dans sa curation.
L'encyclopédiste livre donc tout l'arsenal connu de la lutte contre ce mal,
sans aucune remarque de médecine différentielle. Il va de la saignée prescrite
déjà par les médecins arabes jusqu'à l'inoculation en passant par les mercuriaux, les tisanes de toutes sortes -de "corne de cerf bouillie" (XVII. 82 G.
62), par exemple-, la fiente de cheval préconisée par Ettmuller parce qu'elle
"provoque la sueur et garantit la gorge" (XVII. 82 D. 29) (462). Sont même
donnés les opinions du "vulgaire" (XVII. 82 G. 40 et 30) concernant les
"cordiaux pour aider l'éruption" (XVII. 82 G. 41) et la nécessité "que toutes
les boissons doivent être rouges à cause de la chaleur qu'on prétend être seule
nécessaire dans cette maladie" (XVII. 82 D. 30-32) ; ce qui tend à montrer que,
face au fléau que constitue la petite vérole, l'Encyclopédie fait feu de tout
bois en n'hésitant pas à recourir à la médecine populaire que nous avons vu
condamner ailleurs. Certes, la deuxième opinion est qualifiée de "préjugé"
(XVII. 82 D. 30), mais il n'est pas dit qu'il est dangereux ou ridicule.
Autrement dit : l'auteur accumule les thérapeutiques, comme s'il se disait que,

----

(461) Dictionnaire de Col de Vilars (Bibliogr. n° 20) p. 372 : "On appelle fièvre
scarlatine une fièvre continue accompagnée de tâches rouges comme de l'écarlate,
d'ou vient son nom. Elles est plus fréquente en été qu'en hiver. Elle attaque
principalement les enfants. Voyez la pratique de Sydenham". Effectivement, cf.
SYDENHAM.- Médecine pratique (Bibliogr.   ), pp. 245-261.

(462) ETTMULLER (Michael).- Pratique de médecine ... (Bibliogr. n° 29), p.416 :
"La fiente de cheval récente, mêlée, agitée et exprimée avec la bière ou la
boisson ordinaire, est un excellent remède dans la petite vérole des enfants ;
elle en facilite l'expulsion, elle arrête la fièvre, elle préserve spécialement
de l'esquimancie, empêchant que la petite vérole n'attaque les parties internes,
surtout la gorge". Quant à "la décoction de corne de cerf avec des figues, [elle]
est pareillement propre pour les enfants, car les figues en tempérant l'acrimonie saline, diminuent un peu le mouvement de l'effervescence et abattent la
trop grande impétuosité de la petite vérole à la gorge, au col et aux autres
parties internes" (Ibid.). On peut voir par ces lignes que, contrairement à
l'encyclopédiste, Ettmuller traite la variole comme maladie infantile. D'ailleurs,
toutes les considérations du médecin allemand sur la variole figurent dans la
partie de la Pratique (pp. 362-509) consacrée aux "maladies des enfants".

parmi toutes celles-ci, une serait efficace. L'accumulation de l'impuissance
et du désespoir ! Quant aux neuf lignes de présentation de l'inoculation,
elles ne parlent pas du tout de l'application aux enfants de cette "méthode
[qu'] on nous a apportée des Indes et de la Mingrelie [sic. sans doute : Mongo-
lie]" (XVII. 82 D. 36-37). Il faut dire que, sur celle-ci, le lecteur de
l'Encyclopédie peut consulter au tome VII l'article de seize pages rédigées
par Tronchin qui fait le tour de la question et prend, évidemment, position
en faveur de l'inoculation, lui qui a inoculé les enfants d'Orléans -le duc de
Chartres et la princesse de Montpensier âgés de 9 et 6 ans- en mars 1756.
C'est d'ailleurs à cet article INOCULATION que renvoie l'encyclopédiste (463)
avant de traiter de la "Petite vérole volante" (XVII. 82 D. 45), c'est-à-dire
de la varicelle.

     S'il est, de nos jours, une maladie que nous considérons comme
infantile, c'est bien celle-ci (464). Or tout au long des soixante-six lignes
de cette dernière partie de VEROLE (PETITE) consacrée à la varicelle, rien
n'est dit sur le caractère infantile de celle-ci. Plus même : le lecteur ne
trouve aucune de ces petites remarques de médecine différentielle que nous
avons repérées dans le reste de la rubrique. Pour le reste, la varicelle est
traité comme une variole "bien plus légère, plus superficielle" (XVII. 82 D.
47), avec les "quatre temps comme dans la vraie, quoique moins marqués (XVII.
82 D. 48), avec la même cause : un levain "dans le sang, soit dès la naissance,
soit par une communication contagieuse" (XVII. 82 D. 64-65), mais "affaiblie
ou moins énergique (XVII. 82 D. 72-73). Aussi, "le traitement de cette vérole
volante doit être le même que de la vraie" (XVII. 83 G. 9), sauf qu'"on sai-
gnera moins, on purgera moins, on ordonnera une diète moins sévère" (XVII. 83
G. 11-12). Autrement dit : évacuation du sang et des humeurs affectées, tisanes
pour rétablir le cours régulier des précédents en diminuant "le mouvement de

----

(463) cf. p. 19, n° 45 bis.

(464) Encore que les dictionnaires de médecine contemporains ne soient pas
unanimes. Pour le Larousse de la médecine (Bibliogr. n° 132), T. III, p. 493,
il n'entre pas dans la définition de la varicelle d'être infantile ; c'est
sa grande contagiosité qui fait "que peu de sujets atteignent l'âge adulte
sans l'avoir contractée". Il en est de même pour le Dictionnaire français de
médecine... (Bibliogr. n° 104), T. III, p. 1100, qui la définit comme "maladie
aigüe à virus, contagieuse, bénigne, débutant par des symptômes généraux peu
accusés [...]"". Au contraire, le Dictionnaire pratique... de Perlemuter et
Cenac (Bibliogr. n° 148), p. 1409, la définit bien comme infantile en écrivant que "c'est une maladie éruptive, bénigne et contagieuse de l'enfant".

l'effervescence" pour reprendre les termes d'Ettmuler cités à la note 462.
L'encyclopédiste conclut cette rubrique PETITE VEROLE en indiquant les moyens
de prévenir une séquelle fâcheuse de celle-ci : la phtisie. On retrouve une
fois de plus des évacuants -purgatifs et sudorifiques- avec le lait et des
"nourritures louables" (XVII. 83 G. 32), ce qui est bien vague, en particulier
pour la remise sur pied des enfants qui sont les grands quasi-absents de ces
deux rubriques consacrées à la variole. Cela tient sans aucun doute à la généralité de celle-ci : l'Encyclopédie s'est intéressée aux "pauvres enfants" de
la Salpetrière à TEIGNE, aux enfants "victimes" à RACHITISME, aux adolescents
à PHTISIE , parce que ces affections sont spécialement ou spécifiquement infantiles ou enfantines (= non-adultes) ; mais pourquoi parler plus particulièrement des enfants à PETITE VEROLE, alors que celle-ci n'a pas égard, comme dit
de Jaucourt, à l'âge. Le manque d'égard pour les enfants de l'article variole
de l'Encyclopédie n'est que le signe du peu d'égard de celle-ci pour l'âge !
En fait, variole et enfance sont liées pour nous, dans nos représentations
mentales médicales, parce que la prévention de celle-là   commence dès celle-
ci : le lien entre la variole et l'enfance est une conséquence de la vaccination, surtout lorsque celle-ci a été obligatoire, soit de 1902 à 1979 (465).

VERS

            Exactement : "VERS, qui naissent dans le corps humain" (XVII. 42 D.
41). C'est la treizième des quatorze rubriques de l'article VER, une des six
qui ne   sont pas signées de de Jaucourt. Elle s'étend sur plus de cinq
colonnes, soit plus de deux pages et demie, alors que l'ensemble de l'article
compte un peu plus de six   pages ; en constituant donc le tiers, elle en
est la plus longue. Son contenu est donné explicitement comme venant du "Traité
de M. Andry, de la génération des vers dans le corps de l'homme" (XVII. 45 D.
64-65) (466). Il s'agit de ce traité qui valut à son auteur le surnom d'homo
vermiculosus pour son "adresse à trouver ou à mettre des vers partout" (467).

----

(465) Sur la rupture médicale -comme on parle de rupture épistémologique- que
constitue l'inoculation, cf. FASQUELLE (Robert) et JACQUES (Louis)-. Une exposition sur la variole en septembre 1979. Pourquoi ? - Journal de médecine...
(Bibliogr. n°158) pp. 632-650, et la thèse qui y est citée de MOULIN (Anne-
Marie).- La vaccination anti-variolique... (Bibliogr. n° 145).

(466) Pour la référence complète, cf. Bibliographie n° 4.

(467) ANDRY (Nicolas).- De la Génération des vers... (Bibliogr. n° 4).   Non-
paginée :"Critique que M. Hecquet a faite du Traité de la Génération des vers,
et que nous avons promis dans la Préface de rapporter ici".

Ce reproche, Andry le trouve infondé et rappelle la page I de sa préface où il écrit que "les maladies causées ou entretenues par les vers ne [sont] pas aussi fréquentes que se l'imaginent quelques personnes préoccupées qui font dépendre des vers presque tous les maux qui affligent le corps humain". Mais quoi qu'il en soit de ce reproche, il reste cependant que cet ouvrage traite de "quatorze sorte de vers qui naissent dans l'homme" (468), sans compter ceux qui naissent dans les intestins ; ce qui est quand même beaucoup. Certes, l'Encyclopédie en élimine trois sortes pour ne garder que "les encéphales, les pulmonaires, les hépatiques, les cardiaises, les sanguins, les vésiculaires, les spermatiques [ce sont les spermatozoïdes] , les helcophages, les cutanés, les ombilicaux, sans compter les vénériens" (XVII. 42 D. 47-51) (469). Mais cela fait néanmoins un nombre de catégories de vers assez nombreux dans lequel n'entre nullement celle des vers propres aux enfants : ceux que nous appelons aujourd'hui les oxyures, responsables de l'oxyurose, et qui sont des vers in- testinaux. Or ceux-ci sont -si l'on peut dire- expédiés en huit lignes de simple description (470), alors que les autres, les non-intestinaux, sont traités tout au long du reste de la rubrique, Diderot ou de Jaucourt poussant même le zèle à parler, sur une colonne, et des soies qui "sont des vers qui ne se voient point dans ces pays mais qui sont communs dans l'Ethiopie et dans les Indes" (XVII. 44 D. 27-28) (471), et des "figures monstrueuses" (XVII. 45 G. 41) que prennent tous ces vers "en vieillissant" (XVII. 42 D. 62). Face à un tel développement de l'article VERS, la question qui se pose est celle-ci : les helminthiases, c'est-à-dire les parasitoses dues aux vers, étaient-elles à ce point nombreuses qu'il y en avait une pour presque chaque partie du corps ? Un saut d'à peu près cent ans en avant par rapport à la date de parution de ce tome XVII de l'Encyclopédie -où se trouve VERS- peut nous aider à répondre.
----

(468) ANDRY (Nicolas).- Ouvr. cité, p. 67.

(469) Les trois autres sortes données par Andry et non-retenues par l'Encyclopé- die sont : les spleniques, les pericardiens et les oesophagiens.

(470) Encyclopédie, XVII. 42 D. 51 : "Les vers des intestins sont de trois sor- tes : Ies ronds et longs, les ronds et courts et les plats. Les ronds et longs s'engendrent dans les intestins grêles et quelque fois dans l'estomac ; les ronds et courts dans le rectum et s'appellent ascarides. Les plats se nourris- sent ou dans les pylores de l'estomac ou dans les intestins grêles et se nom- ment taenia. Voyez TAENIA".

(471) Et ANDRY (N.).- Ouvr. cité, p. 129-130. Il s'agit du filaire de Médine de la Dracunculose.

En effet, si nous consultons l'édition de 1858 du Dictionnaire de médecine
de Nysten, la deuxième revue par Littré, l'article ENTOZOAIRES n'énumère
pas moins de vingt-sept variétés d'"'entozoaires rencontrés jusqu'à ce jour
dans le corps de l'homme" (472). Ce qui veut dire que la médecine du XIXe
aussi a dénombré autant de parasitoses que d'organes ou presque. Si nous
avançons encore dans le temps, nous savons que naguère encore l'usage des vermifuges pour enfants était monnaie courante de la part des parents. Nous
sommes donc là en présence d'un phénomène de très longue durée lié -du moins
pour son caractère massif- aux conditions d'hygiène alimentaire, puisque
nombre d'helminthiases qui affectent l'homme sont dues à "l'ingestion d'oeufs
ou de formes larvaires enkystés dans l'eau de boisson ou dans les aliments"
(473). Ainsi les diverses distomatoses -de la bile, de l'intestin ou du
poumon- ont pour cause les vers trématodes ou douves fixées sur des végétaux
crus (légumes), des poissons ou des crustacés. Dans ces conditions et du fait,
en particulier, de l'absence de tout traitement de l'eau nécessaire au lavage
de ces aliments, ces affections et les vers qui les causent ne pouvaient
qu'être fréquentes. Et surtout elles ne se limitaient pas aux bénignes
oxyuroses enfantines.

Et en effet, les cas de vers chez les enfants que présente l'Encyclopédie ne relèvent pas de celles-ci. Ce sont deux cas de vers auriculaires,
un cas de vers cutanés et un cas de vers ombilicaux. Le premier est celui
d'"une jeune fille agée de dix ans et malade d'écrouelles [qui] avait une
douleur violente à l'oreille droite" (XVII. 43 G. 33-35). Le deuxième cas
est celui rapporté par Tharantanus qui "dit avoir vu sortir de l'oreille d'un
jeune homme malade d'une fièvre aigüe deux ou trois vers qui ressemblaient à
des graines de pin" (XVII. 43 G. 46-48) (474). En l'absence de plus grandes
précisions, il est bien difficile, une fois de plus, de faire un diagnostic
rétrospectif. Tout au plus peut-on émettre l'hypothèse d'helminthes de

----

(472) NYSTEN/LITTRE.- Dictionnaire de Médecine... (Bibliogr. n° 147), pp. 510-
511.

(473) Larousse de la médecine (Bibliogr. n° 132) T. 2, p. 98.

(474) Cette deuxième citation est recopiée intégralement de ANDRY (Nicolas).-
Ouvr. cité, p. 92. En revanche, le premier cas n'y figure pas, Andry rapportant le cas présenté par Silvaticus d'un enfant de douze ans a qui il arrive
la même chose que la fillette de dix ans de l'Encyclopédie."Tharantanus" doit
être Tarentinus.

quelque ankylostomiase, anguillulose ou bilharziose -toutes trois, types d'helminthiases- dont le prurit symptomatique de la pénétration cutanée se serait fait au niveau de l'oreille. Avec le cas des vers cutanés, nous sommes peut-être en présence d'une de ces helminthiases que nous venons de citer à moins qu'il ne s'agisse d'une autre, à filaire ou filariose différente de la dracunculose déjà rencontrée (note 471) : l'onchocercose. Observons en effet la description de l'Encyclopédie reproduisant celle d'Andry (475).

TEXTE 13 : LA CONSOMPTION PAR LES VERS : L'ONCHOCERCOSE ?

" Les Crinons sont ainsi appelés, parce que, quand ils sortent, ils ressemblent à de petits pelotons de crins. Ces vers viennent au bras, aux jambes et principalement au dos des petits enfants, et font sécher leur corps de maigreur en consumant le suc qui est porté aux parties. Divers modernes font mention de ces vers qui ont été inconnus aux anciens. Ettmuller en a donné une description étendue et des figures exactes. Ces vers, selon qu'ils paraissent dans le microscope, ont de grandes queues et le corps gros. Les crinons n'attaquent guère que les enfants à la mamelle. Ils s'engendrent d'une humeur excrémenteuse arrêtée dans les pores de la peau et qui est assez ordinaire à cet âge".

(XVII. 44 G. 68- 44 D. 7)

Ces crinons pelotonnés comme des fils de crin ressemblent aux filaires responsables de l'onchocercose, l'onchocerca volvulus, dont les microfilaires s'enroulent à l'intérieur des nodules fibreux sous-cutanés symptomatiques de cette affection. De plus, ces derniers s'assemblent plus facilement vers un plan osseux comme les omoplates, les côtes ou la crête iliaque ; ce qui correspond -à peu près- au "bras" et au "dos" du texte de l'Encyclopédie. La gale filarienne qu'engendre le grattage du prurit engendré par ces nodules se manifeste surtout sur les jambes, cette autre partie du corps citée dans notre texte 13 comme lieu l'apparition des vers. Pour ce qui est de la sécheresse et de la maigreur du corps par consomption du "suc qui est porté aux parties", elles sont les symptomes des formes chroniques de l'onchocercose : "peau rude, sèche, vernissée au stade atrophique",

----

(475) Id., pp. 125-127. A moins qu'il ne s'agisse de quelque maladie de l'oreille avec othorrhée (écoulement d'oreille).

"peau de lézard au stade d'hypertrophie" (476) (elephantiasis). Tels sont les
rapprochements que nous pouvons faire entre les crinons d'Andry et l'onchocerea volvulus de l'onchocercose. La description microscopique donnée par
l'Encyclopédie peut-elle nous aider à aller plus loin ? C'est bien difficile
dans la mesure où l'expression "ont de grandes queues et le corps gros"
qualifiant ces vers n'est guère précise. Beaucoup d'helminthes peuvent corres-
pondre à une telle description, y compris justement l'onchocerea volvulus
mâle avec ses cinq centimètres de long et ses cent trente microns de large,
ou l'onchocerca volvulus femelle avec ses cinquante centimètres de long au
moins et ses trois cent soixante microns de large, sans oublier les microfilaires expulsées par celle-ci et qui sont évidemment bien plus petites.
Est-ce que la description d'Ettmuller à laquelle renvoie notre texte 13 est
plus précise (477) pour nous permettre d'en dire davantage ? Guère. Le médecin
allemand rapporte l'opinion de ceux qui soutiennent que"les crinons sont de
la même nature que les vers qui se trouvent dans les fromages pourris" (478) ;
ce qui est bien vague pour donner une confirmation assurée des rapprochements
que nous avons faits entre les "vers cutanés" et l'onchocercose. Et de toutes
façons, reste le problème du caractère infantile de cette affection. En effet,
l'etiophathogénèse de celle-ci ne nous apprend pas qu'elle soit spécifiquement ou spécialement telle. Localisée entre les quinzièmes degrés de
latitude Nord et Sud d'Afrique et d'Amérique, cette filariose est transmise
par un moucheron à long rayon d'action : la simulie. Si l'on peut émettre
l'hypothèse que celle-ci se trouvait sous nos latitudes à l'époque moderne
du fait des conditions générales d'hygiène (479), il est en revanche bien
difficile d'admettre que, si elle avait été générale comme elle l'est de nos

----

(476) PERLEMUTER/CENAC.- Dictionnaire pratique... (Bibliogr.n° 148), p. 655.

(477) ETTMULLER (Michael).- Pratique de médecine... (Bibliogr. n° 29), pp.
479-481. La "définition étendue" consiste à dire que "les yeux aidés du
microscope les trouvent de couleur de cendre ayant deux longues cornes, les
yeux ronds et grands, la queue longue et velue au bout, en un mot, horribles
à voir". Ce peut être la description de maintes helminthes.

(478) Ibid.

(479) Du fait de l'inexistence des insecticides, les simulies pouvaient
exister dans le milieu qui est le plus favorable à ses larves : l'eau courante oxygénée. Il suffirait donc de s'y tremper pour risquer d'être piqué
par la simulie adulte et donc être infesté de microfilaires.

jours dans la zone géographique donnée, les auteurs ne l'aient pas dit. Or
Ettmuller est formel : "les enfants faibles et délicats y sont les plus
sujets" (480), écrit-il. Il ajoute même "Les nourrices ont beau leur donner
à têter et s'épuiser, ils sont abattus par les inquiétudes, par les cris et
par les veilles ; ils ne sauraient ni digérer ni bien assimiler l'aliment ;
ils s'amaigrissent et deviennent à la fin hectiques" (481). Avec la description de ces troubles, nous ne sommes plus en présence de l'onchocercose mais
bien plutôt de l'oxyurose banale avec son irritabilité et son anorexie, ou,
mieux, de l'ankylostomiase avec ses nausées, ses douleurs épigastriques et
son anémie. Mais dans le cas de ces deux dernières affections, les vers ne
sont pas sous-cutanés comme dans le cas de l'onchocercose. Nous ne pouvons
donc pas trancher nettement à propos de ce texte 13 et dire à quoi correspondent précisément ces vers cutanés. A la lumière de tout ce que nous venons
de dire, il reste cependant que les parasitoses par helminthes des enfants
sont connues, et que la médecine du temps inverse l'ordre des facteurs,
puisqu'elle fait de l'apparition des parasites la maladie même alors qu'ils
en sont la cause. D'où le problème de l'origine de ceux-ci posé à la fin de
notre texte 13 . Si en effet, les vers constituent une maladie, sont la maladie, il convient alors de donner la cause de celle-ci et donc l'origine de
ceux-là. C'est ce que fait la dernière phrase de notre citation qui semble
suggérer une génération spontanée. Ce que ne confirme pas précisément
Ettmuller en écrivant que si la matière résultant de la cessation de la transpiration "est tempérée, peu acre, douce et grasse, elle se pourrit dans la
rétention, et les semences qui consistent dans des atomes imperceptibles aux
sens, jusqu'alors cachés et étouffés, se mettent en liberté, remplissent les
desseins   de la nature et se changent en ces petits animaux" (482). Si ces
semences imperceptibles sont cachées, c'est qu'elles existaient déjà auparavant. Où ? Le médecin allemand ne le dit pas (483). Mais il ne dit pas non
plus, comme l'Encyclopédie, qu'elles "s'engendrent d'une humeur excrémenteuse"
qui fonctionne ici comme une forme archéologique de la notion de bouillon de
culture.

-----

(480) ETTMULLER.- Ouvr. cité, p. 480.

(481) Id., p. 481.

(482) Ibid.

(483) ANDRY.- Ouvr. cité, p. 12 : ces semences viennent de l'extérieur et
"il en peut entrer une grande quantité dans le corps de l'homme, aussi bien
que dans celui des autres animaux, par le moyen de l'air et des aliments".

Pour ce qui est du quatrième type de vers propres aux enfants : les
vers ombilicaux, l'Encyclopédie rapporte l'opinion d'Andry qui "aurait beaucoup de penchant à traiter ce ver de fable, sans le témoignage d'Ettmuller
et de Sennert qui lui font suspendre son jugemnet" (XVII. 45 G. 28-31) (484).
Il faut reconnaître que cette opinion semble raisonnable quand on considère
comment la médecine du temps -par la voix d'Ettmuller repris par Andry, lui-
même repris par notre dictionnaire- circonscrit cette affection qui cause aux
enfants "une maigreur considérable et les jettent dans une langueur universelle" (XVII. 45 G. 11-12). En effet, "on n'a point d'autre signe de ce ver
sinon que, ayant lié sur le nombril de l'enfant un goujon, on trouve le lendemain une partie de ce poisson rongée ; on en remet un autre le soir et l'on
réitère la chose jusqu'à trois ou quatre fois, tant pour s'assurer du séjour
du ver que pour l'attirer par cet appât" (XVII. 45 G. 15-20) (485). Face à
une telle pratique, on peut se demander si le ver n'est pas plutôt dans le
goujon que dans l'ombilic et s'il n'est pas retrouvé sur le ventre de l'enfant
que ce qui y a été mis. En vérité, il s'agit d'une pratique de médecine populaire fondée sur la logique de la contiguïté ou du semblable qui fait, par
exemple, que le pigeon égorgé posé sur la tête d'un méningitique doit "prendre
le mal" ou que l'on guérit les maux de dent en touchant celle-ci d'un clou que
l'on plante ensuite dans un morceau de bois (486), tout simplement parce que
l'oiseau mort est voisin du cervelet -et, peut être, lui ressemble- ou parce
que la douleur du mal de dent est comme un clou planté dans celle-ci. Le
goujon posé sur le ventre de l'enfant pour appâter le ver joue le même rôle
que le morceau de viande crue posée bien en évidence pour attirer le cancer
qui "mange" la chair : il est révélateur analogique en même temps que remède,
remède parce que révélateur par analogie. Qu'Ettmuller, après beaucoup
d'autres, admette tout cela montre que la frontière entre médecine savante et
et médecine populaire n'est pas toujours aussi nette que   voudrait le faire
croire la première. D'ailleurs, le médecin allemand n'hésite pas, après
avoir fait la description de l'apparition des vers ombilicaux que nous venons

----

(484) ANDRY (N.).- Id., p. 142. Avec les notes a) et b) donnant les deux
références.
(485) ETTMULLER (M.).- Ouvr. cité, p. 401, repris par ANDRY (N.).- Ouvr. cité,
p. 142.
(486) BOUTEILLER (Marcelle).- Médecine populaire ... (Bibliogr. n° 86), p. 256.

de voir, à s'étendre sur la cause de ceux-ci (487). Ce que ne fait pas
l'Encyclopédie qui se contente de rapporter d'autres observations concernant
ces mêmes vers données par Ettmuller et Andry, en particulier celle de
Bringerrus qui dit "qu'une petite fille de six mois, ayant une fièvre qu'on
ne pouvait guérir, la mère soupçonna que c'était un ver au nombril et réussit à l'en faire sortir" (XVII. 45 G. 34-37) (488). Ainsi l'Encyclopédie se
refuse à expliquer ces faits et s'en tient donc à l'opinion réservée d'Andry.
Ce qui ne l'empêche cependant pas de terminer cet article VERS sur la description des figures monstrueuses que prennent ceux-ci "lorsqu'ils vieillis-
sent" (XVII. 45 G. 49). En revanche, et contrairement aux articles précédents, rien n'est dit sur la thérapeutique de toutes les helminthiases énu-
mérées, "ceux qui voudront savoir quels sont les effets des vers dans le
corps humain, les signes de ces vers, les remèdes qu'on doit employer contre
eux, n'ont qu'à lire le traité de M. Andry" (XVII. 45 G. 61-64). Par cette
phrase qui termine VERS, l'encyclopédiste renonce à son rôle de compilateur
redistributeur d'informations pour n'avoir plus que celui d'indicateur de
documents ; décidément, l'impatience le gagne, puisqu'elle lui fait renoncer
au désir d'être utile que marquaient les exposés thérapeutiques des articles
précédents. VERS est bien le dernier article de notre corpus dans
l'Encyclopédie !

----

(487) ETTMULLER (M.).- Ouvr. cité, p. 402. Les nourrices sont encore mises
en cause pour ce qu'elles "farcissent les enfants" de potages et de bouillies visqueuses qui obstruent les "vaisseaux lactés [= lymphatiques] dans les
intestins et par conséquent [les] glandes de mésentère par où le chyle doit
naturellement être porté dans les vaisseaux de la sanguification", ce qui
aboutit à la dénutrition du corps qui cause un gonflement de l'abdomen avec
"excréments visqueux et blanchâtres".

(488) ANDRY (N.).- Ouvr. cité, p. 143. Ce que ne dit pas l'Encyclopédie,
c'est que la mère fit sortir ce ver, toujours par la technique du goujon
renouvelé chaque jour pendant huit à dix jours. "Bruigersus" est Johan Georg
Brengger, médecin d'Augsbourg au début du XVIIe siècle.

Que retenir de ces deux parties concernant la médecine des enfants de l'Encyclopédie ?

D'abord, que celle-ci n'est pas désignée par le mot "pédiatrie" (489), bien que la chose existe, comme le montre tout ou partie des articles vus et en premier lieu, bien sûr, ENFANTS (MALADIES DES). Pour la médecine du temps, l'enfant existe. Certes, cela n'est pas nouveau et nous avons vu qu'Ettmuller, par exemple, a écrit une Pratique de médecine spéciale sur les maladies propres des hommes, des femmes et des petits enfants (490).

Mais -et c'est la deuxième remarque qu'il convient de faire- le volume de notre corpus consacré à ces maladies des enfants montre que l'Encyclopédie se soucie beaucoup de l'enfant, et comme entité médicale spécifique et comme entité médicale spécifique à soigner. Comme entité médicale spécifique : l'enfant est cet être délicat toujours menacé qu'il faut entourer, ne serait-ce qu'en repérant les maux qui peuvent fondre sur lui. Alors sont mis en cause pêle-mêle la nourrice, la médecine populaire et la médecine pour adultes : l'enfant délicat est toujours prêt de devenir la tendre et innocente victime. D'où l'enfant comme entité médicale spécifique à soigner. C'est ce que montre l'importance dans les articles d'une certaine dimension -sauf dans VEROLE (PETITE), vue comme maladie générale,et dans VERS- des développements thérapeutiques. Pour que l'enfant délicat ne devienne pas la tendre et innocente victime, il faut que ceux qui s'en occupent sachent comment écarter les maux qui le menacent -en particulier, en veillant à l'alimentation- et soigner les affections qui l'atteignent en particulier, à l'aide d'une médecine plus "douce" que celle destinée aux adultes. Ainsi, l'enfant malade existe, l'Encyclopédie l'a rencontré et veut le soigner. La pédiatrie existe dans celle-ci, de fait sinon de nom, et elle se veut pratique. Reconnaître la spécificité de l'enfant, c'est reconnaître sa spécificité d'enfant malade : l'enfant est un malade qui a ses maladies à lui et sa thérapeutique propre. Tel est le sens général des articles de cet ensemble médical. Est-ce la même chose dans le Dictionnaire de Trévoux ?

----

(489) Ce mot ne figure ni dans le principal ni dans le supplément de l'Encyclopédie.
(490) Bibliographie n° 29.

CHAPITRE III

La médecine des enfants dans le
Dictionnaire de Trévoux

Disons le tout net et de suite : ce qui caractérise le
Dictionnaire de Trévoux par rapport à l'Encyclopédie, c'est l'absence de
l'équivalent de la rubrique de l'article ENFANT, intitulée ENFANTS (MALADIES
DES), dont nous avons vu qu'elle est la plus volumineuse de notre corpus.
Certes -et c'est pour cela que nous disons "l'équivalent" et non "l'égal"-,
il ne pouvait être question que le premier dictionnaire cité, avec ses huit
volumes, contienne un article ou une rubrique de même taille que celle que
contient le dictionnaire de Diderot et d'Alembert avec ses dix-sept volumes ;
cependant, il aurait pu exister à l'intérieur d'ENFANCE ou d'ENFANT une
rubrique qui aurait pu avoir ce titre et donc une certaine autonomie, significative de l'émergence de la pédiatrie. Or il n'en est rien, comme nous
l'allons voir.

III. 1 La Médecine des enfants dans ENFANCE et ENFANT(S) du Trévoux

En vérité, cette absence de rubriques périphrastique de PEDIATRIE
n'est pas la seule. En effet, Le Trévoux n'a pas non plus de rubrique générale du genre de ENFANCE (Médecine) de l'Encyclopédie dans laquelle, comme
nous l'avons vu, D'Aumont énonce un certain nombre de grandes règles empruntées à Locke concernant l'hygiène corporelle, disons plus généralement,
l'éducation sanitaire des enfants. Dire qu'il ne faut pas trop "couver" les
enfants, qu'il faut les traiter comme les paysans traitent les leurs, que
l'on doit éviter de leur donner des boissons fortes, sont des préceptes généraux que le Trévoux, dans le souci de la qualité de la relation parents-
enfants, qui est la sienne au nom de la morale chrétienne, aurait très bien
pu reprendre à son compte.

Mais trève de conditonnnels ! Qu'y a-t-il effectivement dans les différentes rubriques des articles ENFANCE et ENFANT du Dictionnaire Universel français et latin concernant les maladies et les soins des enfants ? Presque rien. Sur les soins généraux à donner aux enfants, rien. Sur les maladies infantiles et leurs thérapeutiques, rien qui constitue un inventaire de celles-ci et de celles-là, qui serait en quelque sorte un vademecum pour parents -ce qu'est ENFANTS (MALADIES DES) ; tout au plus, vingt-trois lignes présentant une explication générale des maladies des enfants, une parmi d'autres. Il s'agit de celle de Harris que nous avons déjà rencontrée. Et en effet, l'unique paragraphe -car il ne s'agit même pas d'une rubrique- de l'ensemble des articles ENFANCE et ENFANTS du Trévoux concernant les affections infantiles est un résumé très succinct, mais très clair, de la doctrine du médecin anglais sur la cause et la thérapeutique des "maladies aigües des enfants", pour reprendre les termes mêmes du titre du traité de celui-ci (491). Nous en donnons la première moitié (onze lignes) pour ce qu'elle confirme tout ce que nous avons dit sur le schéma d'explication de Harris :

TEXTE 14 : LE SCHEMA DE HARRIS RESUME PAR LE DICTIONNAIRE DE TREVOUX

"   M. Harris, médecin de Londres, a fait un Traité des maladies aigües des enfants, De Morbis acutis infantum. Il croit qu'elles viennent toutes de ce que les humeurs dont ils abondent s'aigrissent et dégénèrent en un acide qui se manifeste par les rots et les déjections d'une odeur acide. Pour les guérir, il ne s'agit que de combattre cet acide, ce qui se fait en deux manières : en les préparant à l'évacuation et en évacuant par la purgation. Pour le préparer à l'évacuation, il ne faut point aux enfants de sudorifiques ni de cordiaux : ces remèdes sont trop violents".

(III. 702 D. 32-43)

Ce texte donne vraiment l'essentiel de la théorie de Harris sur la cause des maladies infantiles et leur thérapeutique douce. Suivant ces lignes, viennent celles concernant les remèdes ; ce sont ceux que nous avons

----

(491) HARRIS (Walter).- Traité des maladies aigües des enfants...(Bibliogr. n° 35).

vu dans l'article de D'Aumont dans l'Encyclopédie : "yeux et pattes d'écrevisses" (III. 702 D. 43)", "craie, corail" (III. 702 D. 45), c'est-à-dire
des substances riches en calcium contrariant l'action des acides. Et cet
unique paragraphe sur les maladies des enfants se conclut sur la préférence
que, au dire du Trévoux, le médecin anglais a pour "les vieilles écailles
qui ont été longtemps sur le bord de la mer exposées au soleil qui vaut mieux
que le fourneau des chimistes" (III. 703 D. 51-54) (492). Et notre Dictionnaire Universel expose tout cela sans émettre le moindre avis, ni favorable
ni défavorable, sans doute parce que la théorie de Harris est la plus récente. Entendons-nous bien : la plus récente non pas, évidemment, en 1771, lors
de la parution de la dernière édition du Trévoux, mais en 1721, date de sa
deuxième édition qui contient déjà le paragraphe considéré. Or la première
édition anglaise -en latin- du Traité de Harris date de 1689 et sa première
édition continentale -à Genève et toujours en latin- est de 1696, la première
traduction française datant de 1730. Comme ledit paragraphe ne se trouve pas
dans le Furetière de 1701 généralement repris par la première édition du
Trévoux en 1704, nous pouvons dire que celui-ci a repris, pour sa première
édition vraiment originale -celle de 1721- un schéma d'explication d'ensemble
des maladies infantiles qui est récent, puisque sa publication date d'une
vingtaine d'années. Récent, mais aussi simple, puisqu'il se réduit à un seul
principe : l'acidification des humeurs. Outre cette présentation de la physiologie des humeurs déjà rencontrée dans l'Encyclopédie, ce qui caractérise ce
paragraphe d'ENFANT consacré aux maladies infantiles, c'est l'exposé de la
thérapeutique "naturelle" employée pour régler celles-là. Y a-t-il là un désir,
un souci, une volonté thérapeutiques -comme dans l'Encyclopédie- ou la simple
reprise de l'auteur cité ? Seul l'examen des autres articles du corpus peut
nous le dire. Pour le moment, constatons simplement que dans les articles
ENFANCE et ENFANT du Trévoux il n'y a sur ce point rien de plus que ce que
nous venons de voir.

----

(492) HARRIS (Walter).- Ouvr. cité, p. 61 : "Si entre plusieurs coquillages
à peu près de même nature, on peut en préférer quelques uns à d'autres, je
choisirais les coquilles des huitres communes qui se trouvent sur le rivage
de la mer, qui ont été longtemps exposées au soleil et qui sont même, pour
ainsi dire, sous les rayons bienfaisants de la chaleur de cet astre, et qui
ont été par là mieux préparées que par le feu des chimistes qui leur donne
une couleur bleuâtre ou jaunâtre qui ne leur est pas naturelle.

III.2 Les rubriques du Dictionnaire de Trévoux correspondant aux renvois
de ENFANCE (Médecine) et de ENFANTS (MALADIES DES) de l'Encyclopédie.

Compte tenu même des articles de simple renvoi, rappelons leur
nombre : vingt-et-un ; leur noms : ACIDE, ACIDITE, AGE, APHTES, ATROPHIE,
CARDIALGIE, CHARTRE, COECUM, CONSOMPTION, DENTITION, EPILEPSIE, HYGIENE,
MARASME, MECONIUM, NOURRICE, PHTISIE, RACHITIS, ROUGEOLE, TEIGNE, VEROLE
(PETITE), VERS. Vu la moindre ampleur du Trévoux par rapport à l'Encyclopédie, l'ensemble de ces articles est évidemment moins important dans celui-
là que dans celle-ci. Mais la différence entre les deux ensembles des deux
dictionnaires n'est pas seulement de volume. En effet, il en est une qui ne
renvoie pas au seul fait que le Trévoux a huit volumes in folio et l'Encyclopédie dix-sept, mais bien à quelque chose de plus fondamental qui tient
au contenu même de chacun des deux dictionnaires. Cette différence essentielle est la suivante : dans celui-là aucun de ces articles n'a la structure -ou, disons, le plan d'exposition- que les plus importants de ceux-ci
ont dans celle-ci. Ce plan d'exposition est, nous l'avons souligné, typique-
ment médical, puisqu'il comprend toujours : définition, symptomatologie et
diagnostic ; étiologie, avec examen des causes proches et des causes lointaines ; thérapeutique avec pronostic et inventaire des médications. Jamais
le Trévoux ne présente de cette manière une des rubriques énoncées en tête de
ce paragraphe ; les affections et leurs soins ne sont donc pas systématisées,
leur présentation organisée. De ce point de vue, l'Encyclopédie est bien le
"Dictionnaire raisonné des sciences" qu'elle veut être et que n'est pas le
Dictionnaire de Trévoux qui s'abandonne en ce domaine au gré de ses informa-
teurs. Bien sûr, et nous l'avons vu, D'Aumont, de Jaucourt, Diderot,
Vandenesse, Louis puisent abondamment à des sources extérieures, mais ils
organisent -sauf dans VERS- le matériau récolté pour le présenter suivant le
plan cité ci-dessus. Les rédacteurs du Trévoux, eux, piquent une information
quelque part et la donne brut, comme nous venons de le voir pour la théorie
de Harris sur l'origine des maladies des enfants. Ce qui veut dire que si la
notation sèchement brute caractérise l'objectivité, alors, le dictionnaire
de "la note chrétienne" est plus objectif que le dictionnaire des Lumières
trop soucieux d'être utile, c'est-à-dire, en cette occurrence, de choisir

pour aider à vivre et à soigner, à défaut de guérir. Cette objectivité entraîne donc le Trévoux -et c'est la troisième différence entre nos deux
dictionnaires à propos de ce corpus- à se soucier peu, très peu même de la
thérapeutique et, plus généralement, de la lutte contre les maux et les
maladies qui font l'objet d'un des articles cités.

ACIDE + ACIDITE

        Pour le Trévoux, comme pour l'Encyclopédie, nous considérons
ensemble ces deux articles dont nous devons bien reconnaître que la distinction n'est pas d'un intérêt très grand pour la connaissance de la notion
d'acidité. En ce qui concerne la médecine, ACIDE et ACIDITE du Trévoux
n'apportent pas grand-chose, pour ne pas dire rien. Surtout en ce qui concerne
la médecine pédiatrique. Certes, il y a bien dans le premier article cette
phrase : "la plupart des acides coagulent et figent le lait" (I. 87 D. 47-48),
qui pourait être le point de départ de considérations du genre de celles de
Harris -reprises par l'Encyclopédie- sur les conséquences pathologiques de
la coagulation par l'acide du lait donné aux nourrissons. Mais elle ne débouche sur rien d'autre que sur cette autre constatation, à la dernière phrase
d'ACIDITE : "Les aliments qui, par leur acidité, produisent une fermentation,
causent la fièvre" (I. 87 D. 74-75). Par l'énonciation du lien logique existant entre "acidité", "fermentation" et "fièvre", tout semble dit sur les
conséquences pathologiques du pouvoir coagulant des acides sur le lait. Le
Dictionnaire universel en reste à une suite de généralités dont le lecteur ne
peut tirer des connaissances plus précises que par un travail de rapprochement de celles-là comme celui que nous venons de faire. Et encore celui-ci
ne peut-il se substituer à l'exposé des causes détaillées de la fermentation
et à l'inventaire des manifestations de la fièvre. Et, de plus, encore faut-il
que ces généralités ne soient pas contradictoires entre elles ou n'apparaissent pas telles pour le lecteur. Ce qui n'est pas le cas ici, puisque, si d'un
côté il est dit que l'acidité des aliments cause la fièvre, de l'autre il est
énoncé dans ACIDE que "les acides tempèrent l'ardeur des fièvres, à cause
qu'en épaississant la masse du sang ils en ralentissent les mouvements impé-
tueux" (I. 87 D. 42-44). Ainsi la fermentation des aliments par l'acide est
pathogénique, mais l'épaississement du sang par le même acide est thérapeutique. Nous retrouvons ici une caractéristique fondamentale de l'iatrochimie

de l'époque classique qui explique la maladie et la santé par les mêmes processus chimiques, la chute en maladie ou le rétablissement de la santé dépendant du lieu du déroulement de ceux-ci. Le pouvoir coagulant de l'acide est néfaste dans l'appareil digestif parce qu'il fait fermenter les aliments -le lait, par exemple- et donc met en fièvre l'organisme, mais il est faste dans l'appareil circulatoire parce qu'il fait s'épaissir le sang et donc réduit le bouillonnement de la fièvre. C'est la même réaction chimique -la coagulation par l'acide-, mais se déroulant dans deux ensembles organisques différents, qui explique la fièvre et sa chute. En reprenant ces deux généralités en apparence contradictoires, le Trévoux ne fait que reprendre le système iatro-chimique et sa capacité d'unification -d'explication unique- des contraires que sont la maladie et la santé. C'est tout ce que nous pouvons dire à propos de ces deux articles.

AGE

Cet article comprend huit rubriques. Une est de simple définition (4 lignes), deux (2 x 6 lignes) concernant les acceptions du terme en véne-rie et en manège, et deux (20 et 12 lignes) traitent d'âge au sens de partie de la vie de l'homme et, particulièrement, de la vieillesse. C'est dans la première de celles-ci que l'on trouve cette phrase empruntée au dictionnaire de l'Académie Française sur notre notion actuelle de premier âge : "En parlant des chemises et des souliers qu'on donne aux petits enfants, on dit des chemises, des souliers du premier âge" (I. 153 D. 55-57). Petite phrase riche de signification ! En effet, elle est l'affirmation-reconnaissance justement de la spécificité de ce temps de l'enfance qu'est le premier âge qui, de nos jours, détermine des produits alimentaires, des jouets et, comme dans le Trévoux, des vêtements. Elle est même explicitement reliée à la notion de petite enfance. Certes, cette phrase ne précise pas -ne chiffre pas- la durée du premier âge ou de la petite enfance, mais elle n'en constitue pas moins une manifestation de l'émergence de la notion de stades de l'enfance, pour employer un terme de la psychologie piagétienne, mais sans y mettre aucun contenu de celle-ci. Ce qui veut dire que, au moment où paraît cette dernière édition du Dictionnaire de Trévoux, on est déjà dans une phase qui est au-delà de celle de la reconnaissance de l'enfance en général pour être celle de la reconnaissance de temps spécifiques à l'intérieur de celle-ci, ne serait-ce

que celui de la petite enfance. Avec ses particularités matérielle propres
que sont les vêtements, car s'il y a des chemises et des souliers du premier âge, c'est que ceux-ci ne sont pas pour tous les âges de l'enfance. Ce
qui veut dire que cette dernière est composée d'un premier âge suivi par
d'autres. Cette esquisse de division de l'enfance ne se trouve pas dans
l'Encyclopédie, plus soucieuse de cet âge de la vie humaine dans sa globalité
pour mieux en exposer les maladies communes.

Les trois autres rubriques d'AGE sont très composites. La première
(8 lignes) évoque et le secret de l'âge qui est "le seul que les femmes gardent inviolablement" (I. 153 D. 73) et l'avertissement de Tibère au Sénat
"de ne point enorgueillir les esprits de la jeunesse par des honneurs au-
dessus de leur âge" (I. 153 D. 74-154 g !) (493). La seconde (35 lignes)
traite pêle-mêle de sens proverbiaux d'âge, de son sens en jurisprudence et
"dans les maîtrises d'Eaux et Forêts" (I. 154 G. 34). Le paragraphe qui
traite du sens juridique d'âge ne nous apprend rien de plus et même beaucoup
moins que la rubrique "AGE, en terme de jurisprudence" de l'Encyclopédie. Sur
ce point l'originalité du Trévoux consiste dans le rappel de l'article 28 de
l'Ordonnance de Blois (494) qui, en conformité avec le Concile de Trente,
"a fixé l'âge de la profession religieuse à 16 ans accomplis" (I. 154 G. 26-
27), en ajoutant que "les règlements postérieurs reculent de beaucoup de
temps" (I. 154 G. 27-28). Ce qui n'est vrai, comme le montre ce qui est sti-
pulé justement dans la rubrique citée de l'Encyclopédie, que pour les dignités ecclésiastiques supérieures (épiscopat, abbaye, prieuré) et non pour les
bénéfices simples. La troisième de ces autres rubriques, la plus longue
(78 lignes) correspond, pour sa quasi-totalité (69 lignes) à la rubrique
AGE (Mythologie) de l'Encyclopédie : elle présente les diverses chronologies.
Cependant, et c'est ce qui fait son caractère composite, elle comprend trois
lignes sur le sens d'âge de la lune en astronomie et, surtout, sept lignes
concernant l'âge du lait des nourrices qu'on aurait pu s'attendre figurer à
NOURRICE. En effet, âge signifie alors "le temps qui s'est écoulé depuis que
la nourrice a été en couche" (I. 154 G. 53-54). Le Trévoux, qui ne fait que
reprendre le Furetière, ajoute à cette définition une phrase tirée du
"Disc[ours] sur les dents" (I. 154 G. 58) de "Mart[in]" (Ibid.), qui dit

----

(493) D'après "d'Ablancourt, de l'Académie, divers ouvrages", dit la "table
des auteurs" citée en tête de notre Dictionnaire Universel.

(494) C'est la grande (363 articles) Ordonnance de mai 1579 prise à la suite
des Etats-Généraux de Blois en 1576.

qu'il n'y a pas de difficulté à "donner deux nourrices à un enfant, pourvu
que l'âge des laits et des personnes ait quelque rapport" (I. 154 G. 56-57).
En vérité, cette phrase est tirée d'un ouvrage intitulé Dissertation sur les
dents publié à Paris en 1679 (495) par Bernardin Martin, chimiste du Prince
de Condé et par ailleurs auteur d'un Traité sur l'usage du lait édité à Paris
en 1684 qui explique l'incidente sur le lait reprise par le Trévoux. Que
pouvons-nous dire de ou à propos de cette définition et de ce conseil ? Tout
au plus que dans cette rubrique, le Trévoux ne se pose pas la question du
nourrissage mercenaire et que, dans cette perspective, le conseil donné renvoie au principe de l'homogénéité et de la constance de la nourriture lactée
de l'enfant, sans que soit soulevé le problème du rapport, de la conformité
de celle-là à la physiologie de celui-ci -problème qui est, comme nous l'avons
vu, en relation directe avec la question du nourrissage mercenaire que le
Trévoux ne pose pas ici. La-dessus, attendons donc de voir NOURRICE.

APHTE

          Avec cet article nous tenons un phénomène assez rare pour être
noté. Il est en effet original, puisqu'il ne vient pas du Furetière qui n'a
pas d'article APHTE et qu'il se trouve en revanche dans la première édition
du Trévoux qui soit autre chose qu'un démarquage du premier, celle de 1721.
Il compte vingt-trois lignes qui se répartissent ainsi : sept lignes de définition et de description qu'il est difficile de dire symptomatologique tant
celle-ci est générale ("ils se forment en quelque partie que ce soit de la
bouche, dans le palais, aux gencives, aux côtés, à la racine de la langue"
(I. 405 D. 23-25) ; dix lignes de considérations étiologiques différentielles
sur les aphtes chez les enfants et les adultes ; quatre lignes de symptomatologie et de pronostic ; deux lignes de thérapeutique. Définition et description générale, étiologie, symptomatologie -très générale- et pronostic,
thérapeutique ; c'est, grosso-modo, le plan-type des articles de l'Encyclopédie concernant les maladies. Cela veut-il dire que notre affirmation du
début de cette partie est fausse, que les articles du Trévoux concernant les
maladies sont plus ordonnées que nous avons bien voulu le dire ? Non ! Dans

---

(495) Bibliogr. n° 50, p. 17, avec cette précision non reprise par le
Trévoux : "ce lait doit avoir trois ou quatre mois", sans autre explication
de ce délai dont la pédiatrie d'aujourd'hui ne semble tenir aucun compte.
Bernardin Martin est né à Paris le 8 janvier 1629. Il était le fils de
l'apothicaire de Marie de Médicis.

ce sous-corpus d'articles médicaux, APHTE est justement l'exception qui
confirme la règle. Ce qui est intéressant, c'est de mettre en relation cette
constatation avec le fait que cet article appartient en propre à notre Dictionnaire universel, car, alors, nous pouvons nous demander si celui-ci n'est
pas plus rigoureux quand il fait oeuvre originale que quand il remanie le
Furetière ? A considérer l'article que nous analysons, la réponse à cette
question doit être affirmative. Cela dit, celui-ci est bien trop court pour
présenter une analyse suffisamment détaillée pour être originale par rapport
à celle que nous avons vu présentée par l'Encyclopédie. Considérons en effet
ce qui est dit sur la cause des aphtes auxquels sont sujets les enfants,
"surtout ceux qui sont à la mamelle" (I. 405 D. 25-26) : "lorsque le lait de
la nourrice est corrompu ou que l'estomac de l'enfant ne le peut digérer,
alors, les vapeurs acres du lait aigri et corrompu qui s'élèvent, exulcèrent
facilement les parties molles et délicates" (I. 405 D. 27-30). Nous retrouvons l'explication des aphtes par la corruption du lait qui dégage de l'acreté
qui attaque les tissus, que cette corruption vienne de la nourrice ou de
l'enfant, la stagnation du lait mal digéré étant toujours au départ de celle-
ci. Visiblement, cette explication est générale, la différence entre les deux
dictionnaires ne résidant que dans le vecteur de l'acreté : un suc pour
l'Encyclopédie, des vapeurs pour le Trévoux. Et pourtant les sources de celui-
ci ne sont pas celles de celle-là, puisque les deux auteurs cités précisément
(496) à la fin d'APHTE du Trévoux sont Franz - ou Franciscus-Joël et Lazare
Rivière et non Ettmuller et Boerhaave comme dans l'Encyclopédie, c'est-à-dire
des auteurs plus anciens que ces derniers. C'est d'ailleurs une caractéristique du Dictionnaire par rapport à l'Encyclopédie que de se référer à des
auteurs médicaux du XVIe et de la première moitié du XVIIe siècles ; elle
s'explique aisément -mais peut être pas exclusivement, car le Trévoux aurait
pu puiser dans des oeuvres contemporaines- par la date de première facture de
celui-ci : l'extrême fin du XVIIe et le début du XVIIIe siècles (497). Quoi

----

(496) "Précisément", car il y a trois autres noms : "Jean Hartmanus, Forestus,
Degori" (Trévoux I. 405 D. 50) qui sont cités de cette manière, sans mention
d'ouvrage.

(497) Et de toutes façons, l'édition de 1771 aurait très bien pu être moder-
nisée à l'aide de textes d'auteurs plus récents que ceux du XVIe et du XVIIe
siècles. Elle aurait même pu se servir d'auteurs encore plus nouveaux que ceux
utilisés par l'Encyclopédie. Pourquoi les rédacteurs du Trévoux ne l'ont pas
fait ? Bien des hypothèses peuvent être avancées : la facilité paresseuse qui
fait reprendre les choses déjà faites ; un certain traditionalisme médical ;
le refus de la médecine systématique de l'époque de "la crise de conscience" ?
Il est bien difficile de choisir, si tant est qu'il y ait à choisir !

qu'il en soit, c'est effectivement à la section 7 du livre II (I. 405 D. 40)
des Opera medica de Joël (498) et à la quarante-troisième des Observations de
Lazare Rivière (499) que le compilateur du Trévoux a trouvé le remède préconisé
pour les aphtes aussi bien des adultes que des enfants : "un liniment de miel
rosat et d'huile de vitriol mêlés ensemble" (I. 405 D. 38-39). Par le vitriol
qu'elle contient, cette préparation apparaît comme plus décapante que les
gargarismes détersifs camphrés préconisés par l'Encyclopédie. Peut-on tirer
de cette remarque particulière l'idée générale que le Trévoux présente une
thérapeutique plus traditionnelle que celle donnée par celle-là : moins douce
parce que moins émolliente et humectante, plus sèche ? Non, car il s'agit
d'un liniment dans lequel le vitriol est très adouci. Quant à la dose, c'est-
à-dire à la puissance de cette médication -qui est l'autre critère de distinction entre thérapeutique traditionnelle et thérapeutique moderne- le Trévoux
n'en dit rien ; nous ne pouvons donc rien en conclure.

ATROPHIE

Contraitement au dictionnaire de Diderot, le Dictionnaire universel français-latin a, sous ce titre,un véritable article, je veux dire qui
n'est pas seulement de renvoi à un autre mot. Cela dit, ce n'est pas parce
que cet article existe que son contenu est abondant et riche. Et en effet, il
ne compte que dix (10) lignes qui ne nous apportent pas grand-chose sinon deux
notations. La première est la distinction entre l'atrophie proprement dite
qui est "le dépérissement de tout le corps" (I. 600 G. 50) et l'aridure qui
est le dépérissement d'une partie seulement du corps. En faisant cette distinction, le Trévoux est fidèle à sa vocation de dictionnaire de langue. Le deuxième apport de cet article est une confirmation : celle que l'appellation
populaire de l'atrophie est chartre, sans que cependant le Trévoux se prononce
sur l'origine de cette métaphore. Pour le reste de cet article et à la suite
de ces considérations linguistiques, le lecteur trouve une prescription contre
l'atrophie : "le lait de femme tiré à la mamelle" (I. 600 G. 55) ou "le lait
de cavale" (I. 600 G. 56) additionné d'un "peu de sucre" (I. 600 G. 57).

----

(498) JOEL (Franz).- Opera medica... (Bibliogr. n° 41) T. II, p. 250.
Joel a vécu de 1508 à 1579.

(499) RIVIERE (Lazare).- Observations... (Bibliogr. n° 65), p. 219. Rivière
a vécu de 1589 à 1655.

A la suite de l'énoncé de ces remèdes, le Trévoux cite de nouveau le nom de
Degori (500), comme s'il était le promoteur de cette thérapeutique. En fait,
la prescription du lait contre la consomption est traditionnelle, puisque
Hippocrate, déjà, le prescrit aux "phtisiques n'ayant pas une très grande
fièvre" et "quand la consomption est excessive (501). Notre dictionnaire ne
fait donc que s'inscrire dans la longue durée médicale ; et "Degori" n'est là
que comme justificatif ; un autre eût pu être cité.

CARDIALGIE

Nous avons vu que, dans l'Encyclopédie, cet article contient
quelques lignes sur la cardialgie occasionnée chez les enfants par l'engorgement des vaisseaux de l'estomac provoquée par l'accumulation de lait caillé
ou de vers. Dans le Trévoux, il n'y a rien d'aussi précis. Certes, il est
écrit que la douleur violente du cardia "est causée par des humeurs âcres qui
picotent cet orifice et les parties voisines" (II. 262 D. 20-21), mais rien
n'est dit sur la cause de celles-là, en particulier chez les enfants. Et le
deuxième paragraphe (5 l.) de cer article (12 l.) -propre au Trévoux, puisque
le premier vient du Furetière- ne nous apprend rien de plus à ce sujet. Car
il est consacré à l'explication de l'expression "avoir mal au coeur" pour
avoir envie de vomir, qui vient de ce que "les anciens ont appelé et le peuple appelle encore coeur ce que l'on doit appeler estomac" (II. 262 D. 23-23).
Le lecteur ne saura donc rien de la cardialgie qui peut arriver aux enfants.

CHARTRE

Avec cet article ou, plus exactement, la rubrique médicale de cet
article, nous tenons une des autres exceptions de notre corpus : une rubrique
plus importante dans le Trévoux que dans l'Encyclopédie. Cela s'explique
aisément par la différence de contenu existant entre les deux rubriques. Nous
avons vu en effet que celle-ci, à CHARTRE (Médecine),   s'appuyait sur le

----

(500) Qu'il est bien difficile d'identifier. La "table des auteurs et livres
français dont on s'est servi pour la composition de ce dictionnaire" figurant
en tête du Trévoux indique : "DEGORI, Médecin, Dictionnaire de médecine", sans
plus. Nous inclinons à penser qu'il s'agit du grand médecin parisien du XVIe
siècle GORRIS (Jean de) auteur d'un dictionnaire intitulé Definitionum medicarum libri XXIIII. Mais ni les prescriptions thérapeutiques d'APHTE -qui déjà
mentionne le nom de Degori- ni celles d'ATROPHIE ne sont directement empruntées
aux articles correspondant de l'ouvrage de Jean de Gorris.

(501) HIPPOCRATE.- Oeuvres Complètes ... T. IV : Aphorismes, cinquième section,
65, p. 559.

Traité des maladies des os de Duverney (502) pour refuser l'assimilation du rachitisme à la chartre faite par "quelques uns" (503) qui "ont confondu deux maladies qui sont très différentes" (504). Or celui-là fait cette confusion et est par conséquent obligé de développer, après le premier paragraphe (7 l.) de définition (chartre = marasme = phtisie), un second paragraphe (15 l.) de présentation et d'explication du rachitisme. Pour cela, le Trévoux s'appuie sur "M. Courtial, médecin de Montpellier" (II. 470 D. 37), plus précisément sur l'observation X : "sur la courbure des os", de l'ouvrage de celui-ci (505). Comme d'autres que nous avons vus à RACHITISME de l'Encyclopédie, le Montpel- lierain renvoie dos à dos les explications des anglais Glisson et Mayow pour proposer la sienne qu'il reconnaît empruntée "au savant Monsieur Bayle de Toulouse" (506). Le Trévoux la synthétise très bien en écrivant que cette chartre dénommée "quelque fois en français" (II. 470 D. 48) rachitisme est "causée par l'accroissement des os qui reçoivent de la nourriture pendant que les muscles qui y sont attachés ne se nourrissent point, l'esprit animal ne leur étant pas porté à cause que les nerfs qui s'y distribuent sont bouchés" (II. 470 D. 40-44) (507). Quoi qu'en dise Courtial, ce schéma est en gros celui de Mayow, avec l'inégalité de nutrition entre les os et les muscles, la variante résidant dans le fait que les muscles ne reçoivent plus, non pas le suc nerveux comme pour Mayow, mais l'esprit animal. L'entrée en jeu de cette notion médicale très ancienne montre que l'explication du rachitisme de Bayle-Courtial est un asaisonnement traditionnel du schéma moderne -et faux- de Mayow. De celui-ci encore est l'image, reprise par Courtial lui-même repris par notre dictionnaire, des muscles mal nourris jouant pour les os le rôle

----

(502) qui date de 1751. cf. Bibliogr. n° 28.

(503) Encyclopédie, III. 223 G. 29.

(504) Id. 1. 30-31.

(505) COURTIAL (Jean-Joseph).- Nouvelles observations anatomiques sur les os... (Bibliogr. n° 22), pp. 72-81. On ne sait pas grand-chose de ce médecin, sinon qu'il fut conseiller et médecin ordinaire en la ville de Toulouse et qu'il vivait encore en 1709.

(506) Id., p. 78. Il s'agit de François BAYLE (1627-1709) médecin et profes- seur à l'Université de Toulouse. Sa théorie de la nutrition des muscles se trouve au paragraphe XXXXIII de la Disputatio III- "De Musculis"- du tome 3 de ses Institutiones (Bibliogr. n° 6), T. III, p. 89 ; sa critique de la théo- rie de Glisson de la nutrition par les nerfs est développée dans sa Disserta- tio de usu lactis ad tabidos reficiendos, contenue dans les Opuscula (Bibliogr. n° 7), p. 47.

(507) Ibid., textuellement.

d'une "corde qu'on attacherait au haut et au bas d'un jeune arbre" (II. 470 D. 45-46). Telle est l'explication de la chartre confondue par le Trévoux avec le rachitisme dont il n'est pas dit qu'il ou elle sont propres aux enfants, la phrase : "on voue à Saint-Mandé les enfants qui tombent en chartre" (II. 470 D. 31-32) ne laissant pas entendre que seuls ceux-ci sont atteints.

Il faut attendre le quatrième paragraphe (508), le plus long (30 l.), pour trouver un développement sur la chartre propre aux enfants. Il s'agit de l'affection avec vers cutanés que nous avons déjà rencontrée dans le paragraphe de VERS de l'Encyclopédie, consacré aux cutanés et, plus particulièrement, aux crinons (509). Nous avons vu que celle-ci ne fait pas mystère de ses sources sur ce point : il s'agit d'Andry et d'Ettmuller, d'Andry reprenant Ettmuller. Nous avons vu également que celui-ci les décrit comme étant "couleur de cendre, [avec] deux longues cornes, les yeux ronds et grands, la queue longue et velue au bout" (510). Or la présentation par le Trévoux de cette chartre avec -et semble-t-il, par les vers-crinons se termine par la quasi-même description. Voyons donc de plus près cette "pilaris morbus" (II. 470 D. 64) (511) qui "fait maigrir les enfants, leur cause des insomnies, les rend inquiet et semble leur causer une extrême démangeaison" (II. 470 D. 57-59). Elle est donc bien une chartre, puisqu'elle provoque un amaigrissement. Et une chartre avec vers, parce que "le bain donné à propos leur [aux enfants] fait sortir par les pores des corpuscules semblables à de gros poils épais et denses" (II. 470 D. 60-62). Mais comme je viens de le souligner, ce symptome

----

(508) Entre ce quatrième et le deuxième que nous venons d'analyser avec la théorie de Courtial, il y a un troisième de quatre lignes donnant l'étymologie de ce mot empruntée à Ducange. Elle n'est pas la même que celle donnée par l'Encyclopédie. Celle-ci en effet fait venir le nom de cette maladie des châsses ou chartres des saints auxquels on voue les enfants hectiques, tandis que celui-là le fait venir de la prison ou chartre qui "cause de la tristesse et de la maigreur" (Trévoux, II. 470 D. 51). Les deux dictionnaires ont raison, puisque, effectivement, châsse et chartre - prison ont la même origine : carcer = cachot.

(509) Encyclopédie, XVII. 44 G. 68 - 44 D. 7. cf. ci-dessus l'analyse de VERS de l'Encyclopédie, p. 180.

(510) Ettmuller (Michael).- Pratique de médecine spéciale... (Bibliogr. n° 29), p. 479.

(511) Sans doute de pilus, poil, dont l'adjectif dérivé est pilosus, pilaris étant, en latin classique, l'adjectif dérivé de pila, la balle. Ces quelques remarques pour situer le latin du Dictionnaire universel français-latin qu'est le Trévoux.

que sont les vers semble bien être en même temps la cause du mal, puisque,
"quand on les a fait sortir une ou deux fois, les enfants se portent mieux"
(II. 470 D. 69-70). De quelle affection peut-il s'agir ? Il est bien difficile de le dire et nous n'allons pas reprendre toutes les hypothèses déjà
faites dans l'analyse de VERS de l'Encyclopédie, auxquelles peut s'ajouter
celle de la dracunculose ou draconculose causée par l'ingestion d'eau infestée
de cyclops. Contentons-nous donc de souligner le caractère bénéfique du bain
qui suggère des conditions d'hygiène très pathogènes qu'un rien pouvait rendre beaucoup moins. Venons-en alors à la description de ces vers crinons
-parce qu'ils ont la forme d'un poil de crin- ou comedons -parce qu'ils mangent en quelque sorte la substance des enfants qui tombent ainsi en chartre ;
c'est, rappelons-le, quasi celle d'Ettmuller que nous venons de citer : "Ils
sont grisâtres, tirant, tantôt plus tantôt moins, sur le noir ; ils ont deux
espèces de cornes fort longues, deux yeux ronds et fort gros et une queue
longue et velue au bout" (II. 470 D. 72-75). Et pourtant le Trévoux ne cite
pas ce médecin allemand mais un autre : Georg-Jerôme Welsch dont l'Exercitatio
de vermiculis capillaribus infantium (512) est donnée comme la somme de "tout
ce qu'on peut savoir [sur ce sujet], tant pour la théorie que pour la pratique"
(II. 471 G. 3-4). En fait, cette référence est seulement un renvoi bibliographique pour le lecteur, et non l'indication de la source de cet article qui se
trouve en tête du paragraphe : "Journal de Leipzig 1682, p. 316" (II. 470 D.
54). Cette indication est intéressante car elle nous montre que les rédacteurs
du Trévoux ne travaillent pas tout-à-fait comme les auteurs de l'Encyclopédie.
Certes, les uns et les autres puisent à des ouvrages de première main, mais
les premiers, outre qu'ils reprennent beaucoup au Furetière, se servent aussi
des recensions de livres parus dans les journaux savants de l'époque. Parmi
ceux-ci se trouve justement le Journal de Leipzig (Titre exact : Ouvrages des
savants publiés à Leipzig) (513) qui se veut à l'Allemagne ce qu'est le

----

(512) Bibliogr. n° 76. Au début, Welsch recense les auteurs qui ont parlé des
crinons. Paré est cité ainsi que Jean Magirus (mort en 1596) qui les appelle
"dracunculos" (p. 358). Plus loin, Welsch développe longuement l'analyse des
"dracunculi". Ces deux remarques constituent un indice supplémentaire pour
voir dans cette chartre avec vers cutanés une dracunculose, expliquée à cette
époque par des humeurs vicieuses jouant comme semence (p. 362). Notons cependant qu'Andry (De la generation des vers, T.I, p. 127) dénonce cette confusion
des crinons avec les petits dragons, dracunculi. Nous revenons alors à l'hypothèse de l'onchocercose formulée dans l'analyse de VERS de l'Encyclopédie.

(513) Bibliogr. n° 43 bis, pour la traduction française. Mais paraît en latin
pendant deux années, 1682 et 1683, avant de disparaître.

Journal des savants à la France. C'est dans les recensions d'octobre 1682, à
la page 485 de la traduction française, qu'est donné le compte-rendu d'une
observation médicale d'Ettmuller sur les crinons ou comedons des enfants. Il
est accompagné de la planche de figures de ceux-ci qui se trouve dans la Pratique de médecine spéciale du même Ettmuller (514). Le paragraphe de CHARTRE
du Trévoux que nous venons d'analyser reproduit quasi mot pour mot ce compte-
rendu, à l'exception des lignes de commentaire des figures de la planche,
mais avec le renvoi à Welsch. Autrement dit, la source initiale des lignes
sur les vers cutanés est la même pour le Trévoux et l'Encyclopédie : Ettmuller,
les relais étant différents ; pour le premier : un journal de recensions ;
pour le second : Andry et son traité De la generation des vers (515). Mais la
différence marquante entre les deux dictionnaires est ailleurs : dans l'article où se trouvent lesdites ligens, CHARTRE pour le Trévoux, VERS pour l'Encyclopédie. Il y a dans cette différence une signification qu'il convient de
souligner. En effet, traiter des vers sous-cutanés à CHARTRE comme le fait le
premier, c'est étendre le champ de cette affection déjà passablement élargi
avec l'assimilation Chartre-rachitisme. Au contraire, ne voir dans ceux-là
qu'un cas des vers pathogènes comme le fait la seconde revient à spécifier ou,
du moins, à tenter de spécifier les affections. La médecine infantile de
l'Encyclopédie apparaît ainsi plus analytique que celle du Trévoux.

COECUM = CAECUM

        Cet article de six lignes est la copie de celui du Furetière. Notre
Dictionnaire universel de 1771 ne s'est donc pas renouvelé depuis son édition
de 1704. Il s'agit d'une simple définition -"premier des gros boyaux ... fait
comme un sac, n'ayant qu'une ouverture qui lui sert d'entrée et de sortie"
(II. 663 D. 35-37)- assortie de cette réflexion : "les anatomistes sont fort
partagés sur son usage qui n'est pas fort connu" (II. 663 D. 39-40). Avec cela
le lecteur n'est guère avancé et reste sur sa faim de savoir, surtout quand
il compare cette constatation sceptique avec le développement de de Jaucourt
dans l'Encyclopédie sur la fonction de l'ensemble caecum + appendice, en particulier chez l'enfant nouveau né. Rien non plus évidemment n'est dit sur les
affections du caecum et, plus généralement du côlon : colites, colibacillose.
----

(514) Bibliogr. n° 29, p. 480.

(515) Dont la première édition est de 1700, soit quinze ans après la date de
parution de la traduction française du Journal de Leipzig.

Les Furetière et Trévoux s'en tiennent à l'ignorance proclamée des anatomistes,
alors que de Jaucourt, dans son article, se fait justement anatomiste pour
décrire précisément le caecum et se targue de l'opinion des physiciens pour
donner sa fonction. Où le Trévoux suspend son jugement l'Encyclopédie essaye
de faire avancer la connaissance.

CONSOMPTION

Cet article comprend deux rubriques : une (9 l.) de langue
concernant CONSOMPTION au sens de consommation ; l'autre (6 l.) qui concerne
"une certaine maladie de langueur" (II. 836 G. 66). Nous avons vu à ATROPHIE
que celle-ci est synonyme précisément de celle qui nous occupe présentement
en tant que "dépérissement de tout le corps". Or CONSOMPTION nous dit qu'il
s'agit d'une "espèce de phtisie" (II. 836 G. 67). Nous revoici donc en présence de l'équivalence ATROPHIE = CONSOMPTION = PHTISIE que l'Encyclopédie
pose très nettement en ne donnant pas de contenu aux articles des deux premières notions qui ne font que renvoyer à MARASME et PHTISIE. Bien qu'ayant
posé cette même équivalence, le Trévoux ne concentre pas ainsi son propos,
puisqu'il caractérise, particularise même cette "espèce de phtisie" qu'est
la consomption en une maladie "fort ordinaire en Angleterre, qui consume et
dessèche le poumon, les entrailles et cause enfin la mort" (II. 836 H. 67-69).
Nous nous trouvons ici en présence d'une opinion médicale que nous avons déjà
trouvée à PHTISIE NERVEUSE de l'Encyclopédie et qui aura la vie longue (516),
à savoir que la phtisie ou, du moins, une certaine phtisie -la "phtisie sèche"
(517)- est d'abord une maladie anglaise. Pourquoi ? Le Trévoux répond : "On
croit qu'elle est causée par la vapeur du charbon de mine qu'on brûle en ce
pays" (II. 836 G. 70-71). En cela, notre Dictionnaire -qui ne cite pas ses
sources, recouvertes par le "on"- n'est pas d'accord avec Hoffmann qui voit
dans le charbon de terre non pas un agent pathogène mais, au contraire, un

----

(516) Témoin la nouvelle de Gautier intitulée Jettatura dont l'héroïne est
et anglaise et phtisique, et, semble suggérer l'auteur, phtisique parce
qu'anglaise. C'est d'ailleurs pour échapper à l'atmosphère anglaise qu'elle se
trouve à Naples où se déroule l'intrigue.

(517) Pour reprendre l'expression de VAN SWIETEN dans son commentaire de l'aphorisme 86 de BOERHAAVE. cf. BOERHAAVE (Hermann).- Aphorismes... (Bibliogr.
n° 11), T. I, p. 353 : "[L'acrimonie alcaline est très propre à procurer la
consomption du corps] principalement dans cette espèce de phtisie sèche que
les anglais appellent consomption.

excellent purificateur d'air destructeurs des miasmes (518). Il n'est pas non plus d'accord avec Boerhaave qui voit dans le "trop grand usage des viandes" la cause de ce desséchement du corps (519), par alcalescence des humeurs. Ni non plus avec l'Encyclopédie qui, rappelons-le, voit dans "l'usage des liqueurs spiritueuses [...] la cause évidente" de cette phtisie "sans fièvre ni toux" (520), du fait des "acidités" (520) qu'elles produisent dans l'estomac ainsi perturbé. L'explication du Trévoux n'est donc pas généralement admise et constitue donc ainsi une mise en cause du charbon de terre, qu'il convenait de relever et de souligner.

DENTITION

Cet article de six lignes et demie ne se trouve pas dans le Furetière. Pour autant, apporte-t-il quelque chose de neuf qui serait spécifique au Trévoux ? Si nous comparons à l'article de D'Aumont sur le même sujet inventoriant les maux de la dentition, leurs causes et leurs remèdes, nous n'avons aucun scrupule à répondre non. C'est une simple définition -dans des termes, il convient de le noter, quasi-identiques à ceux de l'Encyclopédie (521)- accompagnée de la distinction des deux dentitions : celle des dents de lait et celle "où l'on voit naître toute la suite des dents secondaires" (III. 231 G. 62-63). Mise à part cette précision qui ne se trouve pas dans l'Encyclopédie, le Trévoux ne dit rien, pas un mot, de ce qui est inhérent à la dentition des enfants : les douleurs, au minimum. Et la référence à un certain "DUCHEMIN" (III. 231 G. 63) n'est pas d'un grand secours au

- - - -

(518) HOFFMANN (Friedrich).- Médecine raisonnée... (Bibliogr. n° 38), T. IV, p. 329 : "C'est une vérité que tout le monde regarde comme constante que, depuis environ vingt-ans qu'on fait dans notre ville de Halle un grand usage du charbon de terre pour cuire le sel, on n'y voit plus de fièvres malignes et pétéchiales, de dysenteries et de maladies scorbutiques qui y étaient si communes avant ce temps".

(519) BOERHAAVE (H.).- Ouvr. cité, Ibid.

(520) Encyclopédie, XII. 534 D. 34-35, 28 et 50.

(521) "Sortie naturelle des dents, qui se fait en différents temps, depuis la naissance ["l'enfance", dans le Trévoux] jusqu'à l'adolescence". Encyclopédie, IV. 848 G. 62-63. Trévoux. III. 231 G. 57-58.

lecteur, puisque la table des auteurs ne le cite même pas (522). Tout cela
montre que, dans ce domaine de la pédiatrie, les précisions du Trévoux sont
très limitées. Visiblement, les maux de l'enfance intéressent très peu ce
dictionnaire.

EPILEPSIE

Cela est confirmé par cet article de trente neuf lignes dont vingt-
neuf viennent directement du même article du Furetière. En effet, et toujours
contrairement à l'Encyclopédie, rien n'est dit sur l'épilepsie chez les
enfants et ses causes. Que contient-il alors ? Un paragraphe -le deuxième et
dernier- sur les différents noms de l'épilepsie : "comitialis morbus", "mal
caduc". L'Encyclopédie donne les mêmes. En revanche, elle ne donne pas "mal
de Saint-Jean" donné par le Trévoux. Mais lui, au contraire d'elle, fait
l'impasse sur le nom hippocratique de ce trouble, celui qui justement présente pour nous le plus d'intérêt : "morbus puerilis". Pour le Dictionnaire
universel..., l'épilepsie n'est pas particulièrement une affection enfantine.
L'autre paragraphe de cet article comprend une description symptomatologique
(perte de sens, bave, excrétions diverses) et une analyse étiologique
("l'abondance d'humeurs âcres qui, se mêlant avec les esprits animaux, leur
donnent un mouvement extraordinaire et déréglé" (III. 789 G. 36-38) de ce
mal. Tout cela, répétons-le, était dans le Furetière de 1701 (523), le Trévoux n'allant pas, ne cherchant pas à modifier cette symptomatologie et cette
étiologie. Ce que celui-ci ajoute à celui-là (9 lignes), c'est la distinction que nous avons rencontrée dans l'Encyclopédie -qui la reprend à Sennert-
entre idiopathique ("lorsqu'elle survient par le seul vice du cerveau" (III.
789 G. 43)) et sympathique ("lorsqu'elle est précédée de quelqu'autre maladie" (III. 789 G. 44)). Mais c'est surtout la mise en cause d'une croyance
de médecine populaire qui veut que "c'est un remède contre l'épilepsie que de

----

(522) Il s'agit de Laurent-Tugdual DUCHEMIN (mort en 1760), beau-père du grand
chirurgien-dentiste du XVIIIe : FAUCHARD (mort en 1761) et lui-même dentiste.
La phase sur les deux dentitions données par le Trévoux comme venant de
Duchemin provient des premières lignes de sa Dissertation sur le phénomène de
la disparition des racines des dents de lait paru dans le volume II de la
livraison de Janvier 1759 du Journal de Trévoux (Bibliogr. n° 52,1759, T. I,
p. 257). Ce fait confirme ce que nous avons dit un peu plus haut sur la méthode
de travail de Trévoux qui consiste à utiliser davantage les articles de journaux que des livres.

(523) La seule phrase du Furetière que le Trévoux ne reprend pas est : "Démo-
crite appelait le plaisir de l'amour, une courte épilepsie" (Furetière, II).
Ô Sancta pudicitia !!!...

boire tout chaud le sang qui coule du corps d'un homme décollé" (III. 789 G. 46-47) (524). Qu'ajoute en effet notre dictionnaire à la fois indigné et sceptique ? : "L'a-t-on jamais éprouvé ? Et si on ne l'a pas fait, qu'en peut-on savoir ?" (III. 789 G. 48-49). Ce qui prouve que le Trévoux participe, lui aussi, à la critique de la médecine populaire, d'une certaine médecine populaire évidemment et manifestement inadmissible pour cet ouvrage de "la note chrétienne", -j'ajouterai : de la note chrétienne modérée. Mais, dans tout cela -qui est court-, rien, absolument rien ne concerne ce mal courant des enfants jusque naguère : l'épilepsie.

HYGIENE

Cet article de treize lignes est encore moins détaillé que le précédent. Cinq lignes et demie sont une simple définition de l'hygiène, empruntée à un certain "Dictionnaire de Médecine" (IV. 916 G. 21-22), sans autre précision, et qui n'est pas celui de James traduit par Diderot, Eidous et Toussaint. Les sept autres lignes sont l'énumération des "six choses non naturelles bien conditionnées dont l'usage convenable" (IV. 916 G. 18-19) constitue l'hygiène. Ce sont évidemment les mêmes que celles qui se trouvent au même article dans l'Encyclopédie : l'air, l'alimentation, l'exercice, l'état de veille ou de sommeil, les excrétions et les passions de l'âme. HYGIENE du Trévoux n'en dit pas plus. On est donc loin des cinq colonnes de Louis (?) détaillant dans l'Encyclopédie les sept lois d'Hoffmann sur l'absence d'excès l'habitude, la tempérance, l'économie, la modération, l'équilibre et l'éloignement des médicaments qui font une bonne hygiène de vie. Ce qui constitue une nouvelle confirmation de ce que le pragmatisme, l'utilitarisme n'est pas du côté du Trévoux.

MARASME

Nous avons vu que l'Encyclopédie faisait de l'atrophie, de la consomption et du marasme une seule et même notion, au point de faire renvoyer ATROPHIE à CONSOMPTION et CONSOMPTION à MARASME et PHTISIE. Le Trévoux, lui,

(524) Ce "remède" repose sur cette caractéristique de la pensée magique déjà rencontrée : l'analogie symbolique. En effet, c'est parce que "le peuple appelle [l'épilepsie] mal de Saint-Jean [..], parce que la tête de St Jean tomba à terre lorsqu'il fut décapité" (Trévoux, III. 789 G. 61-64), qu'il pense que ce mal peut, doit être guéri par l'analogique -réel- du signifiant : une tête coupée et le sang qui en découle. D'ailleurs, Bouteiller (Bibliogr. n° 86), p. 289 présente une thérapeutique populaire contre l'épilepsie à base de sang d'un matou. Visiblement, il y a eu déplacement.

fait un article pour chaque mot mais lie quand même les trois choses, puisqu'il écrit : "c'est le dernier periode [sic] de la maigreur, de l'atrophie et de la consomption" (V. 817 D. 33-34). Le marasme est donc le plus des deux autres. Est-il plus fréquent chez les enfants que chez les adultes, comme le dit l'Encyclopédie (525) ? ; notre Dictionnaire Universel... ne le dit pas. Décidément, celui-ci s'en tient à des généralités qui ne peuvent guère aider le lecteur. Et ce n'est pas la phrase empruntée une fois encore à "DEGORI" (V. 817 D. 40) -"je ne pus empêcher que le malade qui était d'un tempérament mélancolique, ne tombât dans le marasme" (V. 817 D. 38-40)- qui est d'un grand secours. Certes, elle établit une relation entre le tempérament mélancolique et la "maigreur extrême" (V. 817 D. 31) qu'est le marasme, mais elle ne dit rien du pourquoi de cette relation, de la cause du marasme, en particulier chez les enfants ; la phrase précédant la citation de Degori -"la fièvre étique cause ordinairement le marasme" (V. 817 D. 37-38)- étant tautologique.

MECONIUM

Cet article est dans le Trévoux quasi-identique au même dans l'Encyclopédie. La différence entre les deux dictionnaires réside dans la place de l'étymologie grecque de MECONIUM : le premier la met à la fin de la première rubrique sur l'acception pharmaceutique du terme, tandis que la seconde la place en tête. Pour ce qui est de la rubrique concernant l'acception pédiatrique du terme, elle est la même dans les deux dictionnaires. Nous nous contentons donc ici de renvoyer à l'analyse faite de MECONIUM de l'Encyclopédie. Mais alors se pose la question : qui a copié l'autre ? A la vérité, peu importe, puisque ces deux articles quasi-identiques copient mot pour mot MECONIUM du Furetière de 1701. Manifestement, pour cet article, nos deux dictionnaires n'ont pas fait d'effort.

NOURRICE

Cet article comprend trois rubriques dont deux sont recopiées du Furetière. La troisième (3 1), originale, concerne le sens de NOURRICE dans les Coutumes de Bresse : ce sont des pièces de bois utilisées pour les étangs. La seconde (9 1) traite des acceptions métaphoriques du terme. La première (16 1) est celle qui nous intéresse ; elle traite de la "femme qui donne à

---

(525) Encyclopédie, X. 68 D. 72.

têter à un enfant, qui a soin de l'élever dans ses premières années" (VI.245
G. 77-78). C'est -répétons-le- la définition du Furetière, mais aussi celle
de l'Encyclopédie. Mais le rapprochement que nous pouvons faire entre celle-
ci et les deux autres dictionnaires s'arrête à cette identité de définition.
En effet, le lecteur ne retrouve pas dans ceux-ci le catalogue détaillé et
précis de celle-là sur les conditions physiologiques -âge, constitution, état
des seins et de leurs bouts, nature du lait- d'une bonne nourrice. Encore
moins trouve-t-il la longue argumentation que nous avons analysées (arguments
physiologique, moral et social) en faveur de l'allaitement maternel. Au lieu
et place de ce catalogue précis et de cette argumentation développée, le
Trévoux-Furetière se contente d'une description générale sur la bonne nourrice et d'un prédicat encore plus général sur l'allaitement maternel.

TEXTE 15 : LA BONNE NOURRICE ET L'ALLAITEMENT MATERNEL POUR LE
TREVOUX

"Une nourrice, pour être bonne, doit être saine et d'un
bon tempérament, avoir bonne couleur et la chair blanche.
Elle ne doit être ni grasse ni maigre. Il faut qu'elle
soit gaie, gaillarde, éveillée, jolie, sobre, chaste, douce
et sans aucune violente passion. La plus excellente de toutes
les nourrices, c'est la mère. VALEMBERT."

(VI. 245 G. 79 - 245 D. 6)

Certes, ce texte énonce bien toute une série de conditions
nécessaires pour être une bonne nourrice que l'Encyclopédie avance aussi
-sauf celle de "la bonne couleur", de "la chair blanche", de la gaillardise,
de l'éveil et de la joliesse, si l'on veut vraiment préciser les choses entre
les deux dictionnaires -, mais sans donner les autres détails de celle-ci.
En effet, le Trévoux ne présente aucun des optima avancés par le Dictionnaire
raisonné : ceux d'âge, d'âge du lait, de taille de poitrine, qui, comme nous
l'avons vu, se caractérisent par la "médiocrité". Assurément, celle-ci est
suggérée par "ni grasse ni maigre", "sobre", "chaste", "douce" et "sans aucune
violente passion", mais ces dénominations concernent la corpulence et le caractère, c'est-à-dire des réalités humaines dont on ne peut pas dire qu'elles
sont des éléments simples, très particularisés, comme le sont "un lait nouveau de quinze ou vingt jours" (526) -c'est précis- ou "les bouts de mamelles"
évoqués par l'Encyclopédie (527). De plus, dire qu'une nourrice "doit être
saine et d'un bon tempérament", c'est proférer une évidence et une évidence

----

(526) Encyclopédie. XI. 260 D. 70.
(527) Id., XI. 261 G. 5.

vague, puisque ne sont précisés ni ce que recouvre la santé ni ce que contient
le "bon" tempérament. Quant à la prise de position en faveur de l'allaitement
maternel, elle est vraiment réduite à sa plus simple expression. Il ne s'agit
en effet que d'une affirmation empruntée à Simon de Vallembert, médecin de la
duchesse de Savoie et du duc d'Orléans dans les années soixante du XVIe siècle,
c'est-à-dire plus de deux cents ans avant l'époque de nos deux dictionnaires
(528). Cette phrase se trouve au tout début du chapitre I du premier livre
de son traité De la manière de nourrir et gouverner les enfants dès leur
naissance, en conclusion de l'énumération des conditions requises pour une
bonne nourriture de l'enfant (529). Et celle-là vient après l'argumentation
en faveur de l'allaitement maternel, avec, au centre, l'argument de la continuité du tempérament de l'enfant à celui de la mère, pour parler comme notre
texte 10 tiré de l'Encyclopédie (530). Ainsi, le Trévoux aurait pu trouver
dans l'auteur qu'il cite tout l'argumentaire nécessaire à la justification
de l'affirmation énoncée. Il ne l'a pas fait, se contentant de s'en tenir à
celle-ci. Est-ce parce qu'il considère qu'elle va de soi, donc qu'elle n'a
pas à être justifiée ? Peut-être. Ce qui est sûr, c'est qu'il ne cherche pas
à donner mauvaise conscience aux parents qui mettent leurs enfants en nourrice, ni en développant les arguments en faveur de l'allaitement maternel
ni même en critiquant la pratique de la mise en nourrice, comme nous avons
vu que l'Encyclopédie le fait en attribuant son origine à la corruption des
moeurs. Autrement dit, le Trévoux se prononce pour le nourrissage par la mère,
mais sans le fonder ni sur une argumentation positive, en faveur de celui-ci,
ni sur une argumentation négative -par une critique de son contraire : le
nourrissage mercenaire. Ce qui montre que, sur ce point, notre Dictionnaire
universel... ne cherche pas à convaincre ; il n'a pas la volonté, à tout le

----

(528) Ce qui prouve que le Furetière rédigé fin XVIIe siècle a, lui aussi, des
sources assez anciennes.

(529) VALLEMBERT (Simon de).- (Bibliogr. n° 75),, p. 3 : "Ces conditions obser-
vées, ne faut douter que le lait de la mère toujours est meilleur que d'une
autre femme". Ces "six ou sept conditions" (Ibid.) sont celles que nous avons
trouvées dans l'Encyclopédie, sauf la modération sexuelle, Vallembert écrivant
qu'il faut que la nourrice "ne soit grosse ni envieuse de coucher avec l'homme"
(Ibid.).

(530) Id., p. 2 : "Il [le lait de la mère] est plus semblable à la substance de
ce dont il était nourri dans le ventre de sa mère". Et un peu plus loin :
"Finalement, il lui convient mieux que celui d'une autre femme pour être fait
([...]) de même matière qu'a été formé pour la plus grande part de sa corpulence ; car de même que nous sommes faits nous sommes nourris, dit Aristote".

moins le désir de changer les moeurs sociales du Dictionnaire raisonné. Au vrai, la référence de celui-là a un médecin du XVIe siècle, et de celui-ci à Plutarque, Aulu-Gelle et même Cesar montre que la prise de position en faveur de l'allaitement maternel est ancienne, constante et répétée. Et pourtant l'allaitement mercenaire dure. Il y a donc de quoi se lasser. La simple répétition de cette prise de position sans argumentation ne fait que traduire cette lassitude : le principe doit être répété, ne serait-ce que pour lui-même, mais l'argumentation, à quoi bon ? Seule la volonté de réformation des moeurs de l'Encyclopédie, du moins de l'auteur de NOURRICE, peut passer par dessus cette lassitude et donner le désir de convaincre en argumentant.

Cette rubrique de NOURRICE du Trévoux se termine par la révélation d'un phénomène social inhérent à la mise en nourrice : la substitution d'enfants. Ici encore, notre dictionnaire constate -"On dit des enfants dont les inclinations ne ressemblent point à celles de leur père qu'ils ont été changés en nourrice ; pour dire que les nourrices les ont supposées en la place des véritables" (VI. 245 D. 10-13)- sans donner d'explication. Pourtant le Trévoux, qui est ici original par rapport à l'Encyclopédie, pourrait mettre en relation cette pratique de la substitution d'enfants avec celle de la mise en nourrice qui l'englobe, pour condamner justement celle-ci. Or il n'en est rien. L'objectivité du dictionnaire de la note chrétienne -souvent héritée du Furetière- est à toute épreuve. Par comparaison, le dictionnaire éclairé apparaît très volontariste, donc très normatif. C'est la rançon de son utilitarisme.

PHTISIE

Nous avons vu que, du fait de l'étiologie du temps, l'Encyclopédie fait de cette maladie essentiellement pulmonaire une affection de l'adolescence et de la jeunesse. Le Trévoux, lui, ne dit rien de tel. Une fois de plus, reprenant en grande partie le Furetière, il se contente de donner les deux sens de phtisie : celui -annoncé par l'équivalence ATROPHIE = CONSOMPTION = MARASME- de consomption en général et celui de phtisie pulmonaire - notre tuberculose. Pour le Trévoux, l'étiologie de celle-ci est simple : elle a nom "ulcère" (VI. 746 G. 45) ou -notre dictionnaire est prudent- "quelqu'autre vice du poumon" (Ibid.). Ce qui revient à ne plus rien préciser du tout de l'origine de la phtisie pulmonaire, sinon qu'elle est telle. Sa présentation symptomatologique est cependant faite, qui reste générale, puisqu'elle ne mentionne, outre la "fièvre lente" (VI. 746 G. 46), que le crachement : d'abord de sang, ensuite de "pus qui va au fond de l'eau" (VI. 746 G. 48-49), voire d'"une partie du poumon pourri après une longue exulcération" (VI. 746 G. 50). Ce qui est peu par rapport à l'Encyclopédie qui traite de l'aspect des crachats, du poul et des difficultés respiratoires. Après cette symptomatologie, le Trévoux passe à la phtisie dorsale en se limitant à dire qu'elle est "causée par l'excès des actes vénériens" (VI. 746 G. 53). Ce qui montre que l'idéologie -car c'en est bien une du fait de l'absence de repérage du mal de Pott- de la sexualité phtisiogène est générale.

Ce que notre Dictionnaire universel ajoute au Furetière tient en six lignes. Trois constituent la seconde rubrique de PHTISIE ; elles viennent du Dictionnaire de médecine de Col de Vilars (531) et définissent cette "maladie de la prunelle qui devient étroite, obscure, ridée" (VI. 746 G. 58-59), qui "fait voir les objets plus gros qu'ils ne le sont" (VI. 746 G. 60). Il s'agit de la phtisie de la cornée, pour garder le vieux terme imprécis, d'une quelconque kératite (inflammation de la cornée) ou uvéite (inflammation de l'iris) ou du kératocône (532), pour situer les choses dans la médecine contemporaine ; dans tous les cas, une affection qui n'est pas enfantine. Les trois autres lignes propres au Trévoux par rapport au Furetière sont une allusion à une dissertation du médecin avignonais Gastaldy (1674-1747), "ou il examine si le climat d'Avignon convient aux anglais qui sont attaqués de phtisie" (VI. 746 G. 56-57). En fait, il ne s'agit pas d'une dissertation mais d'une "quaestio medica" proposée pour le doctorat d'un certain Monsieur de Gaye et soutenue par lui à Avignon le 24 juillet 1716 (533). De cette soutenance telle qu'elle est recensée par le Journal de Trévoux nous pouvons retenir l'idée déjà avancée à CONSOMPTION du Dictionnaire de Trévoux que la phtisie est plus spécialement anglaise, soit qu'elle est causée par des "exhalaisons très nuisibles" (534) répandues "par l'usage ordinaire du charbon de terre" (534), soit qu'elle l'est par "le génie vif et ardent de la nation qui, pour

----

(531) COL DE VILARS (E.).- Dictionnaire... (Bibliogr. n° 20), p. 328.

(532) "Déformation de la cornée en forme de cône." Larousse de la médecine (Bibliogr. n° 132), T. II, p. 207. Mais le kératocone s'accompagne de myopie, ce que ne suggère pas la définition de la phtisie de la prunelle du XVIIIe.

(533) Article XXVII de Février 1717 du Journal de Trévoux (Mémoires pour l'histoire des sciences et des beaux-arts, Fév. 1717, pp. 321-324). Nous ne connaissons cette "quaestio" que par ce compte-rendu du Journal de Trévoux.

(534) Id., p. 322.

s'élever au-dessus de toutes les autres, ne s'épargne ni l'application de
l'esprit ni les fatigues du corps" (534) en recourant, en quelque sorte pour se
doper, "à l'eau de vie et aux liqueurs qui brûlent encore plus le sang (535).
En conséquence de quoi, la "quaestio" recommande aux anglais de "s'éloigner
de leur patrie" (536), dès le "commencement du mal" (536), pour aller à
Avignon. Suit alors un éloge de la situation de cette ville avec son air tempéré, ses "ruisseaux qui coulent de la claire fontaine de Vaucluse" (536) et
qui sont "abondants en écrevisses " (536) dont on sait -notre médecin avignonais
faisant feu de tout bois- "quel avantage c'est en plusieurs maux" (536). De
plus, le Rhône y "fournit une eau légère à boire et adoucit l'air par ses
vapeurs" (537). Et si l'on objecte que des vents violents -le mistral- y souf-
fle, les anglais qui sont sujets à cette "phtisie particulière" (537) "peuvent
aller à L'Isle sur Sorgue ou choisir quelque endroit des environs et dans le
même climat" (537). Tel est l'essentiel du contenu de cette "Dissertation"
évoquée à la fin de PHTISIE du Trévoux. Mais tout cela, encore une fois, ne
nous dit rien du caractère juvénile de ce mal.

RACHITIS [ME]

Marqué de la main à l'index tendu, cet article est une nouveauté.
Je veux dire qu'il n'est pas emprunté en totalité ou en partie au Furetière.
Pour autant, présente-t-il des choses originales ? Par rapport à l'Encyclopédie, certainement pas. La phrase de définition -"la maladie dont la cause et
les principaux symptômes paraissent résider dans l'épine du dos" (VII. 118 G.
55-56)- (538) est la même dans les deux dictionnaires. Celui de Diderot la fait
naître en Angleterre ; celui des ci-devant jésuites la dit "moins rare en
Angleterre qu'en France" (VII. 118 G. 57) ; ce qui constitue une petite différence dans la mesure où le silence du Trévoux sur le lieu de départ de la
maladie ne l'empêche pas d'en faire un mal plus propre à l'Angleterre, comme
la phtisie mais sans avancer de raisons. Comme l'Encyclopédie, mais sans y
mettre de lyrisme ni de grandiloquence (539), le Dictionnaire universel

----

(535) Id., p. 323. Nous retrouvons ici l'explication de la phtisie nerveuse
donnée par l'Encyclopédie.

(536) Ibid.

(537) Id., p. 324.

(538) Encyclopédie, XIII. 743 G. 8-9.

(539) Id., 1. 14-15 : "Les enfants sont les seules victimes que le rachitisme
immole à ses fureurs". L'Encyclopédie goûte l'image de l'enfant-victime.

proclame que "les enfants seuls sont sujets au rachitisme" (VII. 118 G. 58).
En revanche, il ne reprend pas les précisions d'âge de celle-là concernant
l'atteinte de la maladie (entre six mois et deux ans et demi). Après avoir
donné la traduction commune de cette maladie -"on dit de ceux qui en sont
attaqués qu'ils sont noués" (VII. 118 G. 59)- qui s'explique justement par
les symptomes, notre dictionnaire en vient à ceux-ci, en terminant par un
"etc." (VII. 118 G. 69) avec lequel le lecteur n'a qu'à se débrouiller. A
cette symptomatologie déjà vue -grosse tête, poitrine étroite, épine et os
longs courbés, articulations grossies comme des noeuds, d'où l'expression commune d'être noué- manque l'élément psychologique donné par l'Encyclopédie :
celui de la plus grande vivacité d'esprit des enfants rachitiques. Le Trévoux
s'en tient aux seuls symptômes anatomo-physiologiques, faisant preuve, en laissant de côté le symptôme psychologique, d'un esprit anatomo-clinique limité
qui est confirmé par le "etc." final. De plus, il n'est rien dit de l'étiologie du mal. Mais cela tient à ce que, comme nous l'avons vu, elle se trouve
à CHARTRE -avec la théorie de Courtial-; c'est-à-dire que cela tient à la
confusion du rachitisme avec celle-là -confusion refusée par l'Encyclopédie-.
Et la grande différence entre nos deux dictionnaires sur cette question du
rachitisme se trouve ici : dans l'assimilation -par le Trévoux- et la distinction -par l'Encyclopédie- du rachitisme avec la chartre. Et il ne faut pas
voir dans cette différence un progrès de l'analyse du rachitisme qui se serait
effectué entre la fin du XVIIe, date du Furetière repris par le Trévoux, et le
milieu du XVIIIe, date de rédaction de l'Encyclopédie, puisque les premiers
analystes du rachitisme, Glisson et Mayow, au milieu du XVIIe siècle, ont déjà
bien spécifié leur objet : la maladie de la courbure de l'épine dorsale et des
os longs, sans pour autant la dénommer consomption, l'équivalent anglais de
chartre (540). En fait, cette différence est différence de deux médecines :
une de l'unicité de la phtisie, pour laquelle toutes les cachexies, quelle
qu'en soit l'origine, ne constituent qu'une seule affection ; l'autre, plus
analytique, pour laquelle la cachexie n'est qu'un effet dont il convient de
discerner les causes variées. Pour la première, le terme de phtisie est pertinent à l'ensemble des affections avec cachexie ; pour la seconde, ce terme n'a
pas à s'appliquer à la cachexie concomitante d'une affection des os, comme
apparaît le rachitisme. La différence qu'il y a entre ces deux médecines est

----

(540) Glisson la nomme explicitement de l'appellation populaire "Rickets".
cf. GLISSON (Fr.).- Bibliogr. n° 33.

celle qui sépare une médecine plus globale d'une médecine plus analytique.
Elle est une condition de la naissance de la clinique (541).

ROUGEOLE

　　　　　　Contrairement à l'Encyclopédie qui -nous l'avous souligné- ne dit
pas que cette maladie est plus spécialement enfantine, le Trévoux, lui, la
définit dès le départ comme venant "particulièrement aux enfants" (VII. 443 D.
70-71). En cela, il suit, une fois de plus, le Furetière de 1701 dont l'article ROUGEOLE a été purement et simplement recopié. Par rapport au même article du dictionnaire de Diderot et d'Alembert, celui-ci ne présente pas de
différences notables si ce n'est celle que nous venons de noter. En effet, les
deux dictionnaires la font proche de la petite vérole, "dont elle ne diffère
que du plus au moins" (VII. 443 D. 72). Les petites tâches rouges ressemblent,
pour l'Encyclopédie, "à des piqûres de mouche" (542), pour le Trévoux, à des
piqûres de puce" (VII. 443 D. 74). Se contentant de renvoyer à PETITE VEROLE,
la première ne dit rien de la cause de la variole, tandis que le second énonce
dès cet article deux phrases qui posent le problème de l'origine de ces deux
maladies tel que la médecine de l'époque se le posait : la "fermentation particulière et légère de la masse du sang" (VII. 444 G. 4) qui cause la variole
vient-elle de "la mauvaise constitution de l'air ou [de] quelque autre cause
extérieure" (VII. 444 G. 5-6) ou d'"un mauvais levain que nous contractons
dans le sein de nos mères" (VII. 444 G. 8) ? Cause exogène ou cause endogène ?
Nous avons vu que l'Encyclopédie se refusait à choisir entre l'une et l'autre.
Vu l'inexistence de la virologie ou, plus simplement, de la microbiologie,
cette suspension de décision est pertinente, je veux dire conforme à la non-
connaissance des micro-organismes pathogènes. Quand l'observation n'apprend
rien, l'empirisme fondamental des Lumières sait parfois -mais pas toujours-
le reconnaître. Le Trévoux, lui, avance les deux causes en les liant par un
"d'ailleurs" (VII. 444 G. 7) de juxtaposition qui, en l'absence justement de
microbiologie, semble être l'hypothèse la plus probable, cause exogène et
cause endogène s'appuyant, se renforçant l'une l'autre. Les maladies eruptives
ne sont-elles pas en effet la manifestation externe d'un "empoisonnement"
interne ? Pourquoi donc leur cause ne serait-elle pas analogique à leur processus ? Le raisonnement par analogie remplace l'observation microbiologique

----

(541) cf. FOUCAULT (Michel).- Ouvr. cité.
(542) Encyclopédie, XIV. 405 G. 1.

inexistante, en étant d'autant plus assuré de lui-même qu'il se fonde sur la macro-observation. La différence entre nos deux dictionnaires à propos de l'étiologie des deux maladies couplées que sont la rougeole et la variole peut donc se résumer ainsi : l'Encyclopédie ne déduit rien de la macro-observation ; le Trévoux, si. La troisième différence entre nos deux dictionnaires réside dans l'absence chez le deuxième nommé et la présence chez la première d'une rubrique d'histoire de la médecine relatant l'épidémie de rougeole de 1712 et les suites mortelles qu'elle occasionna chez les héritiers de Louis XIV. Le Trévoux en est bien resté au Furetière de 1701.

Nous conclurons cette analyse de ROUGEOLE de ce dictionnaire en notant le point commun que celui-ci a avec celle-là, et qui est constitué par l'absence de toute considération sur l'inoculation de la rougeole défendue par Tissot dès 1761 (543). Si cela s'explique fort bien pour le Trévoux, une fois de plus, par le fait qu'il s'en est tenu au Furetière, c'est plus étonnant de la part de l'Encyclopédie très au fait de l'inoculation, ne serait-ce que par l'intermédiaire de Tronchin qui a fait l'article la concernant (544). Il est vrai qu'il s'agit de l'inoculation de la variole ; mais l'Encyclopédie ne dit-elle pas, comme le Trévoux, que ces deux affections sont semblables. En fait, l'explication du silence de celle-là vient sans doute de ce que l'inoculation de la rougeole n'est guère pratiquée, malgré la prise de position de Tissot.

TEIGNE

Dans le Trévoux, cet article comprend cinq rubriques. La première, la plus originale puisqu'elle ne vient pas du Furetière, traite des différents vers ainsi nommés. Les troisième, quatrième et cinquième concernent la teigne des chevaux, celle des arbres et la chenille des gâteaux de cire. La seconde -de quatorze lignes- décrit la teigne humaine, avec ses trois variétés. Elle vient directement du Furetière. On est donc loin de

----

(543) TISSOT (S.A.D.).- Avis au peuple sur sa santé... (Bibliogr. n° 73), p. 189 : "§229. L'on a inoculé la rougeole dans les pays où elle est très mauvaise, et cette méthode aurait aussi de grands avantages dans celui-ci ; mais il en est comme de l'inoculation de la petite vérole, elle ne peut être utile au peuple qu'au moyen d'un hôpital".

(544) Encyclopédie, VIII. 755 G. 58 - 771 D. 44 : "INOCULATION (Chirurgie, Médecine, Morale, Politique)". cf. ci-dessus, p. 19 et 179.

l'article précis de Louis dans l'Encyclopédie, avec notre texte 12 sur les enfants teigneux de la Salpétrière. Le Trévoux ne nous dit même pas que ce mal touche particulièrement les enfants. En fait, le texte du Furetière repris par le Trévoux n'est qu'une copie du début du chapître II -"De la teigne"- du onzième livre "traitant de plusieurs indispositions et opérations particuliè-res appartenant au chirurgien" des oeuvres d'Ambroise Paré (545). La teigne y est définie comme "une galle épaisse qui vient à la tête avec écailles et croûtes de couleur cendrée, et quelque fois jaune, hideuse à voir, avec une senteur puante et cadavéreuse" (VII. 1003 D. 8-11). Trois types sont distin-gués : la squammeuse, la "ficosa" (546) et la corrosive avec "ulcères et petits trous" (VII. 1003 D. 16-17). Le Furetière et le Trévoux s'arrêtent là, ne reprenant pas ce qu'écrit Paré sur les enfants teigneux -par hérédidé ou à cause d'une nourrice teigneuse- et surtout sur les remèdes qu'il convient de leur appliquer -"feuilles de choux ou de porée [poireau ou poirée (= bette)] ointes d'un peu de beurre frais" (547). Cette manière qu'a le Trévoux de ne pas reprendre l'énoncé thérapeutique de Paré confirme l'absence de volonté pragmatique, utilitaire du dictionnaire de "la note chrétienne", du moins en médecine. Certes, il est prisonnier de sa source, le Furetière, mais il aurait très bien pu, à défaut de faire un article neuf, se reporter à la source ex-plicite de celui-ci : "Ambroise Paré" (548) et aux médications que celui-ci propose. A tout le moins, il aurait pu suivre le Furetière et rajouter quel-ques considérations thérapeutiques, comme il le fait pour la petite VEROLE.

VEROLE

En effet, cet article constitue, avec APHTE et ATROPHIE, l'excep-tion à la règle de l'absence de volonté utilitaire, pratique du Trévoux. Assu-rément, ces indications thérapeutiques sont, nous l'avons vu, bien peu de choses en comparaison des développements de l'Encyclopédie, mais enfin elles existent. Nous pouvons dire la même chose de celles que nous trouvons à VEROLE concernant la petite vérole. Elles existent et ne viennent pas du Furetière ;

----

(545) PARE (Ambroise).- Oeuvres Complètes... Ed. Malgaigne (Bibliogr. n° 57), pp. 406-407.

(546) Ibid. : "à raison que, lorsqu'on ôte la croute qui est jaunasse, on trou-ve dessous de petits grains de chair rouge, semblables aux grains d'une figue." Le Trévoux n'utilise pas le mot "ficosa".

(547) Ibid.

(548) Furetière, art. TEIGNE. Trévoux, 1003 D. 19.

ce qui prouve que notre conditionnel de la fin de notre analyse de TEIGNE
peut très bien se réaliser : le Dictionnaire universel peut suivre le Furetière
et cependant rajouter des considérations thérapeutiques propres. Car c'est
ainsi qu'est faite la partie de l'article VEROLE consacrée à la petite vérole :
de lignes de ce dernier dictionnaire plus d'un énoncé de quelques pratiques
curatives de ce mal. Que celui-là constitue la plus grosse exception au silence général du Trévoux sur celles-ci montre combien la variole est préoc-
cupante pour les esprits du temps, pour tous les esprits du temps. Voyons donc
comment s'insère cet énoncé dans le texte du Furetière.

   Après une définition dans laquelle sont incluses les séquelles
-ces "cavités ou cicatrices" (VII. 356 D. 31-32) qui manifestent que vous êtes
un rescapé de la variole-, deux phrases de "M. Sc" (VIII. 356 D. 34) -sans
doute, comme nous le pensons, Mademoiselle de Scudery- sont données qui témoignent de la conception que l'époque se fait de cette maladie contagieuse. La
seconde -"la petite vérole, cette maladie si redoutable aux belles, avait
laissé de fâcheux restes sur son visage" (VIII. 356 D. 34-36)- insiste précisément sur ces marques que le mal laisse en séquelle, confirmant ainsi qu'une
partie de la terreur que la petite vérole produit vient de ce qu'elle laisse
des marques. Quand les gens n'en meurent pas, ils sont défigurés. La première
phrase -"L'amour est comme la petite vérole : plus on la garde, plus on est
malade" (VIII. 356 D. 33-34)- témoigne, elle, sur toute une représentation
des fièvres éruptives et même de la maladie : à l'image de l'amour, celle-ci
est un mal intérieur qu'il convient de faire sortir. La maladie n'est pas une
agression d'un agent étranger qui perturbe le bon fonctionnement de l'organisme et qu'il faut détruire mais le mal dévorant qu'il convient de chasser.
C'est la maladie malédiction, destin comme l'amour. On ne tue pas un destin,
une malédiction ; on y échappe, c'est-à-dire qu'on essaye de le détacher de
soi, pour en réchapper. Les pustules véroliques sont ce détachement, analogue
au détachement amoureux. Le médecin du corps, comme celui de l'âme d'ailleurs,
est celui qui aide à ce détachement. Après les phrases de Mademoiselle de
Scudéry apparaît l'affirmation de "l'affinité et de [la] ressemblance" (VIII.
356 D. 37) de la petite vérole avec la rougeole qui "viennent toutes deux d'un
sang impur et d'humeurs corrompues" (VIII. 356 D. 40-41). Cette proposition
est très générale et n'apporte aucune précision à l'étiologie que nous avons
vu développée à ROUGEOLE. En particulier, elle ne dit rien de la ou des causes

premières de ce "sang impur" et de ces "humeurs corrompues", ni si elles sont
exogènes ou endogènes ; elle s'en tient à la causalité seconde admise par
tous à l'époque. Après la phase d'assimilation (6 lignes) des deux maladies,
vient celle de distinction de la petite vérole par rapport à la rougeole. Pour
ce faire sont comparées les secrétions de l'une et de l'autre -"crasse,
visqueuse et sanguine" (VIII. 356 D. 43) pour la première ; "chaux, subtile
et bilieuse" (VIII. 356 D. 44) pour la seconde- et surtout leurs exanthèmes
respectifs. Pour la rougeole, on retrouve les "morsures de puces"(VIII. 356
D. 48) sans conséquence grave, déjà évoquées dans l'article la concernant.
Pour la variole, on est en face de pustules à tumeur qui, au contraire,
"laisse des marques qui gravent la peau" (VIII. 356 D. 46-47). Cette insistance sur les marques que laisse la variole est une confirmation de ce que
nous avancions plus haut sur la terreur qu'elle cause, qui vient autant de la
défiguration que de la mortalité qu'elle entraîne. Ce n'est qu'après cet
exposé de différenciation symptomatologique entre la rougeole et la variole
qu'il est révélé au lecteur que celle-ci "est la maladie des petits enfants"
(VIII. 356 D. 51-52). Mais sans qu'elle leur soit spécifique, puisqu'il est
ajouté, tout aussitôt, comme dans l'Encyclopédie, qu'"elle vient quelque fois
aux grandes personnes pour qui elle est ordinairement dangereuse" (VIII. 356 D.
52-54). Suit alors la proposition de ce qu'une première variole constitue une
immunisation. Je dis proposition et non affirmation ou constat, car le Trévoux
comme le Furetière, est très prudent sur ce point, puisqu'il fait précéder
l'énoncé de celle-ci -"on n'a guère qu'une fois la petite vérole" (VIII. 356 D.
54-55)- par un "on tient que" (ibid.) qui fait de cette proposition une opinion générale mais non une certitude prouvée. Et cette prudence du Trévoux
est confirmée par la phrase suivante qui ne se trouve d'ailleurs pas dans le
Furetière, comme si les doutes concernant ce fait avaient augmenté depuis la
rédaction de ce dernier dictionnaire. Le Trévoux se démarque en effet du
Furetière en écrivant : "Cependant il s'en faut bien que la règle ne soit
générale" (VIII. 356 D. 55-56). Ce doute sur le caractère immunisant de la
première variole -qui, pour le Trévoux de 1771, aurait pu devenir une certitude trois ans plus tard puisque Louis XV est mort de la variole qu'il avait
pourtant déjà eue trente ans plus tôt, en 1744- est au coeur de la querelle
médicale (549) de l'inoculation. Car la seconde objection de Hecquet que réfute

----

(549) Je dis querelle médicale, parce qu'il y a une querelle théologico-
religieuse de l'inoculation.

La Condamine dans son Mémoire sur l'inoculation (550) -"La petite vérole
inoculée met-elle à l'abri de la petite vérole naturelle ?"- n'a de sens que
si l'on doute de l'immunisation conférée par une première variole. Et l'inoculation perd toute valeur s'il en est ainsi, si la primo-infection n'est pas
immunisante. La Condamine saisit bien tout cela, puisque, dans sa réponse,
c'est sur ce plan là qu'il se place en en appelant de l'expérience : "Depuis
trente ans qu'on a les yeux ouverts sur les suites de l'inoculation et que
tous les faits ont été discutés, contradictoirement, il n'y a aucun exemple
avéré qu'un sujet inoculé ait contracté la petite vérole une seconde fois"
(551). Ce qui ne veut pas dire que La Condamine ne croit pas qu'une personne
non-inoculée -ce fut le cas de Louis XV- ne puisse pas contracter deux fois
la variole. "Quand ce fait, écrit-il, que plusieurs médecins nient, serait
bien avéré, comme je le suppose, il ne s'ensuivrait pas nécessairement qu'
après l'inoculation on fût sujet à reprendre cette maladie" (552). Mais alors
ceci : la croyance en la répétition de la variole chez un non-inoculé, est
contradictoire avec cela : le pouvoir immunisant de l'inoculation. La Condamine
admet cette contradiction, mais aussi en rend compte en expliquant que le moyen
artificiel qu'est l'inoculation purge, pour ainsi dire, tout l'organisme du
ferment varioloque plus complètement que ne le fait l'éruption variolique
naturelle (553). Et puis, quoi qu'il en soit, il y a l'expérience à laquelle
La Condamine revient encore et toujours en écrivant que "pour rassurer sur la
crainte d'une seconde petite vérole après l'inoculation, (ne suffit-il pas)
que depuis trente ans et plus qu'on la pratique en Angleterre, on ne puisse
citer aucun exemple d'un inoculé qui ait repris cette maladie, soit par contagion, soit par inoculation" (554). La phrase originale du Trévoux de 1771 par

----

(550) Bibliogr. n° 45 , p. 34. cf. ci-dessus, p. 19, n. 45 bis.
(551) Ibid.
(552) Id., p. 35.
(553) Id., p. 35/6 : "En effet on peut concevoir qu'en certaines circonstances
les causes naturelles de l'épidémie ou de la contagion ne développent qu'impar-
faitement dans un corps le germe de la petite vérole, en sorte qu'il en reste
assez pour une nouvelle fermentation ; et l'on peut en même temps soutenir
avec beaucoup de vraisemblance que le ferment de la petite vérole mis en action
par un virus de même nature, introduit directement dans le sang au moyen de
plusieurs incisions, se développe si complètement dans toutes ses parties qu'il
ne reste plus de matière pour un second développement. Une cause plus puissante
doit produire un plus grand effet."

(554) Ibid.

rapport au Furetière de 1701 est donc un indicateur de toute cette problématique -variole première, variole seconde; variole incomplète, variole complète ;
variole naturelle, variole inoculée- sans en être cependant un présentateur,
mieux : un démonstrateur ; elle ne nous en expose pas toutes les articulations.
S'étant ainsi distingué du Furetière par cette phrase, notre Dictionnaire
universel se reprend vite en le reprenant : le paragraphe de présentation de
la variole se termine par la notation ethnographique, déjà donnée par celui-
là, de "la figure d'une grande femme maigre ou plutôt d'une furie qui a deux
têtes et quatre bras à laquelle ils [les Indiens] font des voeux extravagants"
(VIII. 356 D. 57-59). Les deux dictionnaires ajoutent "qu'on peut [la] voir
dans le Recueil de Thevenot"(VIII. 356 D. 59-60). Or nous devons avouer que
nous ne l'avons pas trouvée dans aucune des éditions des voyages des deux
Thévenot, Melchisedec et Jean, que nous avons consultées (555). Cela noté, il
reste que Guy Mazars dans ses deux contributions sur la médecine indienne
dans la récente Histoire de la médecine (556) montre des figures de divinités
indiennes liées à la médecine ayant une ou plusieurs têtes ou plusieurs bras.
Ainsi, dans sa présentation de La Médecine Indienne classique, il donne la
reproduction d'une aquarelle du XVIIIe siècle représentant une "divinité
invoquée pour obtenir la guérison des fous et des possédés" (557); elle est
grise, a des cheveux crépus, n'a pas deux têtes mais bien quatre bras. Quant
à Shiva montrée en tête du chapitre consacré à la Médecine Indienne antique
(558), il a trois visages et quatre bras. On sait que Shiva ou Siva ou encore
Çiva, dieu immobile et changeant, destructeur et créateur à la fois (559),
est celui qui par le temps fait naître et détruire les choses, symbole du
cycle de la vie comme destruction et instauration. Il se peut donc très bien
que la variole ait la figure décrite par le Furetière et le Trévoux. Il va de
soi qu'il est difficile de dire si le mot "furie" la désignant vient de l'Inde
ou de l'Europe, et donc si l'Inde a autant peur de cette affection que

---

(555) Bibliographie n° 72.

(556) Histoire de la médecine, de la pharmacie, de l'art dentaire et de l'art
vétérinaire. Bibliogr. n° 123.

(557) Id. t. 2, p. 242.

(558) Id. T. I, p. 143.

(559) cf. BASHAM (A.-L.).- La Civilisation de l'Inde Ancienne... Bibliogr. n°82.

l'Europe, alors qu'elle connaît et pratique l'inoculation depuis bien plus
longtemps que cette dernière. Quoi qu'il en soit, cette notation d'ethnographie
médicale montre que le Trévoux et, avant lui, le Furetière, témoignent de cet
esprit de curiosité ethno-géographique qui est une des caractéristiques de
"la crise de conscience" de la fin du XVIIe siècle.

Après cette première partie (un paragraphe de 33 lignes) sur la
nature et les symptômes de la variole, une seconde partie de trois petits
paragraphes (5 + 5 + 2 lignes) est consacrée aux différentes petites véroles :
distincte ou confluente, "petites véroles volantes" (VIII. 356 D. 66) -notre
varicelle dont il n'est pas dit qu'elle est plus spécialement enfantine-,
varioles malignes. Ce n'est qu'ensuite que vient la troisième partie (un paragraphe de 27 lignes) consacrée à la thérapeutique. Nous retrouvons ici un plan
d'exposition (définition, analyse symptomatologie, différenciation, thérapeutique) que nous avons guère vu dans le Trévoux et qui s'apparente à celui que
nous avons trouvé à l'oeuvre dans les articles médicaux de l'Encyclopédie,
sans être aussi précis. Nous avons déjà souligné que cette partie thérapeutique ne vient pas du Furetière, comme le reste de l'article VEROLE, et, surtout,
qu'elle est l'une des trois exceptions -au vrai, la seule consistante- dans
le corpus des articles du Trévoux consacrés aux maladies infantiles. La présence de cette partie thérapeutique accentue l'apparentement, déjà observé
avec le plan général, des articles de nos deux dictionnaires consacrés à la
petite VEROLE. Et cependant le rapprochement entre eux doit s'arrêter à ces
questions de formes. En effet, la méthode et le contenu de cette troisième
partie de l'article du Trévoux est très différent de la partie thérapeutique
semblable de VEROLE, PETITE de l'Encyclopédie. Celle-ci procède assez systématiquement, en faisant l'inventaire, si possible différencié -en fonction du
type, des moments de la maladie et de l'état du malade- des remèdes. Celui-là,
au contraire, procède d'une manière ponctuelle en donnant une indication positive -celle d'un remède- et une négative -celle d'une conduite à ne pas tenir-
tirées de l'expérience de deux médecins particuliers, puisée à quelque recueil
d'expériences ou de nouvelles : ouvrages de recensions chers aux rédacteurs du
Trévoux qui ne cache d'ailleurs pas ses sources. C'est ainsi que le remède
-qui n'en est pas véritablement un- prôné contre la variole est tiré de
l'observation VIII des Diverses observations anatomiques présentées en 1711 à
l'Académie Royale des Sciences. C'est Lémery -le fils d'après la table

alphabétique de celle-ci (560)- qui la présenta. Celui-ci, "ayant entre les mains un malade qui avait tous les symptômes de la petite vérole, et à qui il voyait qu'elle ne pouvait sortir, s'avisa de le mettre dans un bain d'eau chaude qui la fit sortir abondamment. Il fallait remédier à la sécheresse et à la dureté de la peau. Cette pratique extraordinaire et hardie est remarquable" (561). Comme nous venons de le remarquer, il ne s'agit pas véritablement d'un remède s'attaquant directement à la variole, mais bien d'un moyen de la faire sortir : un remède topique.   En fait, l'observation de Lémery et sa reprise par le Trévoux est tout à fait congruente à ce que nous avons vu au début de l'article être la représentation de cette maladie : infection au sens propre, mal mis dedans le corps, qu'il convient de faire sortir, de bouter hors de celui-ci. Le bain emollient et, pour le Trévoux, sudorifique, et donc favorisant l'éruption est bien le moyen pertinent. Et s'il n'est pas un remède direct, il n'en constitue pas moins une bonne médication indirecte. C'est d'ailleurs la même idée de la nécessité de faire sortir l'infection que l'on
    retrouve à l'oeuvre dans l'indication négative, celle de la conduite à ne pas tenir. En effet, le Trévoux, reprenant une observation parue dans les "Nouv[elles] lit[téraires] de la mer balt[ique] , 1704, p. 242-243" (VIII. 357 G. 17) (562), expose le cas d'une "variole fatale du fait de l'application imprévoyante de graisse de chien" sur les marques de petite vérole d'une jeune fille de dix-huit ans et du fait de "la tonsure de ses cheveux" (563). Car qu'est-ce qu'ont causé ces deux actions effectuées par un "chirurgien ignorant" (564) ? Une impossibilité pour l'humeur maligne de sortir en pustules

----

(560) ACADEMIE DES SCIENCES (ROYALE).- Table alphabétique des matières... (Bibliogr. n° 2), p. 191. Il s'agit du fils aîné, Louis, de Nicolas Lémery, l'auteur de la Pharmacopée universelle. Il est né et mort à Paris en 1677 et 1743. Son frère cadet, Jacques est né en 1678 et mort en 1721. Tous trois, le père et les deux fils furent membres de l'Académie des Sciences.

(561) ACADEMIE DES SCIENCES (ROYALE).- Histoire... (Bibliogr. n° 1), p. 29. Le texte que nous donnons est intégral. Le Trévoux (VIII. 356 D. 73- 357 G. 2) le reprend en changeant simplement l'ordre des phrases et en précisant que le bain d'eau chaude est "très favorable à la transpiration" (VIII. 357 G. 2).

(562) Nova Literaria maris balthici... (Bibliogr. n° 44).

(563) Id., p. 242 : "Johannis Glosemeyeri, Med. Doct. ejusdemque ac Physices prof. publ. Ordinarii, observatio de variolis exitiosis, ex applicatione pinguedinis caninae improvida, capillorumque abscissione".

(564) Id., p. 243 : "inscio medico". C'est évidemment le docteur en médecine Hans Glosemeyer de Dantzig qui parle, dénonçant ces "chirurgi nasum Rhinocerotis habentes", ces "chirurgiens à finesse de Rhinocéros".

et, à la tête, de se fixer sur les cheveux, qui fit qu'elle resta dans le corps - le Trévoux dit même qu'elle y rentra, et raviva ainsi l'infection. "La maladie recommença, et l'humeur maligne étant rentrée, la malade, qui était auparavant hors d'affaire, fut emportée en deux jours" (VIII. 357 G. 15-16). Tout cela parce que cette "vierge dans la fleur" (465) et ses parents écoutèrent les conseils d'un chirurgien qui la persuada de faire cette application de graisse de chien "sur le visage afin d'amollir et ôter [la croûte des pultules] et [afin] que, l'humeur qui était dessous n'y demeurant point longtemps, ne pût, disait-il, ronger la chair et y faire des trous dont la malade serait marquée" (VIII. 357 G. 6-9). Tout cela également parce qu'"elle avait de la peine à soutenir la mauvaise odeur qui en sortait [de ses cheveux], causée par la sueur et la petite vérole qu'elle avait eue à la tête" (VIII. 357 G. 11-14) et qu'elle avait donc voulu qu'on lui coupât les cheveux. Ce qui veut dire que toute entrave ou tout empêchement à la sortie de la petite vérole est dangereux, mortel même. Nous sommes donc bien en présence de l'idée que l'in fection doit être ex-suder, en quelque sorte. Et tant pis pour les marques que laisse cette sudation ! Il faut que l'humeur infectante sorte. Cette troisième partie thérapeutique et la dernière consacrée à la petite VEROLE (Variole) se termine par deux choses : une référence de renvoi bibliographique et non d'indication de source, du même type que celle que nous avons trouvé à la fin de CHARTRE (466) ; et un renvoi à INOCULATION, le Trévoux ne se donnant pas la peine, au contraire de l'Encyclopédie, de la définir.

VER[S]

Contrairement à l'Encyclopédie, le Trévoux n'a pas, dans l'article VER, une rubrique intitulée VERS qui naissent dans le corps humain. C'est donc dans la première rubrique de cet article-là, qui constitue un peu un fourre-tout, que le lecteur trouve des développements sur ceux-ci. Ils sont au nombre de trois. Le dernier -un paragraphe de six lignes- est encore une référence d'information bibliographique et non d'indication de source, et renvoie à "une description des vers plats et larges qui se trouvent dans le

----

(565) Id., p. 242 : "Virgo quaedam florida 18 annorum".

(566) Il s'agit de l'ouvrage de : VOGTHER [et non VOGHTEN (Trévoux. VIII. 357 G. 20)] (Konrad Burkhard).- Schediasma de variolis adultorum, rationem periculi earumdem apud adultos, et methodum qua illud securius declinari possit, exponens.- Ulm, D. Bartholomé, 1712.

corps de l'homme et des animaux" (VIII. 337 D. 55-57). Fidèle à sa méthode de puisage dans les recueils savants, le Trévoux l'a trouvée dans "les Transactions philosophiques d'Avril 1683 et dans le Journal de Leipzig, 1684, p. 149" (VIII. 337 D. 57-59) (567). Notre dictionnaire ne donne ni le détail ni seulement les idées principales de cette "communication lue devant la Société Royale, sur le ver articulé [ou] Lumbricus latus" (568), par le docteur Edward Tyson, du collège des médecins de Londres, en Avril 1683. C'est bien dommage pour notre propos car nous aurions pu apprendre qu'un jeune homme de Londres avait évacué un ver, ou plutôt une partie d'un ver de ce type de 8 yards -soit de plus de 7 mètres de long (569). Nous aurions eu ainsi un exemple de cysticercose d'enfant ou d'adolescent -car qu'est-ce qu'un "young man" ?- dont au demeurant le médecin londonien ne dit rien, s'attachant uniquement à la description macro et micro-scopique du taenia solium qui la provoque. Le deuxième développement concernant les vers humains n'est pas constitué par une simple indication bibliographique mais par une reprise de deux paragraphes (18 1. + 29 1.) de l'"excellent Traité de la génération des vers dans le corps de l'homme" (VIII. 337 D. 7-8) d'Andry. Bien que le Trévoux analyse celui-ci moins longuement que l'Encyclopédie, il en donne cependant l'essentiel, en particulier la typologie des vers que nous avons vu être tout le contenu de la rubrique du dictionnaire de Diderot. Nous n'y revenons donc pas. L'originalité du Dictionnaire Universel est ailleurs : d'abord dans le premier paragraphe de cette analyse du livre d'Andry, ensuite dans le jugement qui est porté sur celui-ci, enfin dans la présence même de cette recension. Le premier paragraphe de celle-ci. Il présente la théorie du médecin parisien sur la double causalité des vers qui "se produisent dans la pourriture et à l'occasion de la pourriture, mais par le moyen de germes formés dès la création du monde et ensuite introduits successivement dans des oeufs par le moyen de la génération" (VIII. 337 D. 12-16). De ces deux causes des vers : la pourriture et les germes, l'Encyclopédie ne dit rien, se contentant de reproduire la seule typologie des vers. Le Jugement qui est porté sur le livre d'Andry. Nous avons vu que le Trévoux le dit "excellent" ; ce qui

----

(567) Journal de Leipzig = Acta eruditorum (Bibliogr. n° 43), Philosophical transactions (The) of the Royal Society of London... (Bibliogr. n° 69), pp. 591-604. Avec des figures.

(568) Philosophical transactions (The)... (Bibliogr. n° 69), p. 591.

(569) Id., p. 603 : Explication de la figure I de la planche 19.

tranche avec les critiques de ce livre émanant de Louis Lémery et publiés par
Les Mémoires de Trévoux (570), qui ont dû toucher Andry, puisque non seulement
il y a répondu dans les mêmes Mémoires (571), mais encore il en a fait l'objet
d'un chapitre des nouvelles éditions de son traité (572). Nous avons examiné
dans l'analyse de la rubrique VERS de l'Encyclopédie le point essentiel de la
critique, le reproche fait à Andry de voir des vers partout ; nous n'y revenons donc pas. Notons cette divergence entre les Mémoires et le Dictionnaire
de Trévoux qui est une confirmation que les deux publications gardent chacune
leur manière de voir. Quant à la présence même de cette analyse du livre
d'Andry, elle est intéressante car elle constitue l'originalité du Trévoux
par rapport au Furetière. En effet, elle ne figure pas dans les deux premières
éditions -celles de 1704 et de 1721- de celui-là ; elle apparait dans celle de
1732 (573) et se retrouve dans toutes les éditions suivantes. Ce qui montre
que, pour cet article VER du moins et contrairement à ce qui se passe, par
exemple   pour POUVOIR et PUISSANCE, pour lesquels le Trévoux de 1771 s'est
inspiré d'une source de l'Encyclopédie : les Synonymes de l'abbé Girard - donc
contrairement à cela, c'est celle-ci qui s'est inspiré d'une source de celui-
là. L'Auteur de VERS qui naissent dans le corps humain du Dictionnaire raisonné (De Jaucourt ?) s'est contenté de développer un point de VER du Dictionnaire universel. Cela explique peut être en partie ce fait que nous avons
relevé dans le premier article cité : la limitation de celui-ci à la typologie
des vers et l'absence de partie thérapeutique. L'encyclopédiste a été prisonnier de son modèle : l'article du Trévoux. Mais reconnaissons que tout cela
n'a que de lointains rapports avec notre objet : l'enfant et ses maladies.

----

(570) Mémoires pour l'histoire des Sciences et des Beaux-Arts... (Bibliogr.
n° 52),Nov. 1703, Art. CXCVI, pp. 2072-2097.

(571) Id., Mai 1704, Art. LXVIII, pp. 761-771.

(572) ANDRY (Nicolas).- De la génération des vers... (Bibliogr. n° 4),
Chap. XIV.

(573) En fait, elle apparaît dès l'édition de 1721, mais dans les "additions"
aux lettres T, V et Z qui se trouvent à la fin du dernier tome de celle-ci ;
Article VER, V. 801 G. Ce qui est curieux, c'est que les autres tomes de cette
édition ne comportent pas d'"additions". C'est en partie par celles-ci que
l'édition de 1721 du Trévoux est la première à être vraiment originale par
rapport au Furetière.

Il n'en est pas de même, en revanche, du premier développement
de VER du Trévoux qui concerne directement les enfants. En effet, dix lignes
avant d'exposer l'essentiel du livre d'Andry, notre dictionnaire écrit qu'"il
s'engendre aussi des vers dans les corps vivants" (VIII. 337 G. 72), ajoutant
que "les enfants sont sujets aux vers" (VIII. 337 G. 73). La notation est
intéressante mais elle est singulièrement courte ; c'est une généralité qui
ne nous apprend pas grand-chose. Décidément, ni l'Encyclopédie ni le Trévoux
ne nous diront le pourquoi et le comment des banales oxyuroses enfantines. Et
ne comptons pas non plus sur ce dernier pour nous parler des helminthiases
plus complexes (onchocercose ou draconculose ?) des enfants dont parle celle-
là. Et pour ce qui est de la lutte contre tous ces vers, on ne peut guère
parler de considération thérapeutique,à moins que de tenir pour telle cette
phrase sur les vermifuges qui sont "les remèdes qu'on emploie pour faire
mourir les vers qui s'engendrent dans le corps humain ou pour les en chasser"
(VIII. 337 G. 74-75). Quels sont-ils ? Comment les utiliser ?, le Trévoux
ne le dit pas, pas plus d'ailleurs que ne le dit l'Encyclopédie dont la rubrique VERS n'emploie pas -originalité par rapport au premier- le terme même
de vermifuge. Et sur ce point, les deux premières éditions du Trévoux, qui ne
font que reprendre le Furetière, sont bien plus explicites, puisqu'elles
indiquent qu'"une infinité d'enfants meurent des vers si on ne leur donne de
la barbotine ou de la poudre à vers" (574). Ne revenons pas sur les causes des
diverses helminthiases qui peuvent survenir aux enfants à l'époque considérée ; elles peuvent se résumer dans ces mots : l'hygiène et ses limites,
c'est-à-dire, fondamentalement, l'eau et son traitement ou, plus exactement,
l'absence de son traitement. Certes, les viandes sont consommées en étant
plus que vieillies et donc porteuses de germes dangereux, mais cela ne concerne guère les enfants. En revanche, ce qui les touche, il faut même dire ce
qui les atteint, c'est bien l'eau douteuse -bouillon de culture de parasites,
surtout quand viennent les chaleurs- qui sert à les laver, à leur donner à
boire (575). Tout cela est bien connu, comme d'ailleurs les effets des helminthiases, de l'oxyurose par exemple : vomissements, diarrhées, convulsions,

----

(574) Furetière, T. III. Art. VER.

(575) Car on peut penser que celle qui entre dans les bouillies ou les panades
qui sont à la base de leur alimentation a été suffisamment chauffée pour
n'être plus dangereuse.

vertiges, sans parler de l'appendicite, qui, non traités, peuvent très bien dégénérer et devenir mortels. Ce qui explique la phrase citée ci-dessus sur la mortalité des enfants due aux vers. Et pour l'éviter, notre Trévoux de 1771 parle des vermifuges en général et pas précisément, comme le Furetière repris par les Trévoux de 1704 et 1721, de la barbotine. Qui est, stricto sensu, le mélange de la fleur non épanouie de l'Artemisia -dite semen-contra (vermes)- avec les semences de santoline à feuille de cyprès (576). Cet anthelminthique s'administre sous la forme soit d'infusion, soit de sirop, soit de poudre. La barbotine peut donc être également une "poudre à vers" dont parle le Furetière. Et dans sa Pharmacopée universelle, Nicolas Lémery donne la composition d'une "poudre vulgaire contre les vers" (577) dont la base est le semen-contra. Le chimiste académicien précise qu'"il n'y a nul danger de le faire prendre seul, [et] qu'on ferait bien mieux de se contenter de cette semence pour faire la poudre aux vers que de l'accompagner de plusieurs autres drogues presqu'inutiles qui ne font guère qu'augmenter le volume et la rendre plus difficile à prendre aux enfants pour lesquels elle est particulièrement destinée" (578). Voilà la barbotine contestée, sans que le semen-contra qui en est la base le soit ; et pour cause : il est bien, comme le suggère la citation de Lémery, irremplaçable dans la lutte contre les helminthiases enfantines. A ce titre, sous forme de barbotine ou pas, il est le sauveur de nombreux enfants du XVIIIe et, sans doute, d'autres siècles. Dans ces conditions, nous voulons expliquer le fait que la barbotine ne soit plus mentionnée dans le Trévoux de 1771, comme une victoire de Lémery et donc comme une reconnaissance de la généralité d'emploi du semen-contra sans mélange qui, d'ailleurs, figure encore dans le Formulaire pharmaceutique (579) de 1965, preuve de ce que la lutte contre les vers chez les enfants relève de la longue durée médicale.

Que retenir de toutes ces notations pédiatriques éparses dans le Dictionnaire de Trévoux ? Eh bien ! précisément qu'elles sont éparses. Le dictionnaire de "la note chrétienne" n'est systématique ni dans l'analyse de

---

(576) NYSTEN/LITTRE.- ... (Bibliogr. n° 147), T. II, p. 1279.
(577) LEMERY (N.).- ... (Bibliogr. n° 46), p. 297.
(578) Id., p. 298.
(579) Bibliogr. n° 112, pp. 1445-1446.

chacune des affections considérées-sauf dans VEROLE qui a le plan médical
typique-, ni dans l'inventaire différencié de celles-ci, ni surtout dans la
volonté thérapeutique d'y faire face. On est dans l'ordre de l'information
dépareillée ou curieuse.

CONCLUSION

        Nous ne pouvons conclure cette analyse de l'ensemble de pédiatrie
propre à chacun de nos deux dictionnaires autrement qu'en soulignant la double disproportion, la double démesure qu'elle manifeste. Disproportion intérieure à l'Encyclopédie. Le discours sur les maladies des enfants ou, plus
exactement, sur ses maladies et sur ce ou, plutôt, celle et ceux qui peuvent
les produire -nourrice et nourriciers, quels qu'ils soient-, ainsi que sur
leure remèdes, tient une bonne place dans le discours consacré à l'enfance.
Comme nous l'avons déjà dit, l'enfant de l'Encyclopédie est, pour une grande
part, l'enfant malade et malade à soigner spécifiquement. Et nous n'étayons
pas notre affirmation sur la quantité de pages remplies, car ce qui compte
ici, ce n'est pas le nombre de colonnes et, plus précisément encore, de
lignes, mais bien la volonté de D'Aumont et des autres encyclopédistes de
faire -sauf à VERS- l'inventaire le plus complet possible du problème médical
que chacun a à traiter. Souvenons-nous en effet du plan de l'article de chaque affection considérée, d'une certaine importance : typologie symptomatologique, discussion étiologique, pronostic différencié, tableau thérapeutique.
Prendre en compte l'enfant malade, c'est, pour l'Encyclopédie, dire ce qu'est
sa maladie, sa cause, son évolution et surtout ses remèdes. Et en cela, elle
est bien ce que Diderot a voulu qu'elle soit : dictionnaire d'art, de science
et de métier -ici, dictionnaire de l'art, de la science et du métier médical
disant ceux-ci avec minutie, dans le but de soigner et, si possible, de
guérir ; dans tous les cas, d'expliquer et de comprendre les affections qui
touchent les enfants afin de préserver ceux-ci de celles-là. Systématiser la
connaissance de la maladie et surtout systématiser la connaissance de sa
thérapeutique pour mieux systématiser la défense de l'humanité en état de
tendresse : l'ENFANCE.

        Dans le Trévoux rien de tout cela ; et c'est la deuxième dispro-
portion -cette fois, démesure- et la grande différence entre nos deux dictionnaires à propos de la pédiatrie. Le Dictionnaire universel n'a pas cette
volonté d'inventorier systématiquement les symptômes, les causes et les
remèdes de diverses affections enfantines ; il se contente -en fin de

compte, avec l'esprit de curiosité qui est celui du temps de "la crise de conscience"- d'observations ponctuelles piquées de ci-delà dans des recueils de recensions d'ouvrages savants. Le Trévoux ne connaît pas l'enfant malade qu'il faut considérer en tant que tel, soigner en tant que tel et... guérir ; il ne connaît que des enfants atteints de symptômes particuliers observés par des médecins parlant à des confrères. Les enfants malades du Trévoux sont une varioleuse de Dantzig ou un adolescent de Londres ayant un ténia : des cas et non une réalité générale : l'enfant malade à considérer, à soigner et à guérir en tant que tel, en tant qu'ENFANT.

Donc, dans les deux dictionnaires, l'enfant existe et le sentiment de l'enfance est manifeste. C'est une confirmation sur laquelle nous ne nous étendrons pas ; nous avons fait part dès l'introduction de notre analyse sur la controverse concernant le rapport intérêt/indifférence pour l'enfance à l'époque moderne et, plus généralement, dans l'histoire (580). Répétons seulement que nous ne voyons pas une succession des deux sentiments énoncés ci-dessus mais bien plutôt la présence de l'un et de l'autre dans l'histoire, les variations n'étant que des différences d'accentuation en fonction des conditions socio-culturelles - disons : relevant de la psychologie collective, sur lesquelles les historiens et les philosophes de l'éducation comme les pédagogues devraient se pencher sans plus tarder.

Dès lors, il convient davantage de s'intéresser aux différences que nous venons de relever entre les deux dictionnaires concernant l'approche des maladies et des soins des enfants. D'un côté -celui du Trévoux- cette approche est faite avec, avons-nous dit, l'esprit de curiosité du temps de "la crise de conscience", des années de l'extrême fin du XVIIe, quand a été compilé et rédigé le Furetière suivi, pour ne pas dire démarqué par le Trévoux. De l'autre côté -celui de l'Encyclopédie, il ne s'agit pas du tout d'une curiosité sélective et dispersée pour quelques cas, mais bien d'un inventaire systématique, c'est-à-dire ordonné et complet, ou qui se veut tel. Cet esprit d'inventaire s'applique bien sûr, comme nous l'avons vu, à chaque affection, présentée dans sa totalité toujours selon le même ordre : de la symptomatologie à la thérapeutique. Mais il s'applique également et surtout à l'ensemble du tableau de l'enfant malade. Car enfin, que nous dit

----

(580) cf. ci-dessus, pp. 7 et 8.

l'Encyclopédie ? Qu'être enfant, c'est être malade ; c'est même être Le
malade par excellence (581), le malade de tout : de la malnutrition ou de la
nutrition inadéquate, de l'excès d'acidité, de l'épilepsie et de la phtisie,
du rachitisme, de la teigne, de la variole et des vers. Et cette maladie généralisée vient de ce que trop de femmes -futures-mères abandonnées aux passions, sages-femmes incompétentes, mères plus soucieuses des miroitements du
monde que de leurs enfants, nourrices âpres au gain et bonnes-femmes pour-
voyeuses de remèdes plus symboliques que scientifiquement efficaces, trop de
femmes donc sont seules à s'occuper des petits de l'homme. Si l'Encyclopédie
s'arrêtait là, nous n'aurions qu'une modalité -une de plus !- de ce que l'on
appelle de nos jours un discours sexiste. Mais voilà ! le Dictionnaire raisonné va plus loin et disculpe toutes ces femmes qui transforment les enfants
en autant de proies pour la maladie, en les déclarant irresponsables. En effet,
elles, et donc les enfants qui sont victimes de leurs mauvais soins, ne sont,
comme nous l'avons vu en particulier à RACHITISME (cf. texte 11, p. 144), que
les produits de la "mollesse des moeurs" et de la "barbarie des coutumes".
A quoi en effet conduisent ces deux maux de la civilisation, presque au sens
premier de ce terme (= processus de civiliser) ? A ce que les futures-mères
sont d'abord des femmes du monde, c'est-à-dire des femmes soumises aux passions du monde ; à ce que les sages-femmes sont des matrones aux pratiques
traditionnelles, c'est-à-dire sans savoir obstétrical ; à ce que les nourrices sont des salariées "mercenaires", c'est-à-dire étrangères à l'enfant
qu'elles ont à nourrir. Ainsi la maladie généralisée de l'enfant dépend d'un
état de civilisation, au sens plus général de ce terme (= résultat d'ensemble du processus de civiliser), d'un état des moeurs. Mais comme, au dire
même de Diderot précisément à la rubrique ENFANT (Histoire), "il n'est pas
à présumer que les moeurs changent" (V. 657 G. 53), il ne faut pas compter
sur un autre état de civilisation si l'on veut que cesse cette situation de
foisonnement de "tendres victimes". Mieux vaut en effet individualiser le
problème en confiant toute femme enceinte, tout enfant et tous ceux qui l'en-
tourent -mère, nourrice, famille proche- à celui qui détient le pouvoir
sur la maladie, parce qu'il détient le savoir scientifique médical : le
médecin. A la maladie généralisée de l'enfant correspond l'universelle
médecine.

---

(581) Notre "décorticage" du corpus pédiatrique explicite de l'Encyclopédie
nous fait ainsi rejoindre Jacques ULMANN qui écrit dans les débuts de la
médecine des enfants (Bibliogr. n° 161), p. 12, que, pour la médecine pré-
pédiatrique, "l'enfance est une maladie".

Mais qu'est-ce que ce savoir et ce pouvoir du médecin pour
l'Encyclopédie ? Nous l'avons vu : pour ceux qui, le plus souvent, parle en
son nom, les docteurs en médecine D'Aumont et de Jaucourt, la science médicale est conçue comme déchiffrement de la nature et la compétence thérapeutique comme technique d'accompagnement du rétablissement de l'ordre naturel.
Que cette double conception relève de "l'hippocratisme vieillissant et mûri"
(582) d'une nature finalisée, nous en donnons volontiers acte à Jacques
Ulmann ; mais que ce naturalisme médical soit en contradiction avec l'essence
même de la médecine, et plus spécialement de la thérapeutique qui est pouvoir
d'intervention sur le cours des choses (583), nous ne le croyons pas. Ou,
plus exactement, nous ne croyons pas que l'Encyclopédie et, à travers elle,
les Lumières perçoivent le naturalisme médical et thérapeutique comme contradictoire avec l'intervention de l'art de soigner et de guérir les hommes en
veillant d'abord de près sur leurs petits. Certes, et nous l'avons vu, ces
deux médecins de l'Encyclopédie ne sont pas des fanatiques de l'attaque thérapeutique ni de la thérapeutique d'attaque, mais ils montrent par leur discours que le médecin est irremplaçable même et -suis-je tenté de dire : surtout dans le cadre du naturalisme médical. Car il est celui qui explique, qui
déplie l'inexplicable -pour celui qui ne sait pas- : le chiffre de la nature.

Replacé dans ce cadre là, l'inventaire systématique des maladies et
des soins des enfants que nous avons vu être l'approche même de l'Encyclopédie
prend un sens fondamental qui est celui-même des Lumières. Le déploiement
aussi complet et ordonné que faire se peut des symptômes, des causes et des
médications des maladies infantiles est décryptage du code de la nature et,
du même coup, maîtrise de ses signes et de son sens. Le savoir des perturba-
tions de la nature est pouvoir de leur suppression et de son rétablissement.
Kant définissait les Lumières par cette devise : sapere aude ! (584) ; il
aurait pu ajouter : "ac posse".

---

(582) ULMANN (Jacques).- Ouvr. cité... (Bibliogr. n° 161), p. 36.

(583) Id., p. 47-48 et avant p. 33 : "Ils [les médecins hippocratiques] seront
conduits, par une pente nécessaire à laquelle l'hippocratisme résiste mal, même
dans les domaines très différents de la médecine infantile, à refuser l'aide
de l'art".

(584) Dans l'article intitulé : "Réponses à la question : qu'est-ce que "les
Lumières" ?, paru dans le numéro de décembre 1784 de la Berlinische
Monatsschrift.

BIBLIOGRAPHIE

des ouvrages cités

-:-:-:-:-:-

I - LES DEUX DICTIONNAIRES

1) ENCYCLOPEDIE ou Dictionnaire raisonné des sciences, des arts et des
métiers, par une société de gens de lettres. (Mis en ordre et publié par
M. DIDEROT, de l'Académie royale des sciences et des Belles lettres de
Prusse ; et quant à la partie mathématique, par M. D'ALEMBERT, de l'Académie
royale des sciences de Paris, de celle de Prusse et de la Société royale de
Londres). 17 vol..- Paris [jusqu'au tome VII inclus ; après : Neuchâtel],
Briasson/David/Le Breton/Durand [jusqu'au tome VII inclus : après : Daniel
Faulche et Compagnie], 1751)1765.-
(Entre parenthèses, partie du titre ne figurant que dans les tomes I à VII
inclus).

2) Dictionnaire universel français et latin, vulgairement appelé Dictionnaire
de Trévoux, contenant la signification et la définition des mots de l'une
et de l'autre langue, avec leurs différents usages, les termes propres de
chaque état et de chaque profession ; la description de toutes les choses
naturelles et artificielles, leurs figures, leurs espèces, leurs propriétés ;
l'explication de tout ce que renferment les sciences et les arts, soit
libéraux, soit mécaniques, etc. Avec des remarques d'érudition et de critique ; le tout tiré des plus excellents auteurs, des meilleurs lexicographes,
étymologistes et glossaires, qui ont paru jusqu'ici en différentes langues.
Nouvelle édition, corrigée et considérablement augmentée. 8 vol..- Paris :
La compagnie des Libraires, 1771.

Pour les autres éditions, voir notre Introduction, p. 16.

II - AUTRES OUVRAGES (1)

II.1 Ouvrages d'auteurs d'avant et de l'Epoque Moderne.

1 [ACADEMIE DES SCIENCES (ROYALE)] .- Histoire de l'Académie Royale des
  Sciences. Année 1711. Avec les Mémoires de Mathématique et de Physique
  pour la même année. Tirés des registres de cette Académie.- Paris :
  Imprimerie Royale, 1730.- 320 p. + 2 pl.

2 [ACADEMIE DES SCIENCES (ROYALE)] .- Table alphabétique des matières contenues dans l'Histoire et les Mémoires de l'Académie Royale des Sciences,
  publiée par son ordre et dressée par GODIN, de la même Académie.
  Tome III : Années 1711-1720.- Paris : Compagnie des Libraires, 1731.-
  375 p.

3 ALEMBERT (Jean Le Rond d').- Discours préliminaire de l'Encyclopédie.
  (= Discours préliminaire + prospectus).- Paris : Gonthier, 1965.- 187 p.
  (Médiations 45).

4 ANDRY dit de Boisregard (Nicolas).- De la génération des vers dans le
  corps de l'homme, de la nature et des espèces de cette maladie, des
  moyens de s'en préserver et de la guérir.- Paris, 1741.- 2 vol., 864 p.

5 AULU-GELLE, (PETRONE, APULEE).- Oeuvres complètes avec la trad. en
  français. Publ. ss la dir. de Nisard.- Paris : Dubochet et Compagnie,
  1842.- 768 p.

6 BAYLE (François).- Institutiones physicae ad usum scholarum accomodatae.
  3 tomes.- Toulouse : Douladoure [puis] Guillemette.- 1700.-

7 BAYLE (François).- Opuscula.- Toulouse : Guillaume Robert, 1701.- pagination discontinue.

8 BENEDICTI (F. I.).- Somme (la) des péchés et les remèdes d'iceux [...]
  Lyon : Landry, 1796.- 1159 p.

9 BERULLE (Pierre de).- Oeuvres complètes. Reproduction de l'édition prin-
  ceps (1644). 2 tomes.- Montsoult : Maison d'institution de l'oratoire,
  1960.- 1461 p.

10 BIBLE. Nouveau Testament.- Paris : Ed. du Cerf, 1973.- 828 p.

11 BOERHAAVE (Hermann).- Aphorismes de médecine sur la connaissance et la
   cure des maladies (Commentaires des) par Van Swieten. Trad. en français par
   Moublet. 2 Tomes.- Avignon : Roberty et Guilhermont, 1766.- 380 p. + 324 p.

11 bis BOERHAAVE (Hermann).- Aphorismi de cognoscendis et curandis morbis in
   usum doctrinae domesticae digesti.
   4e ed. augmentée.- Leyde, Luchtmans et Hask, 1728.- 374 p.

(1) Quand l'indication du nombre de pages ne figure pas, c'est qu'il s'agit
d'un ouvrage à la pagination discontinue. Pour ces cas, elle a été remplacée
par l'indication ancienne in-folio, in 4°, in 8°, in 12.

11 ter BOERHAAVE (Herman).- Id,
Ed. nouvelle augmentée et corrigée suivi de : Libellus de materie
medica et remediorum formulis quae serviunt aphorismis de cognoscendis
et curandis morbis.- Paris : Cavelier, 1728 et 1720.- 222 p.

12 BOERHAAVE (Hermann).- Praelectiones academicae in proprias institutiones
rei medicae. 6 tomes en 7 vol. Amsterdam : 1742.

13 BOERHAAVE (Hermann).- Traité des maladies des enfants. Trad. du latin des
Aphorismes de Boerhaave, commentés par Van Swieten, par M. Paul.-
Avignon/Paris : Saillant et Noyon, 1759.- 386 p.

14 BOSSUET (Jacques-Benigne).- Oeuvres. Revues sur les manuscrits originaux
et les éditions les plus correctes. 43 tomes.- Versailles : Lebel, 1815-
1819.

15 BROUZET (N.).- Essai sur l'Education médicinale des enfants et sur leurs
maladies. 2 tomes.- Paris : Cavelier, 1754.- in-12°.

16 Catalogue des Livres de la bibliothèque de feu M. Pâris de Meyzieu, ancien
Conseiller au Parlement, et ancien intendant de l'Ecole Royale Militaire
dont la vente se fera au plus offrant et dernier enchérisseur, le lundi
15 mars 1779 et jours suivants, deux heures de relevées, Hotel de Joyeuse,
rue S. Louis au Marais.- Paris : Moutard, 1779.- in-8°, 336 p. + 11 p.

17 Catalogue des livres de la bibliothèque de la maison professe des ci-
devant soi-disants Jésuites.- Paris : Pissot/Gogué, 1763.- in-8°.

18 Catalogue des livres de la bibliothèque publique fondée par M. Prousteau.
Composée en partie de Livres et manuscrits de Henri de Valois, et déposée
chez les RRPP Benedictins dans leur monastère de Bonne-Nouvelle de la même
ville.- Paris, Orléans : Barois/Jacob, 1777.- in-8°.

19 Codex medicamentarius, seu pharmacopea parisiensis, ex mandato facultatis
medicinae parisiensis in Lucem edita. 5e éd.- Paris : Cavelier, 1758.-
CXXXII + 320 p.

20 COL DE VILARS (Elie).- Dictionnaire français-latin des termes de médecine
et chirurgie, avec leur définition, leur division et leur étymologie.
Suite du Cours de Chirurgie.- Paris : Coignard/Le Mercier et Boudet/
Rollin/Delespine/Herissant, 1741.- 474 p.

21 Correspondance littéraire, philosophique et critique par Grimm, Diderot,
Raynal, Meister, etc. ... par Maurice Tourneux. Tome 9.- Paris : Garnier,
1879.- 522 p.

22 COURTIAL (Jean-Joseph).- Nouvelles observations anatomiques eur les os,
sur leurs maladies extraordinaires et sur quelques autres sujets.- Paris :
D. Houry, 1705.- 221 p.

23 DESAULT (Pierre).- Dissertation sur les maladies vénériennes. Contenant
une méthode de les guérir sans flux de bouche, sans risque et sans dépense.
Avec deux dissertations, l'une sur la rage, l'autre sur la phtisie ; et la
manière de les guérir radicalement.- Bordeaux : Calmy/Delacour, 1733.-
412 p.

24 Dictionnaire universel, contenant généralement tous les mots français, tant vieux que modernes, et les termes des sciences et des arts. [...] Le tout extrait des plus excellents auteurs anciens et modernes. Recueilli et compilé par Antoine Furetière. 2e éd. rev., corrigée et augm. par Basnage de Bauval. 3 vol.- La Haye - Rotterdam, Arnoud et Reiner Leers, 1701.- fol.

25 DIDEROT (Denis).- Correspondance V. (janvier 1765-février 1766).[16 vol.] Recueillie, établie et annotée par Georges ROTH. Ouvr. publié avec le concours du C.N.R.S..- Paris : Editions de Minuit, 1955-1970.

26 DRAKE (Jacob).- De variolis et morbillis oratio.- Londres : Meyer, 1742.- 16 p.

27 DUCANGE (Charles Dufresne).- Glossarium ad scriptores mediae et infimae latinitatis, E libris editis, ineditis, aliisque monumentis cum publicis tum privatis.- Paris : Louis Billaine, 1678.- 807 p.

27 bis DUCANGE (Charles Dufresne).- Glossarium ad scriptores mediae et infi-mae latinitalis ... Editio nova locupletior et auctior. Opera et studio monachorum ordinis s; Benedicti è Congregatione S. Mauri. Tome III.- Paris : Charles Osmont, 1733.

28 DUVERNEY (Joseph-Guichard).- Traité des maladies des os. 2 tomes.- Paris : De Bure, 1751.- 454 p. + 541 p.

29 ETTMULLER (Michel ou Michael).- Pratique de médecine spéciale sur les maladies propres des hommes, des femmes et des petits enfants. Avec des dissertations du même auteur sur l'épilepsie, l'ivresse, le mal hypocon-driaque, la douleur hypocondriaque, la corpulence et la morsure de la vipère.- Lyon : Thomas Amaulry, 1691.- 755 p.

30 FONTANUS ou FONTEYN (Nicolas).- Responsionum et curationum medicinalium Liber unus.- Amsterdam : Jansson, 1639.- 191 p.

31 FREIND (John).- Histoire de la médecine depuis Galien jusqu'au commence-ment du XVIIe siècle. Où l'on voit les progrès de cet art de siècle en siècle, par rapport principalement à la pratique [...] Trad. de l'anglais [...] par Etienne Coulet. 3 parties en 1 vol..- Leyde : Langerak, 1727.- 165 p. + 115 p. + 108 p.

32 GIRARD (Abbé Gabriel).- Synonymes français, leurs différentes significa-tions, et le choix qu'il faut en faire pour parler avec justesse. 3e éd.- Paris : d'Houry, 1740.

33 GLISSON (François).- De Rachitide sive morbo puerili qui vulgo The Rickets dicitus tractatus. Ed. secunda, priori adematior longe et emendatior.- Londres : Sadler, 1660.- 378 p.

34 GORRIS (Jean de).- Definitionum medicarum libri XXIIII, literis graecis distincti.- Francfort s/Main : A. Wecheli, 1578.- 543 p.

34 bis GORRIS(Jean de).- Opera. Definitionum medicarum libri XXIIII. Complété et augm. par Jean de Gorris fils.- Paris : Société Minime, 1662.- folio, pagination non continue.

35 HARRIS (Walter).- Traité des maladies aigues des enfants. Avec des observations médicinales sur les maladies et sur d'autres très importantes, et une Dissertation sur l'origine, la nature, et la curation de la maladie vénérienne. Trad. du latin sur la 2d éd. imprimée à Londres en 1705 par Devaux.- Paris : Osmont, 1730.- 288 p.

36 HELVETIUS (Jean-Claude).- Idée générale de l'économie animale et observations sur la petite vérole.- Paris : Rigaud, 1722.- 392 p.

37 HIPPOCRATE.- Oeuvres complètes. Trad. nouvelle avec le texte grec en regard, collationné sur les manuscrits et toutes les éditions ; accompagnée d'une introduction, de commentaires médicaux, de variantes et de notes philosogiques ; suivies d'une table générale des matières. Par E. Littré. 10 vol.- Paris : J.B. Baillière, 1839-1861.

38 HOFFMANN (Friedrich).- La Médecine raisonnée. Trad. par Jacques-Jean Bruhier. 4 tomes.- Paris : Briasson, 1751.

39 HOFFMANN (Friedrich).- Opuscula medica varii argumenti seu dissertationes selectiores antea diversis temporibus editae nunc revisae et auctiores.- Halae : Officina Rengeriana, 1739.- 512 p.

40 JAMES (Robert).- Dictionnaire universel de médecine, de chirurgie, de chimie, de botanique, d'anatomie, de pharmacie, d'histoire naturelle, etc. Précédé d'un discours historique sur l'origine et les progrès de la Médecine. Trad. de l'anglais de M. James par Diderot, Eidous et Toussaint, Rev., corrigé et augmenté par Julien Busson. 6 tomes.- Paris : Briasson/David l'aîné/Durand, 1746.- fol.

41 JOEL (Franz).- Opera medica. 6 tomes en 3 vol.- Hambourg-Rostock : Carstens/Hallervord, 1618-1631.- Pagination discontinue.

42 JOUBERT (Laurent).- Erreurs populaires (Des) et propos vulgaires, touchant la médecine et le régime de santé, refutées et expliquées. Dernière édition.- Lyon : Pierre Rigaud, 1601-1602.- 614 p. + 451 p.

43 [Journal de Leipzig].- Acta eruditorum. Anno 1684.

43 bis [Journal de Leipzig].- Ouvrages des savants publiés à Leipzig, l'année 1682. T. I.- La Haye : Arnout Leers, 1685.- 617 p. + table.

44 [Journal de Lubeck].- Nova literaria maris balthici et septentrionis, collecta Lubecae, 1704, pp. 242-243.- Lubeck et Hambourg : Reumann, s.d.

45 LA CONDAMINE.- Mémoire sur l'inoculation de la petite vérole. Lu à l'assemblée publique de l'Académie Royale des Sciences, le mercredi 24 avril 1754.- Paris : Durand, 1754.- 94 p.

46 LEMERY (Nicolas).- Pharmacopée universelle, contenant toutes les compositions de pharmacie qui sont en usage dans la médecine, tant en France que par toute l'Europe ; leurs vertus, leurs doses, les manières d'opérer les plus simples et les meilleurs. Avec un lexicon pharmaceutique, plusieurs remarques nouvelles et des raisonnements sur chaque opération. 2e éd. rev. corr. et augm..- Paris : D'Houry, 1716.- 1134 p.

47 LEVACHER DE LA FEUTRIE.- Traité du rachitisme ou l'art de redresser les enfants contrefaits.- Paris : Lacombe, 1772.- 446 p.

48 LOCKE (John).- Education (De l') des enfants. Trad. de l'anglais par Pierre Coste sur la dernière édition revue, corrigée et augmentée de plus d'un tiers par l'auteur.- Paris : Musier, 1711.- 456 p.

49 MAGNY.- Mémoire sur le rachitisme ou maladie de la colonne vertébrale à laquelle les enfants sont sujets jusqu'à la pleine adolescence, avec un examen de ses causes secondes, ainsi que de tout ce qu'on met ordinairement en usage pour en corriger les effets. En outre, l'exposition d'un nouveau moyen des plus efficaces pour empêcher ses progrès : ouvrage dont la connaissance est utile aux médecins, chirurgiens et à tous chefs de famille.- Paris : Méquignon, 1780.- 184 p.

50 MARTIN (Bernardin).- Dissertation sur les dents.- Paris : Thierry, 1679.- 136 p.

51 MAYOW (John).- Tractatus de rachitide.- Oxon : Davis, 1668.- 47 p.

52 [Mémoires de Trévoux].- Mémoires pour l'histoire des Sciences et des Beaux-Arts. Recueillis par l'ordre de Son Altesse Serenissime Monseigneur Prince Souverain des Dombes. Dits .- Trévoux puis Paris, 1701-1767.- in-12°.

53 [Mémoires de Trévoux].- Table méthodique des (1701-1775). Première partie : Dissertations, pièces originales ou rares, mémoires, précédée d'une notice historique (1 tome). Seconde partie : Bibliographie (2 tomes), 3 vol. par Carlos Sommervogel.- Paris : Auguste Durand, 1864-1865.

54 MORTON (Richard).- Opera medica, [...] Ed. novissima, omnibus hucusque editis auctior et emendatior. 2 tomes.- Lyon : Bruyset et Cie, 1737.

55 Nova literaria maris balthici [...]. Voir : Journal de Lübeck

56 PARE (Ambroise).- Les Oeuvres. Divisées en vingt-huit livres, avec les figures et portraits tant de l'anatomie que des instruments de chirurgie et de plusieurs monstres. Rev. et augm. par l'auteur. 4e éd..- Paris : Gabriel Buon, 1585.- 1245 fol. + tabl.

57 PARE (Ambroise).- Oeuvres complètes. Revues et collationnées sur toutes les éditions, avec les variantes ; ornées de 217 pl. et du portrait de l'auteur ; accompagnées de notes historiques et critiques et précédées d'une introduction sur l'origine et les progrès de la chirurgie en Occident du sixième au seizième siècle, et sur la vie et les ouvrages d'Ambroise Paré. Par J.-F. Malgaigne. 3 tomes.- Paris : J.B. Baillière, 1840-1841.

58 PARLEMENT DE PARIS (FRANCE).- Arrests de la cour de Parlement, protant condamnation de plusieurs livres et autres ouvrages imprimés. Extrait des registres de Parlement. du 23 janvier 1759.- Paris : P.G. Simon, 1759.

59 PAULET (J.J.).- Histoire de la petite vérole, avec les moyens d'en préser-
    ver les enfants et d'en arrêter la contagion en France. Suivie d'une tra-
    duction française du Traité de la petite vérole de RHAZES, sur la dernière
    édition de Londres arabe et latine. 2 tomes.- Paris : Ganeau, 1768.-
    375 p. + 119 p.

60 PETIT (Jean-Louis).- Traité des maladies des os dans lequel on a repré-
    senté les appareils et les machines qui conviennent à leur guérison.
    Nouvelle édition revue, corrigée et augmentée. 2 tomes.- Paris : Cavelier,
    1751.- 340 p. + 437 p.

61 PLUTARQUE.- Oeuvres morales et meslées. Traduction d'Amyot.- Paris :
    Michel de Vascosan, 1572.- 668 p. + tables.

62 PLUTARQUE.- Oeuvres morales. Tome VII. Première partie. Traités de morale.
    Texte établi et traduit par Jean Dumortier avec la collaboration de Jean
    Defradas.- Paris : Les Belles Lettres, 1975.- 367 p.

63 Questionum medicarum, quae circa medicinae theoriam et praxim, ante duo
    faecula, in scholis facultatis medicinae parisiensis, agitatae sunt et
    discussae, series chronologica ; cum doctorum praesidum et baccalaureorum
    propugnanti um nominibus.- Paris : Herissant, 1752.- pagination disconti-
    nue.

64 RIOLAN (Jean).- Opera anatomica vetera, recognita et auctiora, quam plura
    nova.- Paris : Gaspar Meturas, 1649.- fol. 872 p. + 56 p.

65 RIVIERE (Lazare).- Les observations de médecine. Qui contiennent quatre
    centuries de guérisons très remarquables, auxquelles on a joint des obser-
    vations qui lui avaient été communiquées. Ouvrage très utile non seulement
    aux médecins mais encore aux chirurgiens et apothicaires. 2e édition rev.
    et corrigée sur le latin.- Lyon : Jean Certe, 1688.- 742 p. + table.

66 ROSEN de ROSENSTEIN (Nils).- Traité des maladies des enfants. Ouvrage qui
    est le fruit d'une longue observation et appuyé sur les faits les plus
    authentiques. Trad. du Suédois par Lefebvre de Villebrune.- Paris :
    Cavelier, 1778.- XII-582 p.

67 ROUSSEAU (Jean-Jacques).- Oeuvres complètes IV. Emile. Education - morale
    Botanique. Edition publiée sous la direction de Bernard Gagnebin et Marcel
    Raymond.- Paris : Gallimard, 1969.- 1958 p.

68 ROUSSEL (Pierre).- Système physique et moral de la femme, ou tableau
    philiosophique de la constitution, de l'état organique, du tempérament,
    des moeurs, et des fonctions propres au sexe.- Paris : Vincent, 1775.-
    XXXV + 376 p.

69 [ROYAL SOCIETY (The) OF LONDON] .- Philosophical transactions (The) of the
    Royal Society of London, from their commencement, in 1665, to the year
    1800. Abridged, with notes and biographic illustrations, by Charles
    Hutton, George Shaw and Richard Pearson. Vol. II : from 1672 to 1683.-
    Londres, C. et R. Baldwin, 1809.

70 SENNERT (Daniel).- Medicina Practica. Liber IV. Qui est de morbis mulierum et infantium. Editio secunda, priori longe castigatior.- Paris : apud societatem, 1633.- 492 p. + 105 p.

71 SYDENHAM (Thomas).- Médecine pratique. Trad. en français sur la dernière édition anglaise par A.F. Jault.- Paris : Didot, 1774.- 728 p.

72 THEVENOT (Jean).- Recueil de Voyage de (Monsieur Thevenot) dédié au Roi.- Paris : Michallet, 1681.- fol.

72 bis THEVENOT (Jean).- Id. Paris : Moette, 1687.- fol.

72 ter THEVENOT (Jean).- Voyages de (Monsieur Thevenot) : contenant la relation de l'Indoustan, des nouveaux Mogols et des autres peuples et pays des Indes.- Paris : Barbin, 1684.- Folio.

72 quater THEVENOT (Melchisedec) (Recueil de voyages de) .- Voyage du Sieur Acarette à Buenos Aires sur la rivière de La Plate et delà au Pérou. Et l'Indien ou portrait au naturel des Indiens, présenté au Roi d'Espagne par D. Juan de Palafax.- Paris : Cramoisy, 1672.- in-folio.

72 quinto [THEVENOT (Melchisedec) (Recueil des Voyages de)].- Relations de divers voyages curieux qui n'ont point été publiées et qu'on a traduit ou tiré des originaux des voyageurs français, espagnols allemands, portugais, anglais, hollandais, persans, arabes et autres orientaux, données au public par les soins de feu Melchisedec Thevenot. Le tout enrichi de figures, de plantes non décrites, d'animaux inconnus à l'Europe et de cartes géographiques qui n'ont point encore été publiées. Nouvelle édition augmentée de plusieurs relations curieuses.- Paris : Moette, 1696.- in-folio.

73 TISSOT (S.A.D.).- Avis au peuple sur sa santé, ou traité des maladies les plus fréquentes. 2e édition augmentée sur la dernière de l'auteur de la description et de la cure de plusieurs maladies, et principalement de celles qui demandent de prompts secours. Ouvrage composé en faveur des habitants de la campagne, du peuple des villes et de tous ceux qui ne peuvent avoir facilement les conseils des médecins. 2 tomes en 1 vol..- Paris : Didot le Jeune, 1763.- 641 p.

74 TURNER (Daniel).- Traité des maladies de la peau en général ; avec un court appendice sur l'efficacité des topiques dans les maladies internes et leur manière d'agir sur le corps humain. Traduit de l'anglais par M... 2 tomes.- Paris : Jacques Barois, 1743.- 377 p. + 354 p.

75 VALLEMBERT (Simon de).- De la manière de nourrir et gouverner les enfants dès leur naissance (cinq livres).- Poitiers : Marnefz et Bouchetz, 1565.- 379 p.

76 WELSCH (Georg-Jerôme).- Exercitatio de vena medinensi, ad mentem ebnsinae, sive de Dracunculis veterum. Specimen exhibens novae versionis ex arabico, cum commentario uberiori. Cui accedit altera De Vermiculi capillaribus infantum.- Augsbourg : Theophile Goebel, 1674.- 456 p. + index.

II.2 Ouvrages d'auteurs de l'Epoque contemporaine

77   ARIES (Philippe).- Enfant (L') à travers les siècles. Entretien avec.
     L'Histoire, 19, janvier 1980, pp. 85-87.

78   ARIES (Philippe).- Enfant (L') et la vie familiale sous l'Ancien Régime.
     Avec 26 ill. h.-t.- Paris : Editions du Seuil, 1973.- XX + 503 p.

79   AUROUX (Sylvain).- La Sémiotique des encyclopédistes. Essai d'épistémo-
     logie historique des sciences du langage.- Paris : Payot, 1979.- 335 p.

80   BARBIER (Antoine-Alexandre).- Dictionnaire des ouvrages anonymes et
     pseudonymes composés, traduits ou publiés en français, avec les noms
     des Auteurs, Traducteurs et Editeurs. Accompagné de notes historiques
     et critiques. 1e éd. 4 vol.- Paris : Imprimerie bibliographique, 1806,
     suppl. : 1809.- in-8°.

80 bis   BARBIER (Antoine-Alexandre).- Id.
         2e éd. rev., corrigée et considérablement augmentée. 4 tomes.-
         Paris : Barrois l'ainé, 1822-1827.- 4°.

80 ter   BARBIER (Antoine-Alexandre).- Id.
         3e éd. rev. et augmentée par MM. Olivier Barbier, René et Paul
         Billard.- Paris.- 1872.- in-8°.

81   BARIETY (Maurice), COURY (Charles).- Histoire de la Médecine.- Paris :
     Fayard, 1963.- 1217 p.

82   BASHAM (Arthur L.).- La Civilisation de l'Inde ancienne. Trad. de
     l'anglais par Claude Carme, Guy Durand, Angelica Levi, Bruno et Jany
     Benetti.- Paris : Arthaud, 1976.- 568 p. (Coll. les Grandes Civilisations).

83   Biographie médicale par ordre chronologique. D'après Daniel Leclerc,
     Eloy, etc. mise dans un nouvel ordre, revue et complétée. Par Bayle et
     Thillaye.- 2 tomes.- Amsterdam : B.M. Israël, 1967.

84   BONNET (Jean-Claude).- Le Réseau culinaire dans l'Encyclopédie.- Annales
     E.S.C., Sept.- Oct. 1976, pp. 891-914.

85   BOUISSOU (Roger).- Histoire de la médecine.- Paris : Larousse, 1967.-
     383 p.

86   BOUTEILLER (Marcelle).- Médecine populaire d'hier et d'aujourd'hui.
     Préf. de H.V. Vallois.- Paris : Maisonneuve et Larose, 1966.- 369 p.

87   BRUNET (Jacques-Charles) [le fils].- Manuel du Libraire et de l'amateur
     de livres.- Seconde éd. augmentée de plus de 4 000 articles, et d'un
     grand nombre de notes. 4 tomes.- Paris : Brunet, 1814.- 532 p. + 512 p.
     + 506 p. + 511 p. (tables).

88   CAILLODS (Jean-Georges).- La variolisation (la lutte contre la variole
     avant Jenner). Etude historique. (Thèse pour le doctorat en médecine,
     année 1940).- Paris : Librairie Le François, 1940.- 33 p. (Faculté de
     médecine de Paris).

89 CALLISEN (Adolph Carl Peter).- Medicinisches schriftsteller -lexicon der jetzt lebenden Aerzte, Wundärzte, Geburtshelfer, Apotheken und Natur- fosscher aller gebildeten Völker. 33 vol.- Copenhage, A. Compte d'Auteur.- 1831.

90 CAPURON (Joseph).- Nouveau dictionnaire de médecine, de chirurgie, de physique, de chimie et d'histoire naturelle, où l'on trouve l'étymologie et l'explication des termes de ces sciences. Avec deux vocabulaires, l'un grec, l'autre latin et les synonymies relatives aux anciennes et nouvelles nomenclatures d'Anatomie, chimie, botanique, etc..- Paris : Brosson, 1806.- 483 p.

91 CHAUNU (Pierre).- La civilisation de l'Europe classique.- Paris : Arthaud, 1966.- 708 p.

92 CHAUNU (Pierre).- La civilisation de l'Europe des Lumières.- Paris : Arthaud, 1971.- 668 p.

93 Codex, pharmacopée française rédigée par ordre du gouvernement par une commission composée de MM. les professeurs de la faculté de médecine et de l'école spéciale de pharmacie de Paris.- Paris : Béchet, 1837.

93 bis Codex...
        Suivi de l'Appendice thérapeutique du Codex par A. Cazenave.- Paris : Béchet et Labé, 1839-1841.

94 CORLIEU (A.).- L'ancienne faculté de médecine de Paris.- Paris : Adrien Delahaye et Cie., 1887.- 285 p.

95 COURY (Charles).- Grandeur et déclin d'une maladie. La tuberculose au cours des âges.- Suresnes : Lepetit, 1972.- 264 p.

96 DELAUNAY (Paul).- Le Monde médical parisien au XVIIIe siècle. 2e éd. rev. et augm.- Paris : Librairie médicale et scientifique Julle Rousset, 1906.- 479 p. + XCII.

97 DELAUNAY (Paul).- La vie médicale aux XVI, XVII et XVIIIe siècles.- Paris : Ed. Hippocrate, 1935.- 556 p.

98 DEZEIMERIS-OLLIVIER (D'ANGERS) - RAIGE DELORME.- Dictionnaire historique de la médecine ancienne et moderne, ou précis de l'histoire générale, technologique et littéraire de la médecine, suivi de la bibliographie médicale du XIXe siècle, et d'un répertoire bibliographique par ordre des matières. 4 tomes en 6 vol.- Paris : Béchet jeune, 1828.

99 Dictionnaire de médecine. Préf. de Jean Hamburger.- Paris : Flammarion, 1975.- 874 p.

100 Dictionnaire de spiritualité ascétique et mystique. Doctrine et histoire. Publ. ss la dir. de Marcel Viller S.J. [...].- Paris : Beauchesne, 1937 [tome 1].

101   Dictionnaire des Lettres Françaises. Publié sous la dir. du Cardinal
      Georges Grente par Albert Pauphilet, Mgr Louis Pichard et Robert Barroux.
      Le XVIIIe siècle. Tome 2.- Paris : Fayard, 1960.- 670 p.

102   Dictionnaire des Sciences médicales. Biographie médicale. 7 vol.-
      Paris : Panckoucke, 1820-1825.

103   Dictionnaire encyclopédique des sciences médicales. Publié sous la dir.
      de Raige-Delorme, A. Dechambre (de 1864 à 1885) et L. Lereboullet
      (depuis 1886).- Paris : Victor Masson et fils, Asselin, 1865 et suiv.

104   Dictionnaire français de médecine et de biologie en quatre volumes. Par
      A. Manuila, L. Manuila, M. Nicole, H. Lambert avec la collab. de J.
      Hureau (anatomie) et J. Polonovski (chimie biologique) et de 350 spé-
      cialistes. Préf. de M.G. Candau.- Paris : Masson, 1970.

105   DOE (Janet).- A bibliography of the works of Ambroise Paré : Premier
      chirurgien et conseiller du Roy.- Chicago : The University of Chicago
      Press, 1937.- 266 p.

106   DUBOIS (F.).- Des travaux et de la personne de Louis. Notes, éclaircis-
      sements et pièces justificatives.- Paris : J.B. Baillière, 1852.- 78 p.
      (Mémoires de l'Académie nationale de médecine. Tome 16. Partie histori-
      que : Documents pour servir à l'histoire de l'Académie Royale de
      chirurgie).

107   DUPONT-FERRIER (Gustave).- Du collège de Clermont au Lycée Louis-le-
      Grand (1563-1920). 3 tomes.- Paris : De Boccard, 1921-1925.

108   Entrer dans la vie. Naissances et enfances dans la France traditionnelle.
      Présenté par Jacques Gélis, Mireille Laget et Marie-France Morel.-
      Paris : Gallimard/Julliard, 1978.- 246 p.

109   Etudes sur la presse au XVIIIe siècle : les Mémoires de Trévoux.- Lyon :
      Centre d'Etude du XVIIIe siècle de l'Université de Lyon II, 1973-1975.-
      106 et 211 p.

110   FLANDRIN (Jean-Louis).- Enfance et Société.- Annales E.S.C., mars-avril
      1964, pp. 322.

111   FLANDRIN (Jean-Louis).- Familles. Parenté, maison, sexualité dans
      l'ancienne société.- Paris : Hachette, 1976.- 287 p. (Le temps et les
      hommes).

112   Formulaire pharmaceutique. Publ. sous la direction technique de Jean
      Leclerc. Avec un abrégé de pharmacie homéopathique, de pharmacie vété-
      rinaire, de phytomarcie et d'un lexique médico-pharmaceutique.- Paris :
      Vigot, 1965.- 2080 p.

113   FOUCAULT (Michel).- Naissance de la clinique. Une archéologie du regard
      médical.- Paris : P.U.F., 1963.- 212 p.

114   GARDEN (Maurice).- Lyon et les lyonnais au XVIIIe siècle. Ouvr. publié
      avec le concours du Ministère de l'Education Nationale.- Paris : Les
      Belles Lettres, 1970.- 772 p.

114 bis GARDEN (Maurice).- Id.
         Ed. abrégée.- Paris : Flammarion, 1975.- 374 p.

115   GESELL (Arnold), ILG (Frances L.).- Le jeune enfant dans la civilisation
      moderne. L'Orientation du développement de l'enfant à l'Ecole des tout-
      petits et à la maison. En collaboration avec Janet Learned et Louise
      B. Arnes. Trad. d'après la 20e éd. américaine par Irène Lézine.- Paris :
      P.U.F., 1957.- 387 p.

116   GORDON (Douglas H.), TORREY (Norman L.).- The censoring of Diderot's
      Encyclopédie and the re-established text.- New-York : Columbia Univer-
      sity Press, 1947.- 124 p.

117   GOUBERT (Pierre).- Beauvais et le Beauvaisis de 1600 à 1730. Contribu-
      tion à l'histoire sociale de la France au XVIIe. 1 vol. + 1 vol. de
      cartes et graphiques.- Paris : SEVPEN, 1960.- 653 p. et 119 p.

118   GOUBERT (Pierre).- Louis XIV et vingt millions de français.- Paris :
      Fayard, 1966.- 255 p.

119   GUBLER.- Sylvius et l'iatrochimie. in Conférences historiques faites
      [à la Faculté de médecine de Paris] pendant l'année 1865.- Paris :
      Baillière, 1866.- 41 p.

120   GUILLAIN (Georges), MATHIEU (P.).- La Salpêtrière.- Paris : Masson,
      1925.- 89 p.

121   HAZARD (Paul).- La Crise de la conscience européenne (1680-1715).
      3 tomes.- Paris, Boivin, 1935.- 326 p. + 316 p. + 160 p.

122   Histoire de l'inoculation et de la vaccination. Souvenir du Congrès
      médical international. Londres, 1913.- Londres : Bursoughs Welcome,
      s.d..- 53 p.

123   Histoire de la médecine, de la pharmacie, de l'art dentaire et de l'art
      vétérinaire. Collection dirigée par Jacques Poulet et Jean Charles
      Sournia avec la participation de Marcel Martiny. 6 vol. parus.- s.l. :
      société française d'édition professionnelle, médicale et scientifique :
      A. Michel, Laffont, Tchou, 1977 et suivantes.

124   Histoire Economique et sociale de la France. [Publ. sous la dir. de
      Fernand Brandel et Ernest Labrousse.] Tome II : Des derniers temps de
      l'âge seigneurial aux préludes de l'âge industriel (1660-1789). Par E.
      Labrousse, P. Léon, P. Goubert [..].- Paris : Presses Universitaires de
      France, 1970.- 779 p.

125   Histoire et sexualité.- Annales E.S.C., 4, juil.-août 1974, pp. 973-1057.

126   Histoire générale de la médecine, de la pharmacie, de l'art dentaire
      et de l'art vétérinaire. Publ. sous la dir. de Laignel-Lavastine.
      3 tomes.- Paris : Albin Michel, 1936 - 1938 - 1949.

127 HOEFER (ss la dir. de).- Nouvelle biographie générale depuis les temps
     les plus reculés jusqu'à nos jours, avec les renseignements bibliogra-
     phiques et l'indication des sources à consulter. 46 tomes.- Paris :
     Firmin Didot, 1857. (Reprint : Copenhague : Rosenkilde et Bagger, 1963).

128 IMBAULT-HUART (Marie-José).- L'Ecole pratique de dissection de 1750 à
     1822 ou l'influence du concept de médecine pratique et de médecine
     d'observation dans l'enseignement médico-chirurgical au XVIIIe siècle
     et au début du XIXe siècle. Thèse présentée pour le Doctorat d'Etat
     ès-Lettres devant l'Université de Paris I, le 17 mars 1973.- Lille :
     service de reproduction des thèses. Université de Lille III, 1975.-
     370 p.

129 LAIGNEL-LAVASTINE (Maxime), VINCHON (Jean).- Les Collaborateurs médicaux
     de l'Encyclopédie.- Presse médicale, 1e juin 1932, pp. 879-880.

130 LAIGNEL-LAVASTINE (Maxime), VINCHON (Jean).- La médecine à l'exposition
     de l'Encyclopédie à la Bibliothèque Nationale.- Presse médicale,
     29 décembre 1951, pp. 1817-1818.

131 LAIGNEL-LAVASTINE (Maxime).- Les médecins collaborateurs de l'Encyclopé-
     die. Revue d'Histoire des sciences et de leurs applications, IV-1951,
     pp. 353-358.

132 Larousse de la médecine. Santé. Hygiène. sous la dir. de A. Domart et
     de J. Bourneuf avec la collaboration de médecins, spécialistes, chirur-
     giens, chirurgiens-dentistes et pharmaciens. 3 tomes.- Paris : Larousse,
     1972.

133 LE BOURLOT (Georges).- Histoire de l'appendicite. Thèse pour le doctorat
     en médecine présenté et soutenue publiquement le 3 novembre 1961.
     Rennes : Faculté mixte de médecine et de pharmacie, 1961.- 98 p. dact.

134 LICHTENTHAELER (Charles).- Histoire de la Médecine. Trad. de l'allemand
     par Denise Meunier.- Paris : Fayard, 1978.- 612 p.

135 LOUGH (John).- Essays on the Encyclopedie of Diderot and D'Alembert.-
     Londres : Oxford University Press, 1968.- 552 p.

136 LOUX (Françoise).- Le jeune enfant et son corps dans la médecine tradi-
     tionnelle. Préf. d'Alexandre Minkowski.- Paris : Flammarion, 1978.-
     276 p.

137 MANDROU (Robert).- Culture populaire (de la) aux XVIIe et XVIIIe siècles.
     La bibliothèque bleue de Troyes. Nouvelle édition.- Paris : Stock, 1975.-
     262 p.

138 MANDROU (Robert).- Europe (L') "absolutiste". Raison et Raison d'Etat
     1649-1775.- Paris : Fayard, 1977.- 401 p.

139 MANDROU (Robert).- France (La) aux XVIIe et XVIIIe siècles. Paris :
     Presses Universitaires de France, 1967.- 335 p.

140 MANDROU (Robert).- Humanistes (Des) aux hommes de science (XVIe et XVIIe siècles) (Histoire de la pensée européenne. 3.).- Paris : Editions du Seuil, 1973.- 254 p.

141 MANDROU (Robert).- Introduction à la France Moderne (1500-1640). Essai de psychologie historique.- Paris : Albin Michel, 1974.- 412 p.

142 Médecins, Médecine et Société en France aux XVIIIe et XIXe siècles. Annales E.S.C., 5, sept.-oct. 1977. 206 p.

143 MERCIER (Roger).- L'Enfant dans la société du XVIIIe (avant l'Emile) Thèse complémentaire pour le doctorat ès-Lettres présentée à la faculté des lettres de l'Université de Paris.- Paris : [Université de Paris], 1961.- 208 p.

144 MOLINA (Henri).- Les épidémies de variole à Toulouse à travers les âges. Thèse pour le doctorat en médecine présentée et soutenue publiquement en juin 1969.- Toulouse : Université de Toulouse : faculté mixte de médecine et de pharmacie, 1969.- 115 p.

145 MOULIN (Anne-Marie).- La vaccination anti-variolique. Approche historique de l'évolution des idées sur les maladies transmissibles et leur prophylaxie. (Thèse pour le doctorat en médecine, diplôme d'Etat, présentée et soutenue publiquement le 14 mai 1979.- Paris : Université Pierre et Marie Curie (Paris VI). Faculté de Médecine Pitié-Salpêtrière, 1979.- 62 p. dact.

146 NYSTEN (P.-H.).- Dictionnaire de médecine et des sciences accessoires de médecine, avec l'étymologie de chaque terme. Suivi de deux vocabulaires, l'un latin, l'autre grec.- Paris : J.-A. Brosson, 1814.- 692 p.

147 NYSTEN (P.-H.).- Dictionnaire de médecine, de chirurgie, de pharmacie, des sciences accessoires et de l'art vétérinaire. Onzième édition revue et corrigée par E. Littré et Ch. Robin. Ouvrage augmenté de la synonymie latine, grecque, allemande, anglaise, italienne et espagnole et suivi d'un glossaire de ces diverses langues.- 2 vol.- Paris : J.-B. Baillière et fils, 1858.- 1671 p.

148 PERLEMUTER (L.), CENAC (A.).- Dictionnaire pratique de médecine clinique.- Paris : Masson, 1977.- 1821 p.

149 PERLEMUTER (L.), TOUITOU (Y.).- Dictionnaire de pharmacologie clinique.- Paris : Masson, 1976.- 1196 p.

150 POIDEBARD (R.).- Le docteur d'Aumont professeur de médecine à l'Université de Valence.- Valence : Edition du Valentinois, 1913.- 15 p.

151 PROUST (Jacques).- Diderot et l'Encyclopédie.- Paris : A. Colin, 1962.- 621 p.

152 RICHE (Pierre).- L'Enfant au Moyen-Age. L'Histoire, 18, décembre 1979, pp. 41-50.

153 RONSIN (Albert).- Les éditions nancéennes du Dictionnaire de Trévoux.-
     Le Pays lorrain. Journal de la société d'archéologie lorraine et du
     musée historique lorrain, 41e année, n° 4, 1960.- pp. 151-164.

154 SNYDERS (Georges).- La Pédagogie en France aux XVIIe et XVIIIe siècles.-
     Paris : Presses Universitaires de France, 1965.- 459 p. (Bibliothèque
     scientifique Internationale. Section Pédagogie).

155 SOMMERVOGEL (Carlos).- Dictionnaire des ouvrages anonymes et pseudonymes
     publiés par des religieux de la Compagnie de Jésus depuis sa fondation
     jusqu'à nos jours. 2 vol.- Paris, Bruxelles, Genève : Librairie de la
     Société bibliographique, Société générale de librairie catholique.,
     1884.- 1398 col.

156 SOMMERVOGEL (Carlos).-   Voir en II-1 ⌈Mémoires de Trévoux⌉

157 SPRENGEL (Kurt).- Histoire de la médecine depuis son origine jusqu'au
     XIXe siècle. Trad. de l'allemand sur la seconde édition par A. J.L.
     Jourdan et rev. par E.F.M. Bosquillon. 9 vol.- Paris : Deterville,
     Deser.- 1815-1832.

157 bis : Erratum : ULMANN (Jacques).- Voir ci-dessous n° 161.

158 Variole (La) et son éradication. Numéro spécial sur l'exposition des
     entretiens de Bichat. 30 sept.-7 oct. 1979.- Journal de médecine et de
     chirurgie pratiques à l'usage des médecins praticiens, CL, sept. 1979,
     pp. 629-708.

159 VEYNE (Paul).- L'Inventaire des différences. Leçon inaugurale au Collège
     de France.- Paris : Editions du Seuil, 1976.- 62 p.

160 ZEILER (Henri).- Les collaborateurs médicaux de l'Encyclopédie de
     Diderot et D'Alembert.- Paris : Rodstein, 1934.- 52 p.

161 ULMANN (Jacques).- Les débuts de la médecine des enfants. Conférence
     donnée au Palais de la Découverte le 4 mars 1967.- Paris : Université
     de Paris : Palais de la Découverte, 1967.- 61 p.

INDEX ONOMASTIQUE

Il ne concerne que les noms propres des personnes d'avant ou de l'Epoque Moderne.

INDEX THEMATIQUE et TABLE des ARTICLES analysés (ils sont soulignés) à l'intérieur des trois chapitres.

TABLE DES TEXTES CHOISIS

TABLE DES MATIERES

(1) Pour la liste voir les termes soulignés de l'index thématique à l'exception d'AGE et d'HYGIENE.

Imprimerie de la Manutention à Mayenne – 13 septembre 1982 – N° 7910